昆明市园林常见害虫

李 巧 郭宏伟 ⊙ 著

U0215383

中国林业出版社

图书在版编目（CIP）数据

昆明市园林常见害虫 / 李巧，郭宏伟著 . -- 北京：中国林业出版社，2021.12

ISBN 978-7-5219-1407-8

Ⅰ . ①昆… Ⅱ . ①李… ②郭… Ⅲ . ①园林植物 – 植物虫害 – 防治 – 昆明 Ⅳ . ① S436.8

中国版本图书馆 CIP 数据核字（2021）第 226461 号

责任编辑：于界芬　于晓文　徐梦欣　　　　　电　　话：（010）83143549

出版发行：中国林业出版社（100009　北京西城区德内大街刘海胡同 7 号）

网　　站：http://www.forestry.gov.cn/lycb.html

印　　刷：北京博海升彩色印刷有限公司

版　　次：2021 年 12 月第 1 版

印　　次：2021 年 12 月第 1 次印刷

开　　本：787mm×1092mm　1/16

印　　张：18.25

字　　数：320 千字

定　　价：100.00 元

前言 PREFACE

　　园林生态系统是在人为控制条件下形成的生态系统，其结构是以园林植物群体为中心，形成园林植物—害虫—天敌—微生物系统。品种繁多的各类园林植物，具有美化环境、减轻噪音、净化空气、形成良好景观、调节小气候等功能，是现代城市的重要组成部分，对城市的发展和文明建设具有重要意义，对人类的身心健康具有重要作用。这些不同景观、不同用途的园林植物形成具有特异性的植物群落，昆虫群落则依赖于植物群落，其中，一些为害园林植物的害虫或者对其寄主植物具有专一的选择性，或者能够取食为害多种不同的园林植物。园林生态系统大多数分布在城市及近郊，这种典型的人工生态系统受到的人为干扰较大，集约化管理水平较高；园林植被常处于被分割的状态，生态系统内的功能互补被削弱；目前对园林植物病虫害的研究十分有限，病虫害监测及管理工作比较薄弱，因而导致园林植物病虫害频繁发生。

　　园林生态系统中最为常见的害虫是蚜虫、蚧虫等刺吸类害虫，它们多聚集为害树木和花卉的嫩梢、枝、叶、果等部位，有些则在植物组织上形成虫瘿；成虫或若虫以刺吸式口器吸取植物营养，造成枝、叶枯萎，甚至整株枯死；许多刺吸类害虫还是病毒的传播媒介。它们造成的直接或间接为害严重影响了园林植物的健康。

　　鳞翅目的蛾类、鞘翅目的叶甲、膜翅目的叶蜂及双翅目的潜叶蝇等食叶害虫也很常见，它们直接取食寄主植物叶片，叶片被食后仅留下残叶、叶柄或叶脉，严重时被害寄主植物光秃无叶；有些种类则潜叶、卷叶或缀叶为害；寄主植物受害后轻则光合作用受影响，重则植物的生长势被削弱，容易招致小蠹、天牛等钻蛀性害虫及病菌的侵染而导致死亡。

等翅目的白蚁、直翅目的蟋蟀和蝼蛄、鞘翅目金龟类的幼虫蛴螬、鳞翅目的地老虎等是常见的根部害虫，在苗圃中为害严重。在相对稳定的园林生态系统中，这些根部害虫不常发生，然而由于金龟类的成虫取食叶片，对某些园林植物也造成了较为严重的为害。

鞘翅目的小蠹和天牛，鳞翅目的木蠹蛾和透翅蛾类等蛀干害虫在园林生态系统中也不鲜见，它们钻蛀到寄主植物的树干及枝桠，取食韧皮部或木质部，使输导组织受到破坏、导致寄主植物死亡，是极具毁灭性的一类害虫。

在园林生态系统中，害虫和生态系统的其他组成成分不是孤立存在的，而是相互依存、相互制约的；任何一个组成成分的变动，都会直接或间接影响整个系统的变动，从而影响害虫种群的消长，甚至害虫种类组成的变动。园林害虫防控需要从园林生态系统的整体出发，研究有害生物—寄主—环境因素三者之间的相互关系，放眼整个系统的最优结果，协调运用各种可能的防治手段，把害虫种群控制在景观、生态和经济损失允许水平之下，达到长期控制害虫对园林植物为害的目的，维护生态平衡，使生态系统朝着有利于人类的方向发展。城市园林建设是生态文明建设的重要部分，是实现城市可持续发展的基础，对提升城市形象、改善群众生活居住环境具有重要意义。当前，建设生态园林城市已成为世界各国城市发展的主旋律，成为现代城市文明的重要内容与标志。

昆明又称春城，地处中国西南地区、云贵高原中部，是云南省省会、滇中城市群中心城市，中国西部地区重要的中心城市之一，享有"国家园林城市"的美誉，是我国四大园林城市之一，城区内园林植物达400余种，城市绿地率35%，绿化覆盖率40%，人均公共绿地10m^2。大面积的城区绿地在为居民创造良好生态环境的同时，也给害虫控制工作带来巨大压力。

城市园林生态系统是与人类关系最密切的生态系统，植物种类单一，面积较小，是最为脆弱的生态系统，频繁发生的病虫害已经深刻影响了居民的生活环境。为了控制这些病虫害而进行的药剂防治由于害虫抗药性、农药残留等问题，导致病虫害的发生已经失控，当前普遍采取的药剂防治不仅不能解决病虫害问题，还给居民生活造成不良影响，大大降低了居民的幸福感，并且给生态系统带来极大的隐患，严重阻碍了生态园林城市的建设。在快速城市化的发展模式中，园林生态系统在陆地生态系统中将占有越来越大的比重，随着经济的发展、生活质量的不断提高，人们对园林生态系统可持续发展和健康的需要将越来越强烈。正确识别园林生态系统中的常见昆虫，区分害虫及其天敌昆虫，积极探索害虫生态控制方法和技术，尽可能减少药剂防治对环境的污染和为害，将成为园林建设中害虫防控的重要任务。

自 2010 年 3 月开始，西南林业大学与昆明市翠湖公园合作进行园林植物常见害虫调查与研究，先后合作完成了"翠湖公园三角枫材小蠹调查研究""翠湖公园植物病虫害调查及防治指导""昆明市五华主城区主要园林害虫监测及生态控制技术""园林植物主要病虫害及其天敌调查"等项目。在合作过程中，基本摸清了昆明园林生态系统中蚜虫、蚧虫、网蝽、金龟、小蠹、天牛等类群的常见种类，对重要种的发生规律进行了跟踪调查，制定了行之有效的防控方法与技术。现将 10 年来的研究成果集结成书，以《昆明市园林常见害虫》为名。尽管内容很不全面，尤其食叶害虫内容单薄，但仍期待该书能够为园林生产上的害虫防治工作提供科学指导，以尽我们作为园林植物保护工作者的一份职责。

本书的前期外业调查得到西南林业大学森林保护学硕士研究生卢志兴、张威、陈雪、杨翰，园林植物保护硕士研究生付兴飞、燕迪、唐春英，保护生物学硕士研究生于潇雨、郑美仙，植物保护专业硕士研究生张格、张影超、郭莉娜，资源利用与植物保护专业硕士研究生岳晋玉、何卫强、林志文，以及植物保护和森林保护本科生潘强文、刘荣、蔡定彪、崔博浩、田中慧、何维青、祁登勇、李双建、吴俊、黄钊、纪林江、李雅琴、刘志祥、伏艳、韩开健、邬志文、尹宁娜、吴朝妍、张罗燕、黄吉山、邓莹莲等同学的支持和帮助。昆明市翠湖公园园容科刘波、和桂兰、胡育权、袁丽芸等同志在害虫调查过程中给予了大力支持。同时，本书的出版得到"园林植物主要病虫害及其天敌调查""昆明市五华主城区主要园林害虫监测及生态控制技术""翠湖公园植物病虫害调查及防治指导""翠湖公园三角枫材小蠹调查研究""西南林业大学资源利用与植物保护学科建设项目""云南省森林灾害预警与控制重点实验室"和"西南林业大学植物保护本科专业建设项目"的资助。在此，一并致谢！

　　本书仓促写成，加之我们水平有限，错误和疏漏之处不可避免，敬请读者们批评指正。

著　者

2020 年 12 月于昆明

目 录 CONTENTS

前 言

01　刺吸类害虫

02　食叶害虫

03　园林地下害虫

04　园林蛀干害虫

01 刺吸类害虫

刺吸类害虫主要包括昆虫纲 Insecta 中半翅目 Hemiptera 同翅亚目和异翅亚目、缨翅目的一些昆虫，如蚧虫、蚜虫、叶蝉、木虱、粉虱、螨类、蓟马以及蜘蛛纲中真螨目叶螨总科的各种红蜘蛛。这类害虫种类很多，大多体型微小，食性常为多食性，繁殖能力强，每年发生很多世代，多因个体小，发生初期往往被害状不明显，而被人们忽视。但这类害虫往往繁殖力强，扩散蔓延快。在防治时如果不抓住有利时机，采取综合防治措施，很难达到满意的效果。

第一章　蚜虫类

　　蚜虫是昆虫纲半翅目球蚜总科 Adelgoidea 和蚜总科 Aphidoidea 昆虫的通称，世界已知 5000 余种，中国已知蚜虫 1099 种 / 亚种。蚜虫通过刺吸式口器吸食植物汁液，引起植物畸形、生长缓慢或停滞，甚至死亡，同时可传播多种植物病毒，是最为常见的园林害虫。

　　云南省动植物资源丰富，蚜虫的多样性高。据统计，云南省已报道的蚜虫有 12 科 118 属 267 种 / 亚种，其种类数占全国分布种类的 24.3%。昆明地区的蚜虫已报道的有 11 科 80 属 144 种 / 亚种，其中园林上常见的蚜虫有 9 科 32 属 48 种。

第一节　昆明地区蚜虫名录

　　云南省内现有蚜虫 2 总科 12 科 118 属 267 种 / 亚种；昆明地区现有蚜虫 2 总科即球蚜总科 Adelgoidea 和蚜总科 Aphidoidea，11 科 80 属 144 种 / 亚种。球蚜总科有 1 科 1 属 1 种；蚜总科有 10 科 77 属 143 种 / 亚种，其中，瘿绵蚜科 Pemphigidae 有 5 属 9 种，纩蚜科 Mindaridae 仅 1 属 1 种，扁蚜科 Hormaphidiae 有 14 属 24 种，群蚜科 Thelaxidae 有 1 属 2 种，毛管蚜科 Greenideidae 有 3 属 7 种，短痣蚜科 Anoeciidae 有 2 属 2 种，大蚜科 Lachnidae 有 6 属 17 种，斑蚜科 Drepanosiphidae 有 9 属 12 种，毛蚜科 Chaitophhoridae 有 2 属 3 种，蚜科 Aphididae 有 34 属 66 种。具体名录如下。

一、球蚜总科 Adelgoidea

1. 球蚜科 Adelgidae

（1）华山松球蚜 *Pineus armandicola* Zhang，Zhong et Zhang

二、蚜总科 Aphidoidea

1. 瘿绵蚜科 Pemphigidae

（2）滇叶三堡瘿绵蚜 *Epipemphigus yunnanensis* (Zhang)

（3）苹果绵蚜 *Eriosoma lanigerum* （Hausman）

（4）肚倍蚜 *Kaburagia rhusicola* （Takagi）

（5）远东枝瘿绵蚜 *Pemphigus (Pemphigus) borealis* Tullgren

（6）杨柄叶瘿绵蚜 *Pemphigus (Pemphigus) matsumurai* Monzen

（7）柄脉叶瘿绵蚜 *Pemphigus (Pemphigus) sinobursarius* Zhang

（8）藏枝瘿绵蚜 *Pemphigus (Pemphigus) tibetensis* Zhang

（9）滇枝瘿绵蚜 *Pemphigus (Pemphigus) yangcola* Zhang

（10）角倍蚜 *Schlechtendalia chinensis* （Bell）

2. 纩蚜科 Mindaridae

（11）油杉纩蚜 *Mindarus keteleerifoliae* Zhang

3. 扁蚜科 Hormaphidiae

（12）艾纳香粉虱蚜 *Aleurodaphis blumeae* Goot

（13）米甘草粉虱蚜 *Aleurodaphis mikaniae* Takahashi

（14）居竹舞蚜 *Astegopteryx bambucifoliae* （Takahashi）

（15）竹舞蚜 *Astegopteryx bambusae* （Buckton）

（16）小舞蚜 *Astegopteryx minuta* （van der Goot）

（17）居竹坚蚜 *Cerataphis bambusifoliae* Takahashi

（18）杨坚角蚜 *Ceratoglyphina populisucta* Zhang et Zhong

（19）林栖粉角蚜 *Ceratovacuna silvestrii* （Takahashi）

（20）塔毛角蚜 *Chaitoregma tattakana* （Takahashi）

（21）杨一条角蚜 *Doraphis populi* （Maskell）

（22）异毛真胸蚜 *Euthoracaphis heterotricha* Ghosh et Raychaudhuri

（23）寡毛真胸蚜 *Euthoracaphis oligostricha* Chen，Fang et Qiao

（24）大颗瘤后扁蚜 *Metanipponaphis cuspidatae* （Essig et Kuwana）

（25）食栎新扁蚜 *Neohormaphis quercisucta* （Qiao，Guo et Zhang）

（26）狭长新胸蚜 *Neothoracaphis elongata* （Takahashi）

（27）居栎新胸蚜 *Neothoracaphis quercicola* （Takahasgi）

（28）蚊母新胸蚜 *Neothoracaphis yanonis* （Matsumura）

（29）新日扁蚜属待定种 *Neonipponaphis* sp.

（30）曼诺日胸扁蚜 *Nipponaphis manoji* Ghosh et Raychaudhuri

（31）粗毛副胸蚜 *Parathoracaphis setigera* （Takahashi）

（32）爱伪角蚜 *Pseudoregma alexanderi* （Takahashi）

（33）滇杨伪角蚜 *Pseudoregma koshuensis* （Takahashi）

（34）禾伪角蚜 *Pseudoregma panicola*（Takahashi）

（35）槲寄生管扁蚜 *Tuberaphis viscisucta*（Zhang）

4. 群蚜科 Thelaxidae

（36）枫杨刻蚜 *Kurisakia onigurumi*（Shinji）

（37）麻栎刻蚜 *Kurisakia querciphila* Takahashi

5. 毛管蚜科 Greenideidae

（38）塔真毛管蚜 *Eutrichosiphum tattakanum*（Takahashi）

（39）昆明毛管蚜 *Greenidea*（*Trichosiphum*）*kunmingensis* Zhang

（40）库毛管蚜 *Greenidea*（*Trichosiphum*）*kuwanai*（Pergande）

（41）台湾毛管蚜 *Greenidea*（*Trichosiphum*）*psidii* Goot

（42）桤木声毛管蚜 *Mollitrichosiphum*（*Metatrichosiphon*）*montanum*（van der Goot）

（43）南声毛管蚜 *Mollitrichosiphum*（*Metatrichosiphon*）*nandii* Basu

（44）台湾声毛管蚜 *Mollitrichosiphum*（*Metatrichosiphon*）*taiwanum*（Takahashi）

6. 短痣蚜科 Anoeciidae

（45）伪短痣蚜属待定种 *Aiceona* sp.

（46）梾木短痣蚜 *Anoecia*（*Anoecia*）*corni*（Fabricius）

7. 大蚜科 Lachnidae

（47）住冷杉大蚜 *Cinara*（*Cinara*）*abietihabitans* Zhang et Zhong

（48）雪松长足大蚜 *Cinara*（*Cinara*）*cedri* Mimeur

（49）马尾松长足大蚜 *Cinara*（*Cinara*）*formosana*（Takahashi）

（50）油杉大蚜 *Cinara*（*Cinara*）*keteleeriae* Zhang

（51）柏绿大蚜 *Cinara*（*Cupressobium*）*louisianaensis* Boudreaux

（52）东方钝喙大蚜 *Cinara*（*Schizolachnus*）*orientalis*（Takahashi）

（53）松针粉大蚜 *Cinara*（*Schizolachnus*）*pineti*（Fabricius）

（54）云南松大蚜 *Cinara piniyunnanensis* Zhang

（55）肖东方大蚜 *Cinara similiorientalis* Zhang

（56）长足大蚜属待定种 *Cinara* sp.

（57）五针松长大蚜 *Eulachnus cembrae* Börner

（58）钉毛长大蚜 *Eulachnus tuberculostemmatus*（Theobald）

（59）板栗大蚜 *Lachnus tropicalis*（van der Goot）

（60）枇杷大蚜 *Nippolachnus xitianmushanus* Zhang et Zhong

（61）巨锥大蚜 *Pyrolachnus macroconus* Zhang et Zhong

（62）梨大蚜 *Pyrolachnus pyri* (Buckton)

（63）柳瘤大蚜 *Tuberolachnus* (*Tuberolachnus*) *salignus* (Gmelin)

8. 斑蚜科 Drepanosiphidae

（64）楠叶蚜 *Machilaphis machili* (Takahashi)

（65）罗汉松新叶蚜 *Neophyllaphis* (*Neophyllaphis*) *podocarpi* Takahashi

（66）紫薇长斑蚜 *Sarucallis kahawaluokalani* (Kirkaldy)

（67）朴绵叶蚜 *Shivaphis* (*Shivaphis*) *celti* Das

（68）竹纵斑蚜 *Takecallis aroundinariae* (Essig)

（69）竹梢凸唇斑蚜 *Takecallis taiwana* (Takahashi)

（70）桤木陶斑蚜 *Taoia indica* (Ghosh et Raychaudhuri)

（71）三叶草彩斑蚜 *Therioaphis* (*Pterocallidium*) *trifolii* (Monell)

（72）栗斑蚜 *Tuberculatus* (*Nippocallis*) *castanocallis* (Zhang et Zhong)

（73）缘瘤栗斑蚜 *Tuberculatus* (*Nippocallis*) *margituberculatus* (Zhang et Zhong)

（74）钉侧棘斑蚜 *Tuberculatus* (*Orientuberculoides*) *capitatus* (Essig et Kuwana)

（75）桠镰管蚜属待定种 *Yamatocallis* sp.

9. 毛蚜科 Chaitophhoridae

（76）滇杨毛蚜 *Chaitophorus populiyunnanensis* Zhang

（77）柳黑毛蚜 *Chaitophorus saliniger* Shinji

（78）栾多态毛蚜 *Periphyllus koelreuteriae* (Takahashi)

10. 蚜科 Aphididae

（79）棉长管蚜 *Acyrthosiphon* (*Acyrthosiphon*) *gossypii* Mordvilko

（80）猫眼无网蚜 *Acyrthosiphon* (*Acyrthosiphon*) *pareuphorbiae* Zhang

（81）豌豆蚜 *Acyrthosiphon* (*Acyrthosiphon*) *pisum* (Harris)

（82）甜菜蚜刺菜亚种 *Aphis* (*Aphis*) *fabae cirsiiacanthoidis* Scopoli

（83）甜菜蚜茄亚种 *Aphis* (*Aphis*) *fabae solanella* Theobald

（84）大豆蚜 *Aphis* (*Aphis*) *glycines* Matsumura

（85）棉蚜 *Aphis* (*Aphis*) *gossypii* Glover

（86）东亚接骨木蚜 *Aphis* (*Aphis*) *horii* Takahashi

（87）夹竹桃蚜 *Aphis* (*Aphis*) *nerii* Boyer de Fonscolombe

（88）杬果蚜 *Aphis* (*Aphis*) *odinae* (van der Goot)

（89）苹果蚜 *Aphis* (*Aphis*) *pomi* De Geer

（90）菊苣蚜 *Aphis* (*Aphis*) *serissae* Shinji

（91）绣线菊蚜 *Aphis* (*Aphis*) *spiraecola* Patch

（92）橘二叉蚜 *Aphis* (*Toxoptera*) *aurantii* Boyer de Fonscolombe

（93）橘蚜 *Aphis* (*Toxoptera*) *citricidus*（Kirkaldy）

（94）蚜属待定种 *Aphis* sp.

（95）茜草无网蚜 *Aulacorthum rubifoliae*（Shinje）

（96）枫沟无网蚜 *Aulacorthum* sp.

（97）李短尾蚜 *Brachycaudus* (*Brachycaudus*) *helichrysi*（Kaltenbach）

（98）酸模短尾蚜 *Brachycaudus* (*Thuleaphis*) *rumexicolens*（Patch）

（99）食禾梯管蚜 *Brachysiphoniella montana*（van der Goot）

（100）甘蓝蚜 *Brevicoryne brassicae*（Linnaeus）

（101）丽蒿钉毛蚜 *Capitophorus formosartemisiae*（Takahashi）

（102）类钉毛蚜 *Capitophorus similis* van der Goot

（103）桃粉大尾蚜 *Hyalopterus pruni*（Geoffroy）

（104）缺瘤大尾蚜 *Hyalopterus* sp.

（105）苦苣超瘤蚜 *Hyperomyzus* (*Hyperomyzus*) *carduellinus*（Theobald）

（106）毛茛黑背蚜 *Kaochiaoja* sp.

（107）喜马拉雅苞蚜 *Liosomaphis himalayensis* Basu

（108）铁线莲长管蚜 *Macrosiphum* (*Macrosiphum*) *clematifoliae* Shinji

（109）大戟长管蚜 *Macrosiphum* (*Macrosiphum*) *euphorbiae*（Thomas）

（110）豌豆修尾蚜 *Megoura crassicauda* Mordvilko

（111）竹色蚜 *Melanaphis bambusae*（Fullaway）

（112）麦无网蚜 *Metopolophium* (*Metopolophium*) *dirhodum*（Walker）

（113）荨麻小无网蚜 *Microlophium carnosum*（Buckton）

（114）月季冠蚜 *Myzaphis rosarum*（Kaltenbach）

（115）荨麻瘤蚜 *Myzus* (*Myzus*) *dycei* Carver

（116）冷水花瘤蚜 *Myzus* (*Myzus*) *pileae* Takahashi

（117）黄药子瘤蚜 *Myzus* (*Myzus*) *varians* Davidson

（118）桃蚜 *Myzus* (*Nectarosiphon*) *persicae*（Sulzer）

（119）黑腹瘤蚜 *Myzus* sp.1

（120）泉瘤蚜 *Myzus* sp.2

（121）忍冬新缢管蚜 *Neorhopalomyzus lonicerisuctus* Zhang，Zhong et Zhang

（122）葱蚜 *Neotoxoptera formosana*（Takahashi）

（123）山楂圆瘤蚜 *Ovatus* (*Ovatus*) *crataegarius*（Walker）

（124）苹果瘤蚜 *Ovatus* (*Ovatus*) *malisuctus*（Matsumura）

（125）木兰沟无网蚜 *Pseudomegoura magnoliae* (Essig et Kuwana)

（126）云南柳粉毛蚜 *Pterocomma* sp.

（127）蔷无网蚜 *Rhodobium porosum* (Sanderson)

（128）玉米蚜 *Rhopalosiphum maidis* (Fitch)

（129）莲缢管蚜 *Rhopalosiphum nymphaeae* (Linnaeus)

（130）禾谷缢管蚜 *Rhopalosiphum padi* (Linnaeus)

（131）梨二叉蚜 *Schizaphis* (*Schizaphis*) *piricola* (Matsumura)

（132）胡萝卜微管蚜 *Semiaphis heraclei* (Takahashi)

（133）樟修尾蚜 *Sinomegoura citricola* (van der Goot)

（134）荻草谷网蚜 *Sitobion* (*Sitobion*) *miscanthi* (Takahashi)

（135）月季长管蚜 *Sitobion* (*Sitobion*) *rosivorum* (Zhang)

（136）豆谷网蚜 *Sitobion* sp.1

（137）忍冬皱背蚜 *Trichosiphonaphis* (*Trichosiphonaphis*) *lonicerae* (Uye)

（138）铁线莲管蚜 *Tubaphis clematophila* (Takahashi)

（139）樱桃瘤头蚜 *Tuberocephalus* (*Trichosiphoniella*) *sakurae* (Matsumura)

（140）曾瘤蚜 *Tuberocephalus* (*Tuberocephalus*) *sasakii* (Matsumura)

（141）莴苣指管蚜 *Uroleucon* (*Uroleucon*) *formosanum* (Takahashi)

（142）红花指管蚜 *Uroleucon* (*Uromelan*) *gobonis* (Matsumura)

（143）毛连菜指管蚜 *Uroleucon* (*Uroleucon*) *picridis* (Fabricius)

（144）灌木指长管蚜 *Uroleucon* sp.

第二节　昆明地区园林常见蚜虫种类

一、常见种类

华山松球蚜 *Pineus* (*Pineus*) *armandicola* Zhang, Zhong et Zhang

球蚜科 Adelgidae　松球蚜属 *Pineus*

国内分布于云南，国外无分布；寄主植物是华山松 *Pinus armandii*。

无翅孤雌蚜主要识别特征（图1-1）：①体椭圆形，活体红褐色，被长蜡毛；②玻片标本复眼3小眼面，胸腹部分节明显；③腹部节Ⅰ～Ⅶ腹面各有1对缘蜡片，触角、足、尾片端部黑色，喙节Ⅱ有3个环带斑；④触角3节，喙端部不达中足基节，节Ⅳ + Ⅴ长与宽几乎相等，各足基节有蜡片分布，尾片半圆形，毛 2 根。

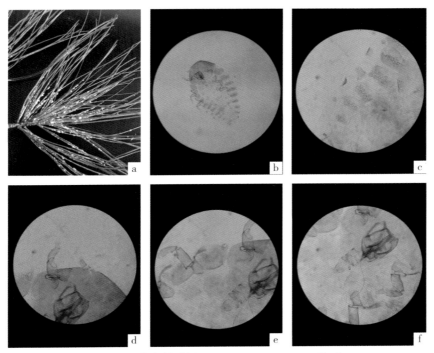

图 1-1　华山松球蚜 *Pineus (Pineus) armandicola*
a. 生态照；无翅孤雌蚜：b. 整体背面观；c. 腹部缘蜡片；d. 触角；e. 足基节窝蜡片；f. 喙

苹果绵蚜 *Eriosoma lanigerum*（Hausman）

瘿绵蚜科 Pemphigidae　绵蚜属 *Eriosoma*

原产北美，现传播到世界各国，国内在云南、山东、西藏等地有分布；寄主植物有苹果、山荆子、花红、楸子、沙果、海棠等，在树根、树干和枝上为害。昆明地区寄主植物是垂丝海棠 *Malus halliana*。

无翅孤雌蚜主要识别特征（图 1-2）：①体卵圆形，活体红褐色，体背有大量白色蜡毛；②玻片标本无斑纹，体背蜡片呈花瓣形，每蜡片 5~15 个蜡胞；③复眼 3 小眼面，触角 6 节，粗短，喙端部达后足基节，足粗短；④腹管半环形，围绕腹管有 11~16 根短毛；尾片馒状，小于尾板，尾板末端圆形。

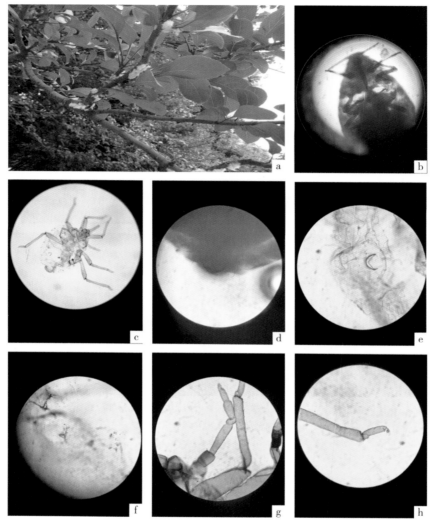

图 1-2　苹果绵蚜 *Eriosoma lanigerum*

a.生态照；无翅孤雌蚜：b.喙与身体比例；c.整体背面观；d.尾片；e.腹管；f.蜡片；
g.触角；h.后足胫节端部和跗节

藏枝瘿绵蚜 *Pemphigus*（*Pemphigus*）*tibetensis* Zhang

瘿绵蚜科 **Pemphigidae**　瘿绵蚜属 *Pemphigus*

国内分布于云南、西藏；国外无分布。寄主植物是青杨、小叶白杨；在昆明地区为害滇杨 *Populus yunnanensis*。

无翅型干母主要识别特征（图 1-3）：①体卵圆形，活体黄白色，玻片标本头部黑色，胸腹部淡色，无斑纹；②体表光滑，复眼黑褐色，由 3 小眼面组成；③体背有明显蜡片，色较腹部深，每蜡片由上百个蜡胞组成；④触角 4 节，触角节Ⅲ和Ⅳ有瓦纹，触角节Ⅳ端部有毛 3 根，喙达中足基节，无腹管。

有翅孤雌蚜主要识别特征（图 1-3）：①体长卵形，活体头胸黑色，腹部淡绿色；②玻片标本头胸黑色，腹部淡色无斑，无缘瘤；③触角短粗，5 节，次生感觉圈环形，节Ⅲ 13 个，节Ⅳ 4 个，节Ⅴ 3 个，端部有 1 原生感觉圈，节Ⅵ有 5 个次生感觉圈，鞭部顶端有毛 5 根；喙超过前足基节；前翅 4 斜脉不分叉，后翅 2 斜脉，腹管环形。

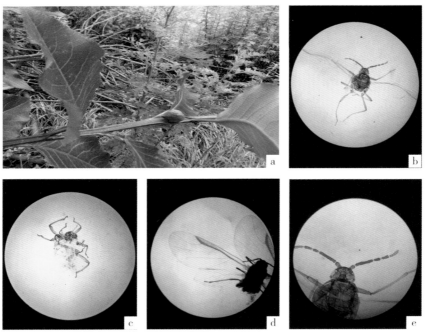

图 1-3　藏枝瘿绵蚜 *Pemphigus* (*Pemphigus*) *tibetensis*（一）

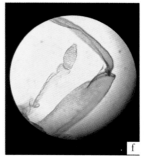 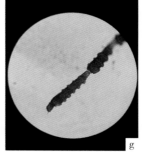 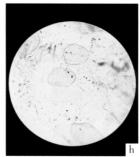

图 1-3 藏枝瘿绵蚜 *Pemphigus (Pemphigus) tibetensis*（二）

a.生态照；有翅孤雌蚜：b.整体背面观；d.前翅；e.头部背面观；g.触角节Ⅵ；

h.蜡片；无翅型干母：c.整体背面观；f.触角

角倍蚜 *Schlechtendalia chinensis*（Bell）

瘿绵蚜科 Pemphigidae 倍蚜属 *Schlechtendalia*

国内分布于云南、河南、陕西、江苏、浙江、安徽、江西、湖北、湖南、四川、台湾、福建、广东、广西、贵州；国外分布于朝鲜、日本、英国等。资源昆虫。原生寄主是盐肤木 *Rhus chinensis*，次生寄主是匐灯藓属 *Plagiomnium* spp.、提灯藓属、疣灯藓属植物。

无翅干雌蚜主要识别特征（图 1-4）：①体长椭圆形，活体是黄白色，玻片标本淡色；②复眼 3 小眼面，触角 5 节，节Ⅴ端部有长椭圆形原生感觉圈，喙超过中足基节，无腹管，尾片颜色较深，微具瓦纹，形成的虫瘿有角状突起。

图 1-4 角倍蚜 *Schlechtendalia chinensis*（一）

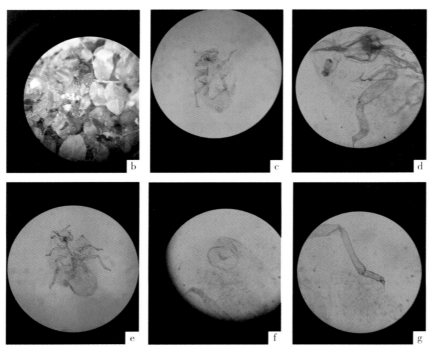

图 1-4 角倍蚜 *Schlechtendalia chinensis*（二）

a, b. 生态照；无翅干雌蚜：c. 整体背面观；d. 复眼；e. 触角；
f. 尾片；g. 后足胫节端部和跗节

居竹舞蚜 *Astegopteryx bambucifoliae*（Takahashi）

扁蚜科 Hormaphidiae　舞蚜属 *Astegopteryx*

　　国内分布于云南、海南、台湾、福建、四川、广东、广西；国外分布于越南、日本、印度尼西亚等。寄主植物有毛竹、吊丝竹、慈竹、小竹、青皮竹、栓叶安息香、苏麻竹属、刺竹属等。在昆明地区为害毛竹 *Phyllostachys edulis*、慈竹 *Bambusa emeiensis*。

　　无翅孤雌蚜主要识别特征（图 1-5）：①体扁平，活体黄绿色；②玻片头部与前胸背片愈合，复眼 3 小眼面，胸腹部各节缘片各有 4~6 个大圆形蜡孔；③额部有 1 对长角，端部钝，触角 4 节或 5 节，喙不达中足基节；围绕腹管有长毛 12 根，尾片瘤状，有毛 8 根，尾板分为 2 片。

　　有翅孤雌蚜主要识别特征（图 1-5）：①体扁平，活体黄绿色，玻片头与前胸愈合，复眼多小眼面，头部额角短，略隆起，顶端有毛4根；②触角5节，节Ⅱ具毛2根，节Ⅲ～Ⅴ具明显横纹，具有横条形次生感觉圈，节Ⅲ28~30个，节Ⅳ13个，节Ⅴ12个，节Ⅴ鞭节端部有毛3根；③前翅肘脉1和肘脉2基部联合，中脉基半部退化消失，1分叉，分叉处翅脉明显，后翅2斜脉；④尾片瘤状，其他特征与无翅孤雌蚜相似。

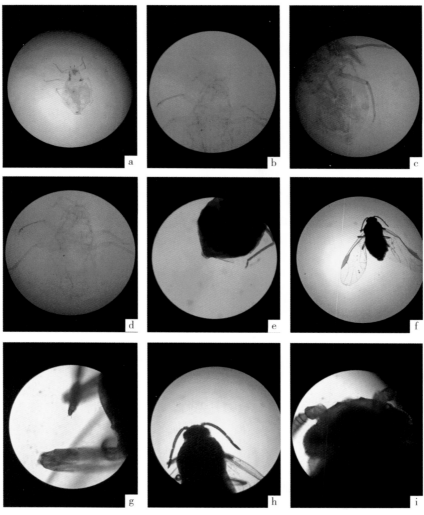

图1-5 居竹舞蚜 *Astegopteryx bambucifoliae*

a.整体背面观；b.头部与前胸背面观，示额角；c.腹管；d.触角；e.尾片；g.触角节Ⅵ端部；
有翅孤雌蚜：f.前翅；h.触角；i.额角

小舞蚜 *Astegopteryx minuta*（van der Goot）

扁蚜科 Hormaphidiae　舞蚜属 *Astegopteryx*

国内分布于云南、四川、台湾、福建、广东；国外分布于日本、印度尼西亚。寄主植物有凤尾竹 *Bambusa multiplex*、箬竹 *Indocalamus tessellatus*、观音竹 *B. multiplex*、吊丝竹 *Dendrocalamus minor* 等竹类。

无翅孤雌蚜主要识别特征（图 1-6）：①活体草绿色；②头与前胸愈合，头顶有 1 对额角，顶端圆钝；③复眼 3 小眼面，触角 5 节，短，不及体长之半，鞭节毛短而稀疏，次生感觉圈环形，遍布于鞭节；④喙末节钝，具 1 对次生毛，喙粗短，几乎不超过中足基节；⑤腹部背片Ⅰ～Ⅷ各缘域有小圆形淡色蜡胞 2~4 个，蜡孔双环状，小于复眼，由 20~50 个小蜡孔组成；⑥腹管短，位于多毛圆锥体上，尾片基部缢缩。

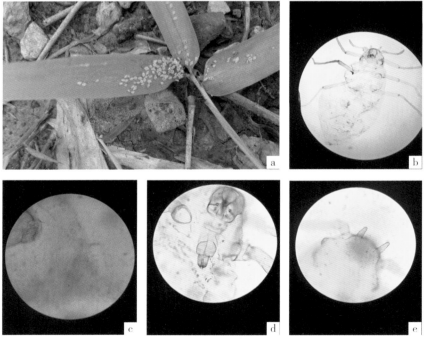

图 1-6　小舞蚜 *Astegopteryx minuta*（一）

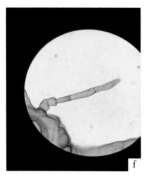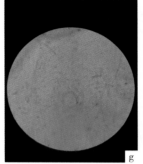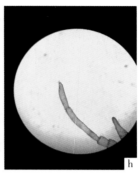

图 1-6　小舞蚜 *Astegopteryx minuta*（二）

a. 生态照；无翅孤雌蚜：b. 整体照；c. 体缘蜡片；d. 喙；e. 头部与前胸背面观，示额角；
f. 触角；g. 腹管；h. 触角节Ⅵ端部

林栖粉角蚜 *Ceratovacuna silvestrii*（Takahashi）

扁蚜科 Hormaphidiae　粉角蚜属 *Ceratovacuna*

国内分布于云南、陕西、湖北、海南、福建、浙江、四川、台湾；国外分布于日本、印度。寄主植物有小竹、斑竹、竹、苦竹属 *Pleioblastus* spp.，在叶基部背面为害。

无翅孤雌蚜主要识别特征（图 1-7）：①体卵圆形，活体标本黑褐色，体表被大量蜡层，玻片标本头与前胸黑褐色，体表粗糙，有不规则皱曲纹，胸腹部淡色，触角、喙、足各节、腹管、尾片及尾板黑褐色；②体表蜡片明显，头部背片中蜡片 1 对，由 8~9 个蜡胞组成；前胸 2 对中蜡片由 5~7 个蜡孔组成，缘蜡片由 8~13 个蜡孔组成；③腹部背片Ⅰ～Ⅶ缘蜡片各 1 对，由 7~13 个蜡孔组成，节Ⅴ中蜡片未与侧蜡片愈合，有蜡胞 18~21 个，节Ⅵ中侧蜡片愈合呈横带状蜡片群，有蜡胞 20~22 个，节Ⅶ无中蜡片，节Ⅷ中蜡片由 18~20 个蜡胞组成；④头顶有 1 对钝锥形角突，顶端有毛 6 根，触角 5 节，节Ⅲ和节Ⅳ分节不明显，喙粗短，节Ⅳ＋Ⅴ盾状；⑤腹管短圆锥形，有皱曲纹，无尾片瘤状，中部收缩，有毛 10 根，尾板分裂为 2 片，瘤状。

与原描述种分化特征：前胸中蜡片蜡孔 5~7 个（后者 3 或 4 个），缘蜡片蜡孔 8~13 个（后者 8 或 9 个）；腹部背片节Ⅵ蜡胞 20~22 个（后者 14 或 15 个），节Ⅷ蜡胞 18~20 个（后者 10 或 11 个）；额角较短而粗壮（后者较细长），触角节Ⅲ和节Ⅳ分节不明显（后者分节明显）。

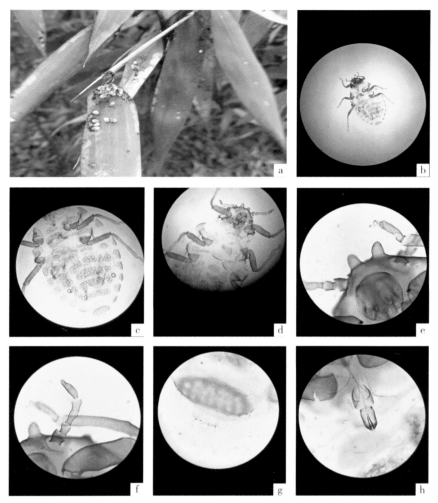

图 1-7　林栖粉角蚜 *Ceratovacuna silvestrii*
a. 生态照；无翅孤雌蚜：b. 整体照；c. 腹部；d. 头部与前胸；e. 额角；
f. 触角；g. 尾片；h. 喙节Ⅳ + Ⅴ

塔毛角蚜 *Chaitoregma tattakana*（Takahashi）
扁蚜科 Hormaphidiae　毛角蚜属 *Chaitoregma*

国内分布于云南、湖北、湖南、四川、贵州、陕西、台湾；国外分布于印度。寄主植物有刚竹 *Phyllostachys sulphurea*、大明竹 *Pleioblastus* spp.、箣竹 *Bambusa* spp.、南竹、玉山箭竹等。

无翅孤雌蚜主要识别特征（图 1-8）：①活体草绿色；②头与前胸愈合，额角 1 对，顶端圆；③复眼 3 小眼面，触角 4 节，鞭节毛细，短而稀疏，原生感觉圈圆形，凸出；④喙末节钝，仅有前端毛，喙粗短，几乎不超达前足基节；⑤腹管孔状，无具毛隆起，尾片基部缢缩，尾板明显两裂片。

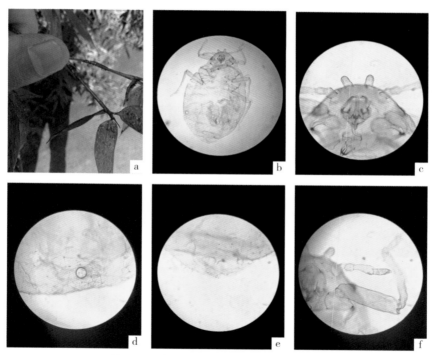

图 1-8　塔毛角蚜 *Chaitoregma tattakana*
a. 生态照；无翅孤雌蚜：b. 整体照；c. 额角；d. 腹管；
e. 尾片和尾板；f. 触角

国内分布于云南；国外分布于印度、印度尼西亚。寄主植物有阴香 *Cinnamomum burmannii*、天竺桂 *C. japonicum*。

无翅孤雌蚜主要识别特征（图 1-9）：①身体椭圆形，背腹扁平，头，胸和腹部节Ⅰ愈合为前体，腹部节Ⅱ~Ⅶ愈合，节Ⅷ游离；②玻片标本身体深褐色，触角、足、尾片、尾板浅褐色，前体背板背缝线明显，布满不规则突起和很多细长软毛；③腹部背片Ⅱ~Ⅶ各有一对粗长近缘毛，腹部背片Ⅷ背毛2根，额平直，复眼3小眼面，触角3节，分节不明显；④喙粗短，足转节与股节愈合，腹管孔状，位于腹部背片Ⅵ，尾片半椭圆形，尾板2裂。与原描述种分化特征是无翅孤雌蚜腹部背片Ⅷ背毛2根（后者4根）。

有翅孤雌蚜主要识别特征（图 1-9）：①体卵圆形，活体黑褐色，静止时翅平叠，不呈屋脊状；②触角5节，节Ⅲ~Ⅴ有网纹，节Ⅲ~Ⅴ横条形感觉圈数分别为22~25个、10或11个、6或7个，鞭节端部有毛3根；③腹部背片Ⅶ有毛4根，背片Ⅷ有毛2根，位于椭圆形横斑上；④额部隆起，复眼多小眼面，喙端部超过前足基节，足股节与转节愈合，腹管孔状，尾片半椭圆形，有毛7~11根，尾板两裂片，生殖板方形。

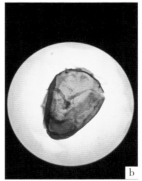

图 1-9　异毛真胸蚜 *Euthoracaphis heterotricha*（一）

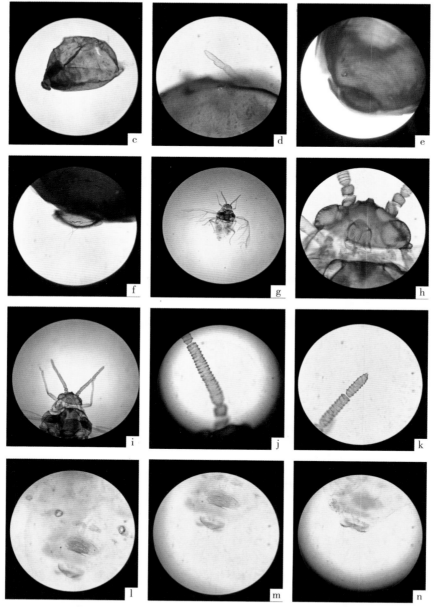

图 1-9　异毛真胸蚜 *Euthoracaphis heterotricha*（二）

a. 生态照；无翅孤雌蚜：b. 整体背面观；c. 前胸背面观，示侧沟；d. 复眼及触角；
e. 腹管和体缘蜡片；f. 腹部背片Ⅷ
有翅孤雌蚜：g. 整体背面观；h. 头部背面观；i. 触角；j. 触角节Ⅲ，示网纹；k. 触角节Ⅵ端部；
l. 腹管及腹部背片Ⅵ～Ⅷ；m. 尾片；n. 生殖板

新日扁蚜 *Neonipponaphis* sp.

扁蚜科 **Hormaphidiae** 新日扁蚜属 *Neonipponaphis* 待定种

分布于昆明，寄主植物是滇润楠 *Machilus yunnanensis*、海桐 *Pittosporum tobira*。

无翅孤雌蚜主要识别特征（图 1-10）：①活体红褐色或黑褐色，身体背腹扁平。玻片标本体褐色，触角、足淡褐色；②头部、胸部和腹部节 Ⅰ 愈合为前体，腹部节 Ⅱ ~ Ⅶ 愈合且与前体显著分离，腹部节 Ⅷ 游离，前体背板及身体缘域近腹面布满不规则疱突；③节间斑明显，尾片、尾板、生殖板有小刺突瓦纹，前体背板及体缘布满细尖毛，背片Ⅷ背毛 4 根；④中额不隆，呈平顶弧形，复眼 3 小眼面，触角短，3 节，分节不明显，喙粗短，不达中足基节，足短小，光滑少毛，股节与转节愈合，腹管小，孔状，位于腹部背片Ⅵ；⑤尾片瘤状，基部缢缩，有毛 7~10 根；尾板 2 裂片，各裂片有毛 4~6 根。

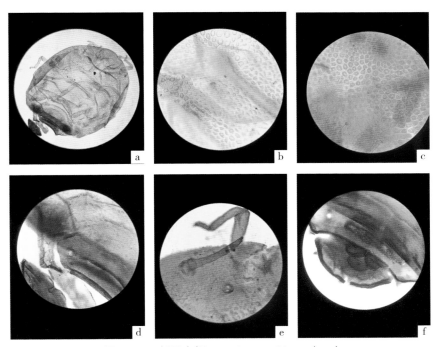

图 1-10 新日扁蚜 *Neonipponaphis* sp.（一）

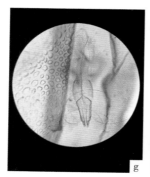

图 1-10　新日扁蚜 *Neonipponaphis* sp.（二）

无翅孤雌蚜：a. 整体背面观；b. 身体背面疤突；c. 体背毛；d. 腹管；e. 触角；
f. 尾片和尾板；g. 喙节Ⅳ＋Ⅴ；h. 后足胫节和跗节

爱伪角蚜 *Pseudoregma alexanderi*（Takahashi）

扁蚜科 **Hormaphidiae**　伪角蚜属 *Pseudoregma*

国内分布于云南、四川、福建、广西、湖南、四川、贵州、台湾；国外分布于印度尼西亚、印度、尼泊尔等。寄主植物有麻竹 *Dendrocalamus latiflorus*、慈竹 *Bambusa emeiensis*、大佛肚竹 *B. vulgaris*、刚竹 *Phyllostachys* spp.、青冈栎等。

无翅孤雌蚜主要识别特征（图 1-11）：①活体褐色；②头与前胸愈合，额角较短；③身体背面有大型和小型蜡胞，大型蜡胞分布在腹部背片节Ⅵ～Ⅶ缘域和Ⅷ中域；④复眼 3 小眼面；喙粗短，不达中足基节；⑤腹管孔状，尾片基部缢缩，多毛。

图 1-11　爱伪角蚜 *Pseudoregma alexanderi*（一）

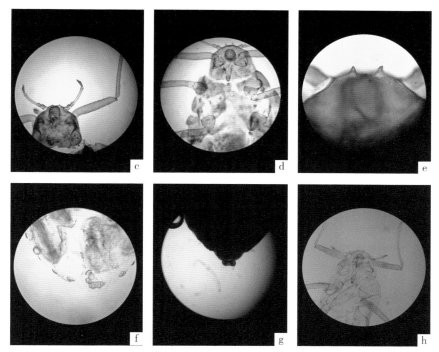

图 1-11　爱伪角蚜 *Pseudoregma alexanderi*（二）

a. 生态照；无翅孤雌蚜：b. 整体背面观；c. 触角；d. 喙节Ⅳ＋Ⅴ；e. 额角；f. 腹部背片Ⅵ～Ⅷ；

g. 尾片；h. 喙与身体比例

禾伪角蚜 *Pseudoregma panicola*（Takahashi）

扁蚜科 Hormaphidiae　伪角蚜属 *Pseudoregma*

国内分布于云南、福建、湖南、广西、台湾、香港；国外分布于日本、印度、澳大利亚、新西兰、非洲、北美洲、古巴等。寄主植物有寄主：荩草 *Arthraxon hispidus*、淡叶竹、求米草属、黎属、箬竹属等。

无翅孤雌蚜主要识别特征（图 1-12）：①体椭圆形，玻片标本头部与前胸愈合，头部与前胸，中胸背板中、缘域，复眼，触角，喙Ⅵ＋Ⅴ，足各节，腹管骨化褐色，其余淡色；②前胸背板与腹部各节均有蜡片分布，前胸背板到腹部背片Ⅴ各节有 1 对中蜡片及 1 对缘蜡片，腹部背片Ⅵ～Ⅶ有 1 对缘蜡片，腹部背片Ⅷ仅有 1 中蜡片，由 9 个圆形蜡胞组成；③头顶有 1 对圆柱形额角；④复眼 3 小眼面，触角 4 节，末节端部有毛 5 根；⑤喙端部达中足基节，足各节正常，转节与股节愈合，腹管环状，尾片瘤状，尾板分裂为 2 片。

有翅孤雌蚜主要识别特征（图 1-12）：①体长卵形，玻片标本头胸部，触角、喙、足各节、尾片、尾板、生殖板暗褐色，腹部背片Ⅶ～Ⅷ全节有灰褐色宽横带，其余淡色；②复眼多小眼面，触角节Ⅲ～Ⅴ次生感觉圈间有密集小刺突分布，体背蜡片不显；③头顶 1 对较短圆锥状额角；④触角 5 节，节Ⅴ鞭节端部有毛 4 根，节Ⅲ～Ⅴ环形次生感觉圈数分别为 22~25、9~10、9~10 个；⑤前翅中脉 1 分叉，中脉基半部细弱，2 肘脉基部相连，后翅 2 斜脉，尾片瘤状，尾板两裂，其他特征与无翅孤雌蚜相似。

与原记录种分化特征是无翅孤雌蚜额角较长（后者较短），有翅孤雌蚜触角节Ⅴ鞭节端部有毛 4 根（后者 5 根），节Ⅲ环形次生感觉圈数分别为 22~25（后者 25~27 个）。

图 1-12　禾伪角蚜 *Pseudoregma panicola*（一）

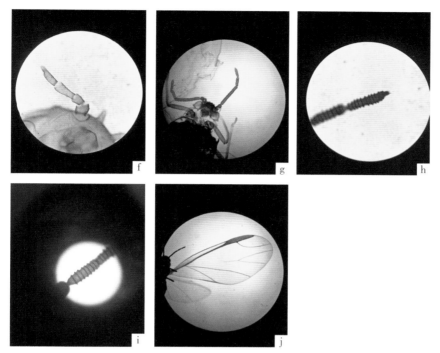

图 1-12　禾伪角蚜 *Pseudoregma panicola*（二）

a. 生态照；无翅孤雌蚜：c. 整体照；d. 额角；f. 触角；有翅孤雌蚜：b. 整体照；e. 额角；
g. 触角；h. 触角节Ⅵ端部；i. 触角节Ⅲ部分；j. 前翅

昆明毛管蚜 *Greenidea (Trichosiphum) kunmingensis* Zhang
毛管蚜科 Greenideidae · 毛管蚜属 *Greenidea*

国内分布于云南昆明，寄主植物是雅榕（小叶榕）*Ficus concinna*、栲属。

无翅孤雌蚜主要识别特征（图 1-13）：①体梨形，在栲树上为害；②触角稍长于身体，节Ⅲ有长短毛 18~20 根，长毛为该节直径的 3.1 倍；③喙末节尖长，为后跗第 2 节的 1.8 倍，中部有毛 5~6 对，喙长达身体中部；④第 1 跗节毛序为 7、7、7；⑤腹管角管状，有长短毛若干；⑥尾片半圆形，端部突起，有长毛 3 对，尾板末端圆形。

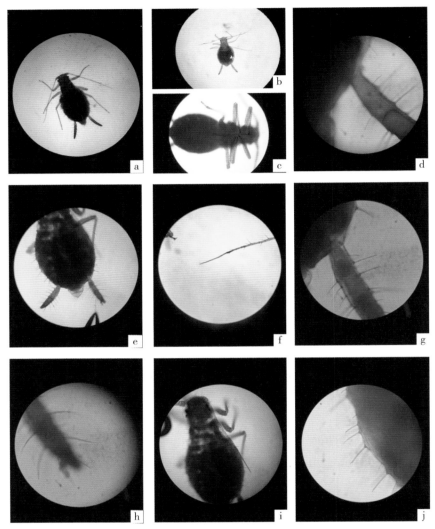

图 1-13　昆明毛管蚜 *Greenidea (Trichosiphum) kunmingensis*
无翅孤雌蚜：a，b. 整体背面观；c. 喙及其与身体比例；d. 腹管基部，示网纹；e. 腹管及尾片；
f. 触角节 Ⅴ + Ⅵ；g. 腹管基部毛；h. 腹管端部毛；i. 触角；j. 身体背毛

台湾毛管蚜 *Greenidea (Trichosiphum) psidii* Goot

毛管蚜科 Greenideidae　毛管蚜属 *Greenidea*

国内分布于云南、福建、海南、广东、广西、四川、台湾；国外分布于日本、印度、尼泊尔、印度尼西亚等。寄主植物有番石榴、桃金娘、番樱桃属、白千层，在昆明地区为害油茶 *Camellia oleifera*。

无翅孤雌蚜主要识别特征（图 1-14）：①体梨形，活时黄褐色至酱紫色，在番石榴、桃金娘、番樱桃属、白千层等嫩梢及嫩叶背面为害；②触角短于体长，节Ⅲ毛长为该节直径的 2.1 倍；③喙末节长为宽的 2 倍，为后跗第 2 节的 1.9 倍，中部有毛 2 对，喙细长伸达身体中部；④第 1 跗节毛序为 5、5、5，后胫节毛长为该节直径的 1.3 倍；⑤腹管角管状，有长短毛若干；⑥尾片短圆锥形，端部有 1 尖突，有长毛 7~8 根；尾板末端圆形。

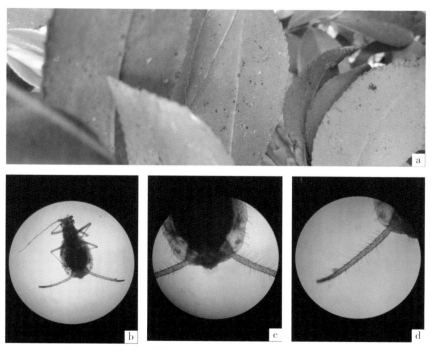

图 1-14　台湾毛管蚜 *Greenidea (Trichosiphum) psidii*（一）

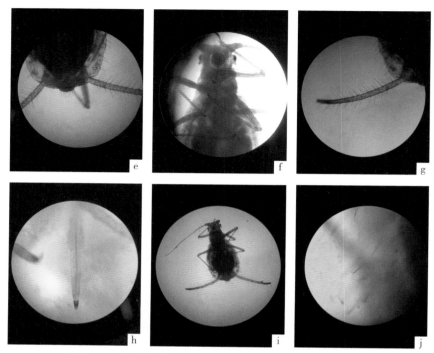

图 1-14　台湾毛管蚜 *Greenidea (Trichosiphum) psidii*（二）
a. 生态照；无翅孤雌蚜：b. 整体背面观；c. 尾片；d. 腹管，示网纹；e. 尾板；f. 喙与身体比例；
g. 腹管；h. 喙节Ⅳ+Ⅴ；i. 触角；j. 体背毛

伪短痣蚜 *Aiceona* sp.

短痣蚜科 Anoeciidae　伪短痣蚜属 *Aiceona* 待定种

分布于云南昆明，寄主植物是香叶树 *Lindera communis*。

无翅孤雌蚜主要识别特征（图 1-15）：①体卵圆形，活体标本黑褐色，体表有白色蜡层，玻片标本头胸、腹管、尾片尾板淡褐色，其余淡色，腹部各节具分散褐色小斑块，具淡色节间斑；②头与前胸分离，体背多长毛，中额弧状，头缝线明显；③复眼 3 小眼面，触角 6 节，节Ⅰ～Ⅵ具长毛，分别为：3~5、5~7、26~32、13~15、12~14、8 或 9 根，触角节Ⅵ鞭部约为基部 0.5 倍；④喙超过中足基节但不达后足基节，腹管位于多毛圆锥体上，有毛 9~15 根，尾片末端圆形，具毛 5~7 根，尾板末端圆形。

有翅孤雌蚜主要识别特征（图 1-15）：①玻片标本头胸部，各足股节端半部、腹管、尾片、尾板褐色，其余淡色，腹部无斑纹；②触角6节，节Ⅲ～Ⅴ节感觉圈数38~43、10~15、3~5个，分布全节；③前翅翅脉2分叉，亚前缘脉有毛25~30根，分布于翅痣部分以及亚前缘脉基半部；④尾片毛5~6根，其他特征与无翅孤雌蚜相似。

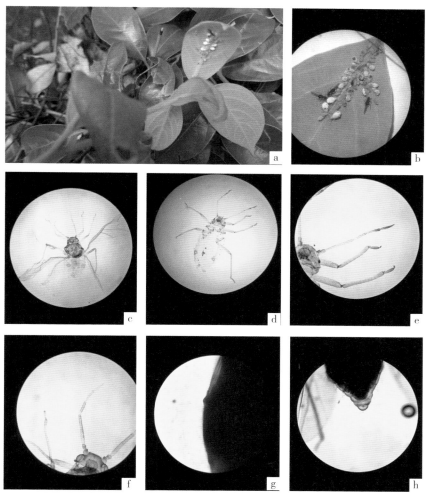

图1-15　伪短痣蚜 *Aiceona* sp.（一）

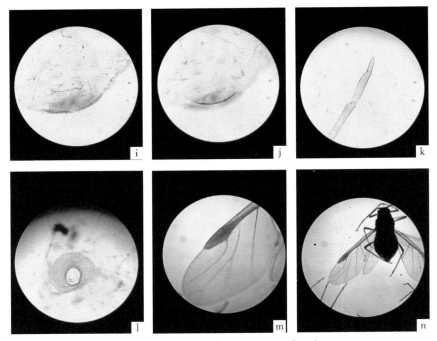

图 1-15　伪短痣蚜 *Aiceona* sp.（二）

a, b. 生态照；无翅孤雌蚜：d. 整体背面观；e. 触角；g. 缘瘤；i. 尾板；j. 尾片；l. 腹管；有翅孤雌蚜：
c. 整体背面观；f. 触角；h. 尾片；k 触角节Ⅵ端部；m. 前翅亚前缘脉毛；n. 前后翅

雪松长足大蚜 *Cinara (Cinara) cedri* Mimeur

大蚜科 Lachnidae　长足大蚜属 *Cinara*

　　国内分布于云南、北京；国外分布于阿根廷、土耳其。寄主植物是雪松 *Cedrus deodara*。

　　无翅孤雌蚜主要识别特征（图 1-16）：①体梨形，深铜褐色，腹部具漆黑色小斑点，体表被淡褐色纤毛和白色蜡粉，头顶中央两侧各有一纵沟，沟内无毛和白粉；②复眼多小眼面，具眼瘤，触角 6 节，Ⅰ、Ⅴ端半部和Ⅵ黑色，有时Ⅵ节端部稍暗，Ⅲ～Ⅴ节的感觉圈数为 0、1、2；③前胸背板两侧各有一斜置凹陷，呈"八"字形，内无毛和白粉；④中胸腹面前缘中央具 1 钝齿形突起，喙长，端部几乎达身体末端；⑤足淡黄褐色，基节、转节、腿节端部、胫节端半部及跗节黑色，有时腿、胫节上的黑色区域变大，后足的黑色区常比前中足大；⑥腹管短，上具毛，尾片后缘宽三角形。

有翅孤雌蚜主要识别特征（图1-16）：①体长椭圆形，活体头胸部骨化黑色，腹部无明显褐色斑纹，复眼红色，触角灰褐色，腹管色较无翅蚜淡；②触角6节，基部2节及端部黑褐色，节Ⅱ长于宽，毛长于触角基宽的2倍，Ⅲ～Ⅴ节上有大圆形感觉圈6~7、1、2个，节Ⅲ小圆形感觉圈多个，节Ⅵ具1大圆形原生感觉圈，直径约与触角直径相等，大的直径不及小的2倍，数量较少；③腹部灰褐或灰绿色，足黑褐色，但前中足腿节及胫节基部或近基部灰褐色，有时后足胫节近基部可显灰褐色，喙可达腹末，前翅中脉分2叉，有时无分支。

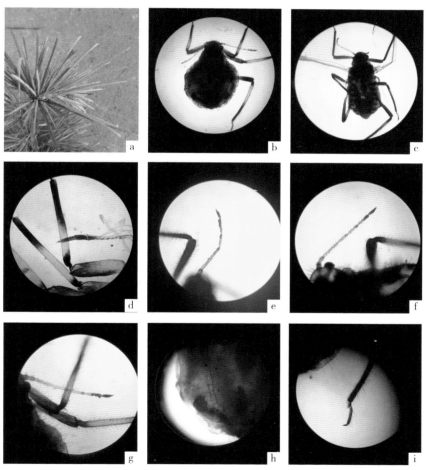

图1-16　雪松长足大蚜 *Cinara (Cinara) cedri*（一）

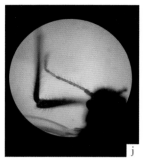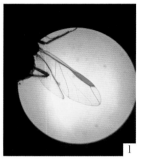

图 1–16 雪松长足大蚜 *Cinara (Cinara) cedri*（二）

a. 生态照；无翅孤雌蚜：b. 整体背面观；d. 喙节Ⅳ + Ⅴ；f. 触角；g. 触角节Ⅳ～Ⅵ；h. 腹管；
i. 后足胫节端部和跗节；k. 触角节Ⅲ；有翅孤雌蚜：c. 整体背面观；e. 触角；j. 触角节Ⅲ；l. 前后翅

长足大蚜 *Cinara* sp.

大蚜科 Lachnidae 长足大蚜属 *Cinara* 待定种

分布于云南昆明。寄主植物是侧柏 *Platycladus orientalis*。

无翅孤雌蚜主要识别特征（图 1-17）：①体卵圆形，活体赭褐色，有时被薄粉；②玻片标本淡色，头部、中胸腹岔、各节间斑、腹部背Ⅷ片中断的横带及气门片黑色；③触角节Ⅰ、Ⅱ以及Ⅲ～Ⅵ端部褐色，触角其余淡色；④喙节Ⅲ～Ⅴ、足基节、股节端部1/2、胫节端部1/6及跗节灰褐色至灰黑色；⑤腹管、尾片、尾板及生殖板灰黑色，腹部节Ⅶ中部、节Ⅷ中断横带灰褐色；⑥体表光滑，体背多细长尖，毛基斑明显，比毛瘤稍大，腹部背片Ⅷ有毛约 14 根；⑦复眼多小眼面，有眼瘤，额瘤不显，头缝线明显，色深；⑧触角 6 节，触角毛长，节Ⅰ～Ⅵ毛数：5~7、8~10、30~35、10~11、8~9、6~8 根；⑨触角节Ⅲ～Ⅵ次生感觉圈数 0、2、2、1，节Ⅵ鞭节端部有毛 3 或 4 根；⑩喙端部可达后足基节，节Ⅳ、Ⅴ分节明显，节Ⅴ明显再分为 2 节，中胸腹岔具柄，与腹部相连；⑪腹管位于有毛的圆锥体上，有缘突，有长毛上百根，尾片半圆形，有微刺突瓦纹，长毛约 7~15 根，尾板末端圆形或平截。

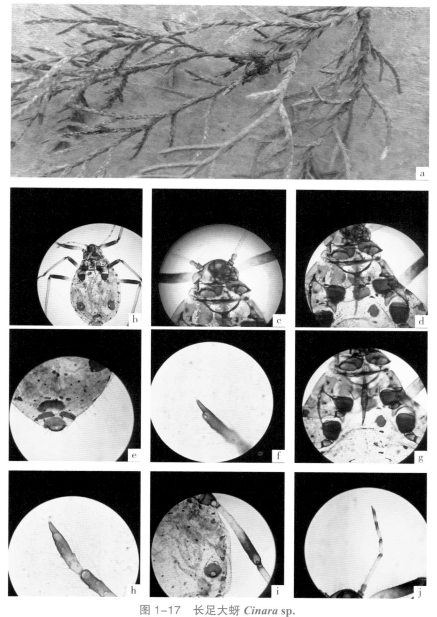

图 1-17　长足大蚜 *Cinara* sp.

a. 生态照；无翅孤雌蚜：b. 整体照；c. 头部；d. 中胸腹岔；e. 腹部背片Ⅶ、Ⅷ和尾片；
f. 触角端部；g. 喙节Ⅳ + Ⅴ；h. 触角节Ⅴ～Ⅵ；i. 腹管；j. 触角

板栗大蚜 *Lachnus tropicalis*（van der Goot）
大蚜科 Lachnidae　大蚜属 *Lachnus*

　　国内分布于云南、北京、吉林、辽宁、河北、山东、河南、江苏、浙江、江西、四川、台湾、福建、广东；国外分布于朝鲜、日本、马来西亚。寄主植物有板栗 *Castanea mollissima*、白栎、麻栎、柞、蒙古栎、青冈等。

　　无翅孤雌蚜主要识别特征（图1-18）：①体长卵形，活时灰黑至赭黑色，若虫灰褐至黄褐色，体长3~4毫米，腹部卵圆形，在栗和栎属植物小枝表皮上为害；②触角短，约为体长1/2，节Ⅲ毛长为该节直径的1.1倍，有小圆感觉圈2~5个，位于端部1/4；③喙末节长为宽的2倍，为后跗第2节的0.96，喙超过后足基节；④第1跗节毛序为10、11、10，后胫节毛长为该节中宽的1.2倍；⑤腹管截断形，有毛14~16根；⑥尾片末端圆形，尾板半圆形。

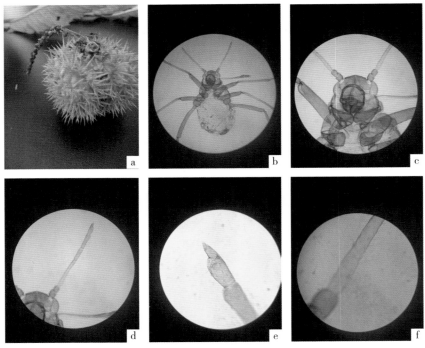

图1-18　板栗大蚜 *Lachnus tropicalis*（一）

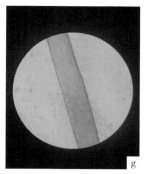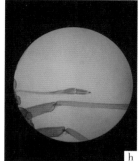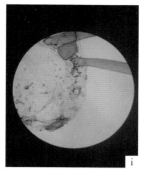

图 1-18　板栗大蚜 *Lachnus tropicalis*（二）

a.生态照；无翅孤雌蚜：b.整体照；c.头部；d.触角；e.触角节Ⅵ；f.触角节Ⅲ，示毛长；
g.后足胫节局部，示毛长；h.喙节Ⅳ + Ⅴ；i.腹管

枇杷大蚜 *Nippolachnus xitianmushanus* Zhang et Zhong

大蚜科 Lachnidae　　日本大蚜属 *Nippolachnus*

国内分布于云南、浙江，国外无分布。寄主植物是枇杷 *Eriobotrya japonica*。

无翅孤雌蚜主要识别特征（图 1-19）：①体长椭圆形，活体时淡绿色，有蚁访；②玻片标本头胸部、各足基节、胫节、跗节、尾片、尾板、生殖板灰褐色，腹部淡色，节间斑灰黑色，腹部各节气门片骨化褐色，腹部节Ⅷ有 1 深褐色横带，腹部背片多毛，毛细长而尖锐；③触角第Ⅰ、Ⅱ及Ⅲ基半部浅褐色，其余深褐色，体表背面有明显网纹，在褐色斑块处更加明显，额瘤不显，额顶平直，头背有明显头盖缝至后头缘者；④复眼多小眼面，无眼瘤，触角光滑，节Ⅲ有圆形感觉圈 1~3 个，分布于端部，节Ⅳ有 5~7 个，分布于全长，节Ⅴ有 3~6 个，分布全长，端部感觉圈直径约等于节Ⅴ端部直径，节Ⅵ 2~3 个触角，节Ⅵ鞭部约为基部的 1/3，端部有毛 3~4 根；⑤喙长大，超过后足基节，端节明显分为 2 节，钝粗；⑥足粗长，腹管截断状，位于多毛灰褐色的圆锥体上，有明显缘突，尾片半圆形，有小刺突构成瓦纹，尾板半圆形，粗糙有小刺突。

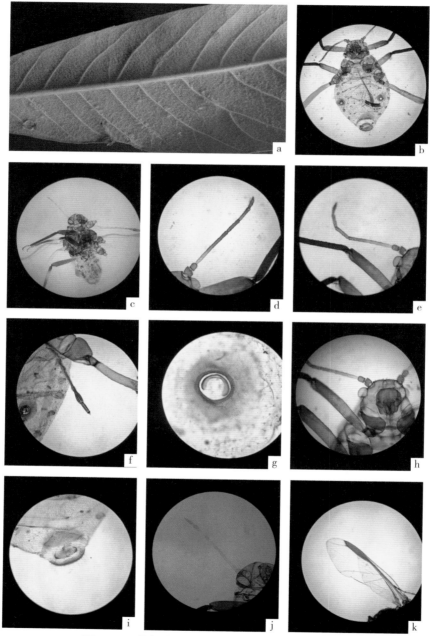

图 1-19　枇杷大蚜 *Nippolachnus xitianmushanus*

a. 生态照；无翅孤雌蚜：b. 整体照；d. 触角；e. 触角节 Ⅲ 、Ⅳ；f. 喙节 Ⅳ + Ⅴ；g. 腹管；
h. 头部；i. 尾片和尾板；有翅孤雌蚜：c. 整体照；j. 触角；k. 前后翅

罗汉松新叶蚜 *Neophyllaphis (Neophyllaphis) podocarpi* Takahashi

斑蚜科 **Drepanosiphidae**　新叶蚜属 *Neophyllaphis*

国内分布于云南、吉林、上海、江苏、浙江、湖南、台湾、福建；国外分布于日本、马来西亚、印度尼西亚、澳大利亚及美洲等。寄主植物是罗汉松 *Podocarpus macrophyllus*。

无翅孤雌蚜主要识别特征（图 1-20）：①体椭圆形，红褐色或赤紫色，被薄蜡粉；②复眼 3 小眼面，头与前胸愈合；③触角细长，节Ⅰ、Ⅱ光滑，节Ⅲ稍短于Ⅳ、Ⅴ、Ⅵ之和，具环形次生感觉圈 39~42 个；④腹管短，环状，位于褐色的圆锥体上，隆起无毛；⑤尾片褐色，长椭圆形，明显突出腹端。

有翅孤雌蚜主要识别特征（图 1-20）：①头与前胸分离，复眼多小眼面；②触角节Ⅲ等于前足胫节，具 30~45 个次生感觉圈；触角节Ⅵ鞭部非常短。

图 1-20　罗汉松新叶蚜 *Neophyllaphis*(*Neophyllaphis*) *podocarpi*（一）

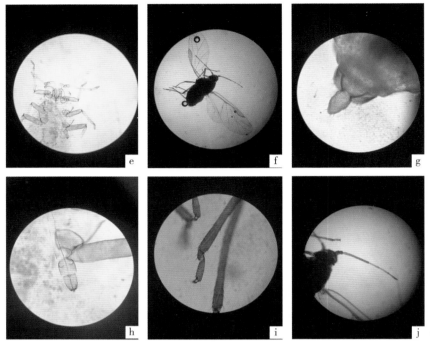

图 1-20　罗汉松新叶蚜 *Neophyllaphis(Neophyllaphis) podocarpi*（二）
a. 生态照；无翅孤雌蚜：b. 整体照；d. 腹管；e. 触角；g. 尾片；h. 喙节Ⅳ＋Ⅴ；
i. 后足胫节伪感觉圈；有翅孤雌蚜：c. 触角节Ⅲ；f. 前后翅；j. 触角

紫薇长斑蚜 *Sarucallis kahawaluokalani*（Kirkaldy）

斑蚜科 Drepanosiphidae *Sarucallis* 属

国内分布于云南、河北、上海、江苏、浙江、福建、山东、广西、海南、贵州；国外分布于日本、朝鲜、菲律宾、北美洲，欧洲南部等。寄主植物是紫薇 *Lagerstroemia indica*。

有翅孤雌蚜主要识别特征（图 1-21）：①体宽三角形，活体黄绿色，斑纹黑色，玻片标本头背周围有窄斑，正中一长纵带，带两侧各一不规则形斑；②前胸背板有中、侧、缘纵带，中胸前盾片黑色，形成 1 三角形斑，黑色"Ⅴ"形缝两侧各 1 纵长圆形斑，小盾片、后盾片及后胸黑色，前胸侧片各有 1 个黑色网纹组成弯曲长圆形蜡腺，缘片及前缘黑色；③腹部淡色，背片Ⅰ、Ⅱ各 1 对隆起黑中瘤，基部相连，背片Ⅲ～Ⅷ各有对黑色中瘤稍隆起，腹部背片Ⅰ～Ⅴ

各有缘瘤和缘斑，触角节Ⅰ~Ⅱ及节Ⅲ~Ⅴ的基部、顶端及鞭部均黑色，前足淡色，中、后足基节、中足股节 2/3、后足股节端部 2/5 及后足胫节基部 1/4 为黑色，其他淡色；④腹管黑色，尾片、尾板及生殖板淡色；⑤有翅蚜成蚜中额隆起，额瘤稍隆外倾，触角细长，节Ⅵ鞭部膨大，节Ⅲ基部 2/3 粗大，有横长圆形次生感觉圈 9 或 10 个；⑥喙超过前足基节，前足基节膨大，约为中、后足基节 2 倍，前翅径分脉半显，脉镶黑边；⑦腹管截断筒状，有微刺突横纹，无缘突及切迹；⑧尾片瘤状，尾板分裂为 2 片。

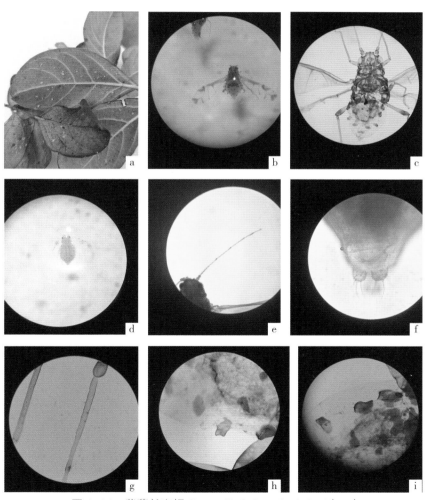

图 1-21　紫薇长斑蚜 *Sarucallis kahawaluokalani*（一）

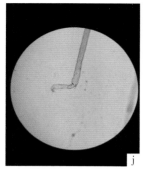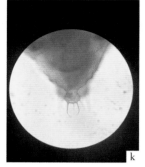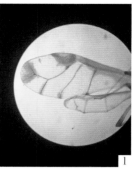

图 1-21　紫薇长斑蚜 *Sarucallis kahawaluokalani*（二）

a. 生态照；有翅孤雌蚜：b, c. 整体背面观；d. 四龄若蚜背面观；e. 触角；f. 尾板；
g. 触角节Ⅲ；h. 腹管；i. 腹部缘瘤；j. 后足胫节端部和跗节；k. 尾片；l. 前后翅

朴绵叶蚜 *Shivaphis (Shivaphis) celti* Das

斑蚜科 Drepanosiphidae　绵叶蚜属 *Shivaphis*

国内分布于云南、北京、辽宁、河北、山东、上海、江苏、浙江、台湾、福建、湖南、广西、四川、贵州、广东；国外分布于韩国、朝鲜、日本、印度、斯里兰卡等。寄主植物是四蕊朴 *Celtis tetrandra*、黑弹朴 *C. bungeana* 等。

有翅孤雌蚜主要识别特征（图 1-22）：①体长约 2.2mm，长卵形，黄至淡绿色，头胸褐色；②腹部有斑纹，全体被蜡粉蜡丝，触角 6 节，翅脉正常；③腹管环状，无缘突；④尾片长瘤状，毛 8~11 根，尾板分 2 叶。

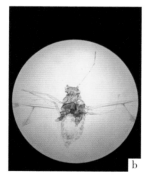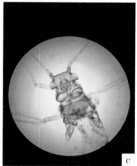

图 1-22　朴绵叶蚜 *Shivaphis (Shivaphis) celti*（一）

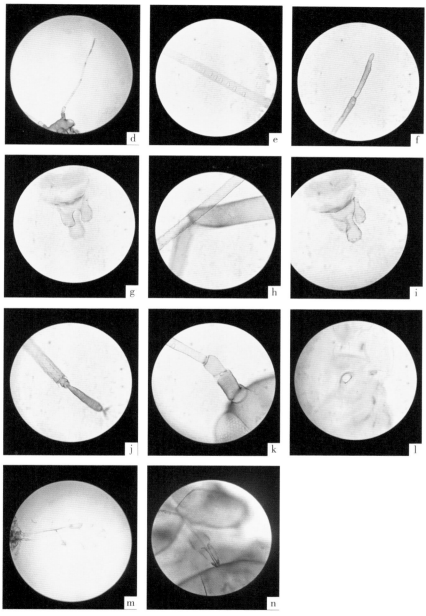

图 1-22　朴绵叶蚜 *Shivaphis (Shivaphis) celti*（二）

a.生态照；有翅孤雌蚜：b.整体背面观；c.头部和胸部腹面观；d.触角；e.触角节Ⅲ；
f.触角节Ⅵ；g.尾板；h.后足股节端部蜡片；i.尾片；j.后足胫节端部；k.触角节Ⅰ、Ⅱ；
l.腹管；m.前翅；n.喙节Ⅳ + Ⅴ

竹纵斑蚜 *Takecallis aroundinariae*（Essig）

斑蚜科 Drepanosiphidae　凸唇斑蚜属 *Takecallis*

国内分布于云南、北京、甘肃、河北、山东、浙江、江西、四川、台湾；国外分布于朝鲜、日本、欧洲、北美洲等。寄主植物有桂竹 *Phyllostachys bambusoides*、刚竹 *Phyllostachys sulphurea* 等竹类。

有翅孤雌蚜主要识别特征（图1-23）：①体长卵圆形，活时淡黄色，被薄粉，触角有短蜡丝，头、胸背有纵褐色斑，腹部各节有倒八字形纵斑，在展开叶背面为害；②触角长于身体，节Ⅲ膨大部分有长卵形次生感觉圈4~6个，分布在基部1/3黑色部分；③喙极短粗，光滑，不超过前足基节；④第1跗节毛序为5、5、5，后胫节约与触角节Ⅲ等长，毛长为该节直径的0.87；⑤腹管短筒形，基部后面有1毛；⑥尾片瘤状，中央明显凹入，尾板分成2片。

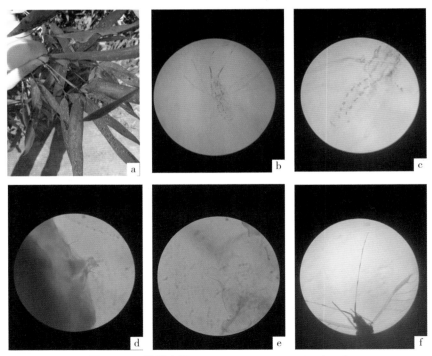

图1-23　竹纵斑蚜 *Takecallis aroundinariae*（一）

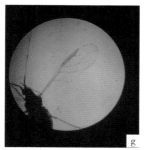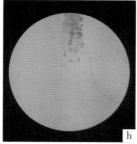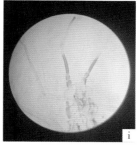

图 1-23　竹纵斑蚜 *Takecallis aroundinariae*（二）

a. 生态照；有翅孤雌蚜：b. 整体背面观；c. 胸部和腹部背面观；d. 腹管；e. 唇基凸起；
f. 触角；g. 前翅；h. 尾片；i. 触角节 I ～ III

竹梢凸唇斑蚜 *Takecallis taiwana*（Takahashi）

斑蚜科 Drepanosiphidae　凸唇斑蚜属 *Takecallis*

国内分布于云南、陕西、上海、山东、江苏、浙江、四川、台湾；国外分布于日本、新西兰、欧洲、北美洲等。寄主植物有桂竹 *Phyllostachys bambusoides*、刚竹 *P. sulphurea*、紫竹 *P. nigra* 等。

有翅孤雌蚜主要识别特征（图 1-24）：①体长卵圆形，活时全绿色或头胸淡褐色、腹部绿褐色，体表无斑纹，在尚卷着的嫩叶嫩梢上为害；②触角短于身体，节 III 基部膨大，毛长为该节直径的 0.41，感觉圈位于基部 1/3；③喙末节长为后跗第 2 节的 0.53，喙极短粗，不达前足基节；④第 1 跗节毛序为 7、7、7，后胫节毛长与该节直径相当；⑤腹管短筒形，光滑无毛；⑥尾片瘤状，尾板分成 2 片，呈指状。

图 1-24　竹梢凸唇斑蚜 *Takecallis taiwana*（一）

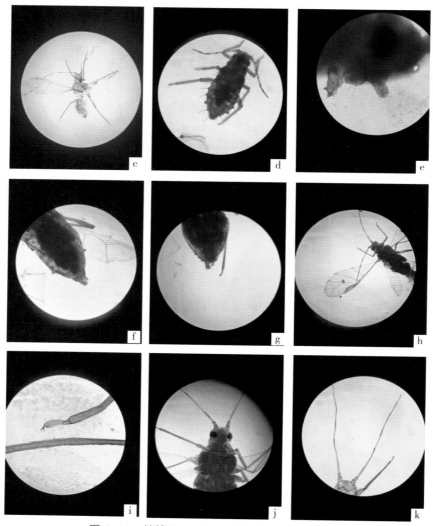

图 1-24 竹梢凸唇斑蚜 *Takecallis taiwana*（二）

a, b. 生态照；有翅孤雌蚜：c. 整体背面观；d. 二龄若蚜背面观；e. 唇基凸起；f. 尾片；
g. 尾板；h. 前翅；i. 后足胫节端部；j. 触角节Ⅰ～Ⅲ；k. 触角

椏镰管蚜 *Yamatocallis* sp.

斑蚜科 Drepanosiphidae　椏镰管蚜属 *Yamatocallis* 待定种

分布于云南昆明，寄主植物是三角槭 *Acer buergerianum*。

有翅孤雌蚜主要识别特征（图 1-25）：①体长椭圆形，活体标本体橘红色，若蚜淡绿色，玻片标本侧单眼周围一圈、胸部背板骨化区域、触角节 Ⅲ、Ⅳ 端部 1/10、股节顶端、胫节基部、跗节、腹管端部 1/3~1/2 暗褐色，其余淡色；②触角及附肢细长，胫节端半部有细小的小刺分布；③背片Ⅷ有毛 4 根，中额平直，额瘤明显；④触角 6 节，节 Ⅰ 宽大，长于节 Ⅱ，触角末节鞭部为基部 4~5 倍，次生感觉圈卵形、小圆形或椭圆形，分布在节 Ⅲ 近基 1/3 或基半，有 17~19 个；⑤喙端部不达中足基节，前翅中脉二分叉为三支，后翅 2 斜脉；⑥前足股节明显膨大，中、后足正常，足毛粗而尖；⑦腹管长管状，基部略膨大，有缘突，缘突之下有网纹；⑧尾片瘤状，有粗长和细短毛 5~7 根，尾板浅 2 裂片，生殖突 3 个。

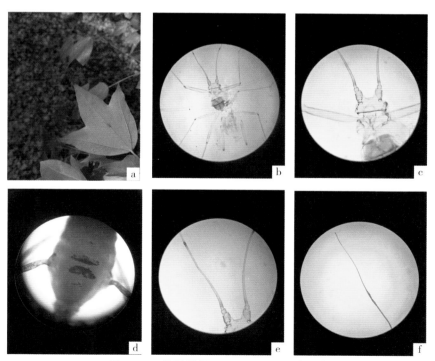

图 1-25　椏镰管蚜 *Yamatocallis* sp.（一）

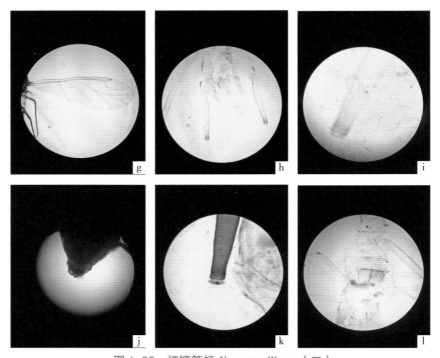

图 1–25　桠镰管蚜 *Yamatocallis* sp.（二）

a. 生态照；有翅孤雌蚜：b. 整体背面观；c. 头部背面观；d. 腹部节 Ⅴ、Ⅵ背面观；e. 触角节 Ⅰ～Ⅲ；
f. 触角节 Ⅵ；g. 前后翅；h. 腹管；i. 尾片；j. 生殖突；k. 腹管端部，示网纹；l. 喙节 Ⅳ + Ⅴ

滇杨毛蚜 *Chaitophorus populiyunnanensis* Zhang
毛蚜科 Chaitophhoridae　毛蚜属 *Chaitophorus*

分布于云南，寄主植物是滇杨 *Populus yunnanensis*。

无翅孤雌蚜主要识别特征（图 1-26）：①体卵圆形，活体淡绿色或深绿色，若为淡绿色则有深绿色斑，玻片标本淡色，头部及胸部各节分界明显，侧缘有小颗粒，腹部背片 Ⅰ～Ⅵ愈合，无斑纹；②体表光滑，体背毛长，顶端尖锐不分叉，中额平，额呈平圆顶形；③触角 6 节，各节光滑，节 Ⅵ 鞭部为基部的 2~3 倍，触角毛长、尖锐；④喙短粗，端部伸达中足基节，末节稍细长；⑤腹管截断形，有网纹，无缘突及切迹；⑥尾片瘤状，尾板半圆形。

有翅孤雌蚜主要识别特征（图 1-26）：①体长卵形，活时淡绿至深绿色，腹部各节有斑；②附肢、腹部淡色，有明显黑色斑，玻片标本头、胸腹部缘斑褐色；③腹部背片Ⅰ～Ⅵ中、侧斑各形成横带，有时相连，背片Ⅶ、Ⅷ各有1个横带横贯全节；④头部表皮光滑，体毛长，尖锐，顶端不分叉；⑤喙端达中足基节；⑥触角毛长，尖锐，触角6节，节鞭部为基部的2~3倍，节Ⅲ有圆形次生感觉圈8~10个，分布于全长，节Ⅳ有圆形次生感觉圈3或4个；⑦翅脉正常，后翅2斜脉；⑧腹管短筒形，有粗网纹，有缘突和切迹；⑨尾片瘤状，有长毛6或7根。

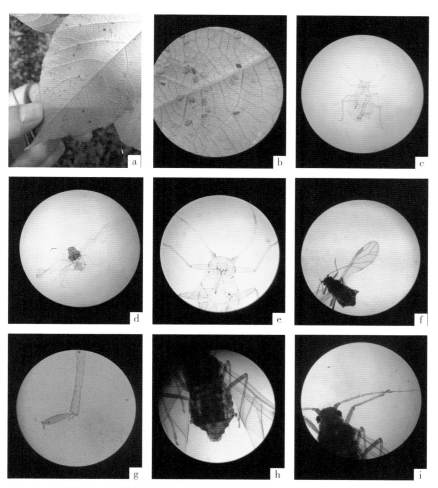

图1-26　滇杨毛蚜 *Chaitophorus populiyunnanensis*（一）

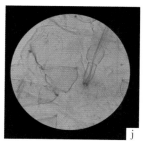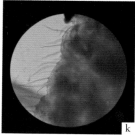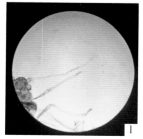

图 1-26　滇杨毛蚜 *Chaitophorus populiyunnanensis*（二）

a,b. 生态照；无翅孤雌蚜：c. 整体照；e. 头与前胸；g. 胫跗节；j. 喙节Ⅳ + Ⅴ；

有翅孤雌蚜：d. 整体背面观；f. 前翅；h. 腹管和尾片；i. 触角；k. 腹部背毛；l. 触角节Ⅲ、Ⅳ

柳黑毛蚜 *Chaitophorus saliniger* Shinji

毛蚜科 Chaitophhoridae　毛蚜属 *Chaitophorus*

国内分布于云南、北京、辽宁、吉林、黑龙江、山西、上海、江苏、浙江、福建、江西、湖北、湖南、广西、贵州、山西、河北、山东、河南、新疆、四川、宁夏、海南、台湾；国外分布于日本、欧洲等。寄主植物是垂柳 *Salix babylonica* 等柳属植物。

无翅孤雌蚜主要识别特征（图 1-27）：①体卵圆形，活时黑色，附肢淡色，在柳属叶背面沿中脉，有时在叶正面和嫩枝上为害；②触角节Ⅲ有毛 5 根，毛长为该节直径的 3.1 倍；③喙末节长为后跗第 2 节的 1.2 倍，喙短粗，伸达中、后足基节之间；④第 1 跗节毛序为 5、5、5，腹部第 1 节缘毛长为其 1.1 倍，后胫节基部稍膨大有伪感觉圈，毛长为该节直径 2.8 倍；⑤腹管截断形，为尾片的 0.56；⑥尾片瘤状，尾板半圆形。

图 1-27　柳黑毛蚜 *Chaitophorus saliniger*（一）

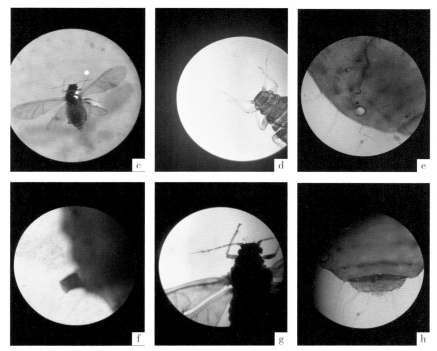

图1-27 柳黑毛蚜 *Chaitophorus saliniger*（二）

a. 生态照；无翅孤雌蚜：b. 整体背面观；d. 触角；e. 腹管；h. 尾片；

有翅孤雌蚜：c. 整体背面观；f. 腹管；g. 触角节Ⅲ

栾多态毛蚜 *Periphyllus koelreuteriae*（Takahashi）

毛蚜科 Chaitophhoridae 多态毛蚜属 *Periphyllus*

国内分布于云南、辽宁、北京、江苏、浙江、山东、河南、湖北、重庆、四川、台湾；国外分布于韩国、日本等。寄主植物有栾树 *Koelreuteria paniculata*、复羽叶栾树 *K. bipinnata* 等。

有翅孤雌蚜主要识别特征（图1-28）：①体长卵形，活体黄绿色；②表皮光滑，体被多数尖顶长毛，节间斑黑色，中额平，无额瘤；③触角6节，节Ⅵ鞭部尾基部的3~4倍，节Ⅲ、Ⅳ次生感觉圈数28~52、0~8个；④喙端部超过中足基节；⑤腹管截断形，有缘突，全长有清晰网纹；⑥翅脉正常，后翅有翅钩3~6个；⑦尾片末端圆形，尾板末端圆形。

与原记录种分化特征：触角节Ⅵ鞭部为基部的3~4倍（后者2倍），节Ⅲ、

Ⅳ各有次生感觉圈数 28~52、0~8 个（后者 33~46、0~2 个）；后翅有翅钩 3~6
对（后者 5~8 对）。

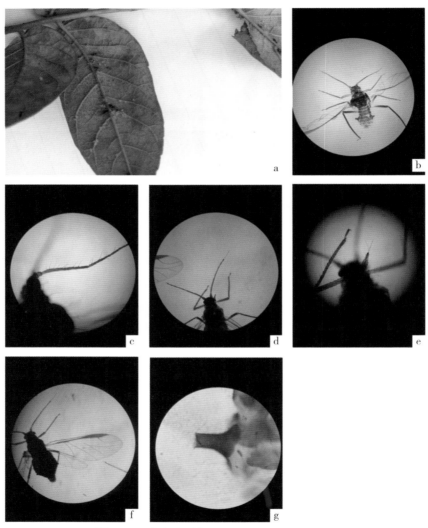

图 1-28　栾多态毛蚜 *Periphyllus koelreuteriae*
a. 生态照；有翅孤雌蚜：b. 整体背面观；c. 触角节Ⅲ、Ⅳ；d. 触角；
e. 喙节Ⅳ + Ⅴ；f. 翅及尾片；g. 腹管

甜菜蚜刺菜亚种 *Aphis (Aphis) fabae cirsiiacanthoidis* Scopoli

蚜科 Aphididae　蚜属 *Aphis*

国内分布于云南、甘肃、新疆；国外分布于英国、丹麦、芬兰、德国、波兰、西班牙、俄罗斯、北美洲等。寄主植物有八角金盘 *Fatsia japonica*、卫矛 *Euonymus* spp. 等。

无翅孤雌蚜主要识别特征（图 1-29）：①活体黑褐色，体略带白粉，玻片标本头胸部、各足基节、股节端部 1/3、腹管、尾片、尾板褐色，腹部背片Ⅷ中部有 1 褐色斑块，其余淡色；②中额微隆，额瘤不显；③触角节Ⅵ鞭部是基部的 2.1~3.3 倍，节Ⅲ毛长约为该节直径的 1.3~2.5 倍；④喙达后足基节，腹管长约为尾片的 0.9~1.7 倍；⑤尾片有毛 7 或 8 根。

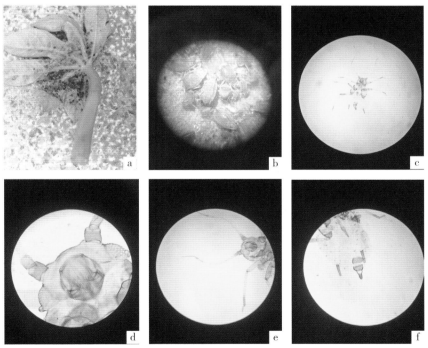

图 1-29　甜菜蚜刺菜亚种 *Aphis (Aphis) fabae cirsiiacanthoidis*（一）

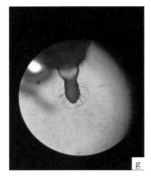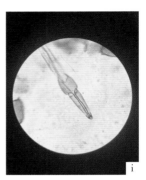

图 1-29 甜菜蚜刺菜亚种 *Aphis (Aphis) fabae cirsiiacanthoidis*（二）

a, b. 生态照；无翅孤雌蚜：c. 整体背面观；d. 额部背面观；e. 触角；f. 尾片和腹管；
g. 尾片，示毛数；h. 腹部节Ⅶ缘瘤；i. 喙节Ⅳ + Ⅴ

甜菜蚜茄亚种 *Aphis (Aphis) fabae solanella* Theobald

蚜科 Aphididae　蚜属 *Aphis*

国内分布于云南、甘肃、新疆；国外分布于丹麦、瑞士、英国、德国、波兰、亚洲、非洲和南美洲等。寄主植物是龙葵 *Solanum nigrum*。

无翅孤雌蚜主要识别特征（图 1-30）：①活体灰褐色，玻片标本头胸部、各足基节、腹管、尾片、尾板褐色，腹部背片Ⅷ中部有 1 褐色斑，其余淡色；②中额平，额瘤稍显，触角节Ⅵ鞭部为基部的 2.9~4.0 倍；③节Ⅲ毛长为该节直径的 0.6~1.9 倍；④喙过中足基节但不达后足基节；⑤腹管为尾片的 1.3~1.9 倍，尾片具毛 10~13 根。

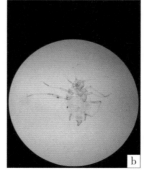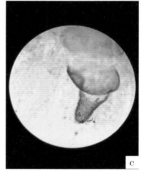

图 1-30 甜菜蚜茄亚种 *Aphis (Aphis) fabae solanella*（一）

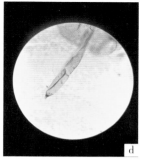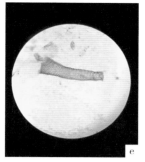

图 1-30　甜菜蚜茄亚种 *Aphis (Aphis) fabae solanella*（二）
a. 生态照；无翅孤雌蚜：b. 整体照；c. 尾片；d. 喙节Ⅳ+Ⅴ；e. 腹管；f. 触角

棉蚜 *Aphis (Aphis) gossypii* Glover

蚜科 **Aphididae**　蚜属 *Aphis*

广布种，世界性分布。寄主植物有石榴 *Punica granatum*、栀子 *Gardenia jasminoides*、木芙蓉 *Hibiscus mutabilis*、花椒 *Zanthoxylum bungeanum*、木槿 *H. syriacus*、鬼针草 *Bidens pilosa*、一串红 *Salvia splendens*、鼠李 *Rhamnus* spp. 等。

无翅孤雌蚜主要识别特征（图 1-31）：①体卵圆形，活时深绿、草绿至黄色，体背有斑纹，腹管、尾片黑色，在石榴、花椒、木槿、鼠李属嫩梢和幼叶背面，棉、瓜类卷叶背面；②触角节Ⅲ毛长为该节直径的 0.31，节Ⅵ鞭部为基部的 2.1 倍；③喙末节与后跗第 2 节约等长，喙超过中足基节；④第 1 跗节毛序为 3、3、2，后胫节毛长为该节直径 0.71；⑤腹管长筒形，为尾片的 2.4 倍；⑥尾片圆锥形，有毛 4~7 根。

图 1-31　棉蚜 *Aphis (Aphis) gossypii*（一）

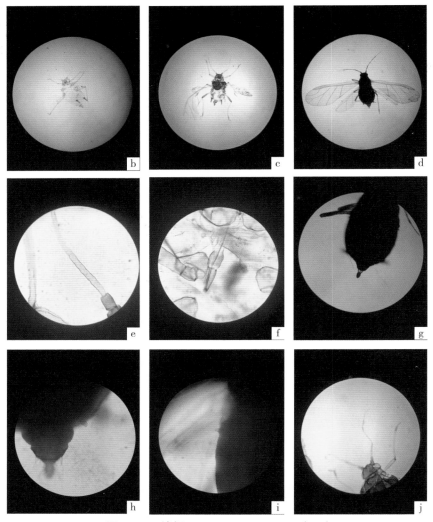

图 1-31　棉蚜 *Aphis (Aphis) gossypii*（二）

a.生态照；无翅孤雌蚜：b.整体照；f.喙节Ⅳ＋Ⅴ；g.尾片；h.腹部节Ⅷ缘瘤；i.腹部节Ⅰ缘瘤；
有翅孤雌蚜：c.整体背面观；d.前后翅；e.触角节Ⅲ；j.触角

夹竹桃蚜 *Aphis (Aphis) nerii* Boyer de Fonscolombe

蚜科 Aphididae　蚜属 *Aphis*

国内分布于云南、吉林、甘肃、福建、新疆、北京、河北、湖南、天津、上海、江苏、浙江、台湾、广东、广西、海南；国外分布于朝鲜、印度、印度尼西亚、美国、加拿大、非洲、欧洲、南美洲等。寄主植物有朱砂藤 *Cynanchum officinale*、飘香藤 *Mandevilla sanderi*。

无翅孤雌蚜主要识别特征（图 1-32）：①体卵圆形，活时蛋黄色；②触角有粗瓦纹，节Ⅳ全部黑色，略长于或等长于节Ⅴ，节Ⅵ鞭部为基部的 3.6 倍；③喙末节长为后跗第 2 节的 1.4 倍，喙达中足基节；④第 1 跗节毛序为 3、3、3，后胫节毛长为该节直径 1.2 倍；⑤腹管长筒形，为尾片的 2.1 倍；⑥尾片舌状，中部收缩，有长曲毛 11~14 根。

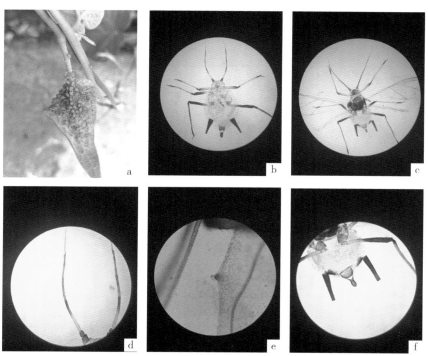

图 1-32　夹竹桃蚜 *Aphis (Aphis) nerii*（一）

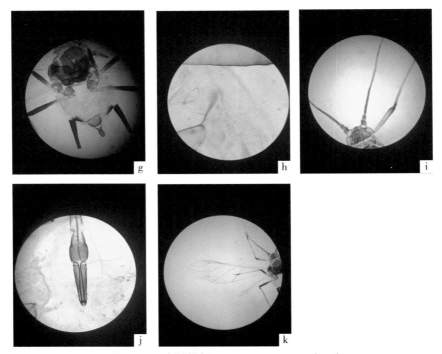

图 1-32　夹竹桃蚜 *Aphis (Aphis) nerii*（二）

a.生态照；无翅孤雌蚜：b.整体照；d.触角；f.尾片；h.体背网纹；j.喙节 Ⅳ + Ⅴ；
有翅孤雌蚜：c.整体背面观；e.翅钩；g 尾片；i.触角节 Ⅲ；k.前翅

杜果蚜 *Aphis*（*Aphis*）*odinae*（van der Goot）

蚜科 Aphididae　蚜属 *Aphis*

国内分布于云南、辽宁、黑龙江、北京、河北、山东、浙江、江苏、江西、陕西、福建、台湾、广东、广西、湖南、湖北、河南等；国外分布于朝鲜，俄罗斯、日本、印度、印度尼西亚等。寄主植物有重阳木 *Bischofia polycarpa*、清香木 *Pistacia weinmannifolia* 等。

无翅孤雌蚜主要识别特征（图 1-33）：①体宽卵圆形，活时褐色、红褐色至黑褐色或灰绿至黑绿色，有薄粉，在杜果、乌桕、重阳木等嫩叶背面、叶柄和幼枝上为害；②触角节 Ⅲ 有毛 28 根，毛长为该节基宽的 2.5 倍，节 Ⅵ 鞭部短于节 Ⅲ；③喙末节长为后跗第 2 节的 1.5 倍，喙超过中足基节；④第 1 跗节毛序为 3、3、2，后胫节毛长为该节直径 1.9 倍；⑤腹管短，圆筒形，为尾片的

0.62，中部有毛 1 根；⑥尾片长圆锥形，与毛 16~20 根。

图 1-33　杧果蚜 *Aphis (Aphis) odinae*（一）

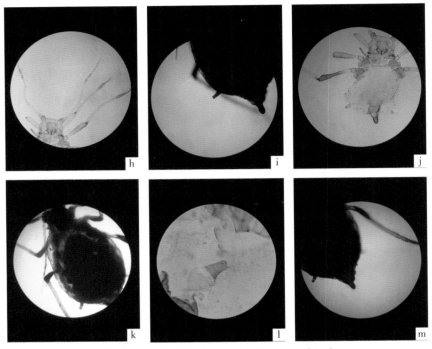

图 1-33　杧果蚜 Aphis (Aphis) odinae（二）

a. 生态照；无翅孤雌蚜：b. 整体照；d. 喙节Ⅳ + Ⅴ；e. 后足胫节部分，示发音刺；
h. 触角；i. 尾片，示毛数；j. 腹管和尾片；k. 体背网纹；l. 腹管；m. 腹部节Ⅶ缘瘤
有翅孤雌蚜：c. 整体背面观；f. 触角节Ⅲ、Ⅳ；g. 触角

苹果蚜 Aphis (Aphis) pomi De Geer

蚜科 Aphididae　蚜属 Aphis

国内分布于云南、内蒙古、新疆、台湾；国外分布于韩国、日本、美国、加拿大、中亚、西亚、欧洲等。寄主植物是苹果属 Malus spp. 植物。

无翅孤雌蚜主要识别特征（图 1-34）：①体卵圆形，玻片标本腹管和尾片黑色；②缘瘤位于前胸、腹部背片Ⅰ～Ⅶ各 1 对，腹部背片Ⅰ、Ⅶ缘瘤最大；③触角 6 节，节Ⅵ鞭部长为基部的 2.0~2.8 倍，无次生感觉圈，节Ⅲ毛长为该节基宽的 0.90~1.70 倍；④喙端部达后足基节；⑤腹管长为尾片的 1.20~2.50 倍，尾片有毛 10~21 根。

图 1-34　苹果蚜 *Aphis (Aphis) pomi*
a. 生态照；无翅孤雌蚜：b. 整体背面观；c. 触角；d. 腹管；e. 尾片；f. 额部背面观；g. 喙节Ⅳ + Ⅴ

绣线菊蚜 *Aphis (Aphis) spiraecola* Patch
蚜科 Aphididae   蚜属 *Aphis*

国内分布于云南、北京、福建、陕西、湖北、湖南、甘肃、新疆、河北、内蒙古、山东、浙江、台湾、河南、海南；国外分布于朝鲜、日本、北美、中美等。寄主植物有枇杷 *Eriobotrya japonica*、荷花玉兰 *Magnolia grandiflora*、西洋梨 *Pyrus communis*、鹅掌柴 *Schefflera octophylla*、红叶石楠 *Photinia × fraseri* 等。

无翅孤雌蚜主要识别特征（图 1-35）：①体卵圆形，活时金黄、黄至黄绿色，腹管与尾片黑色，在蔷薇科果树、花卉、嫩梢和嫩叶背面为害；②触角节Ⅲ毛长为该节直径的 0.41，节Ⅵ鞭部稍短于节Ⅲ；③喙末节长为后跗第 2 节的 1.2 倍，喙伸达后足基节；④第 1 跗节毛序为 3、3、2，后胫节毛长为该节直径 0.72；⑤腹管圆筒形，稍长于触角节Ⅲ，为尾片的 1.6 倍；⑥尾片长圆锥形，近中部收缩，有长毛 9~13 根。

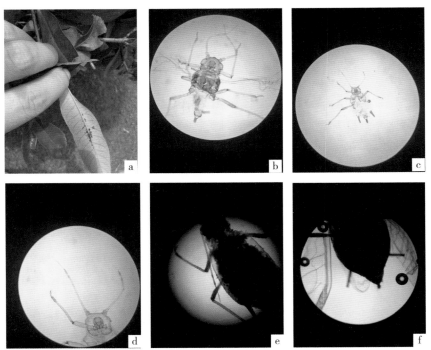

图 1-35　绣线菊蚜 *Aphis (Aphis) spiraecola*（一）

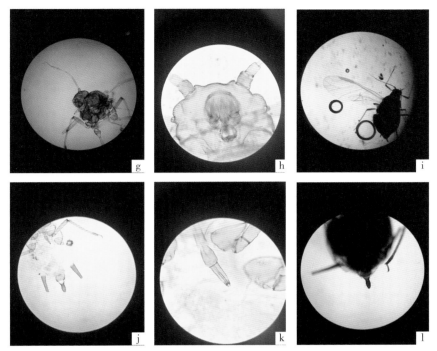

图 1-35　绣线菊蚜 *Aphis (Aphis) spiraecola*（二）

a. 生态照；无翅孤雌蚜：c. 整体照；d. 触角；e. 腹部节Ⅰ缘瘤；f. 腹部节Ⅶ缘瘤；
h. 额部背面观；j. 腹管和尾片；k. 喙节Ⅳ＋Ⅴ；l. 尾片，示毛数；
有翅孤雌蚜：b. 整体背面观；g. 触角节Ⅲ；i. 前翅

橘二叉蚜 *Aphis (Toxoptera) aurantii* Boyer de Fonscolombe

蚜科 Aphididae　蚜属 *Aphis*

国内分布于云南、甘肃、北京、山东、江苏、浙江、江西、福建、台湾、广东、湖北、湖南、广西、海南等，国外分布于亚洲热带地区、北非及中非、欧洲南部、大洋洲、拉丁美洲、北美洲等。寄主植物有火棘 *Pyracantha fortuneana*、红花檵木 *Loropetalum chinense*、常春油麻藤 *Mucuna sempervirens* 等。

无翅孤雌蚜主要识别特征（图 1-36）：①体卵圆形，活时黑色、黑褐色或红褐色，在柑橘等多种植物卷缩叶的背面和嫩梢上为害；②触角节Ⅲ毛长为该节基宽的 0.5 倍，节Ⅵ鞭部长于节Ⅲ；③喙末节长为后跗第 2 节的 1.3 倍，喙超过中足基节；④第 1 跗节毛序为 3、3、2，腹部第 1 节缘毛长为其 0.43 倍，后胫节毛长为该节直径 0.83 倍；⑤腹管长筒形，为尾片的 1.2 倍；⑥尾片粗锥形，中部收缩，端部有小刺突瓦纹。

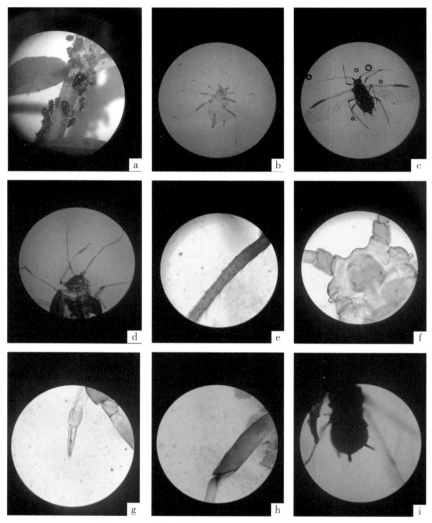

图 1-36　橘二叉蚜 *Aphis (Toxoptera) aurantii*

a. 生态照；无翅孤雌蚜：b. 整体背面观；e. 后足胫节部分，示发音刺；f. 额部背面观；g. 喙节 IV + V；

h. 后足股节端部腺状体；i. 尾片，示毛数。

有翅孤雌蚜：c. 整体背面观；d. 触角

橘蚜 *Aphis (Toxoptera) citricidus*（Kirkaldy）

蚜科 Aphididae　蚜属 *Aphis*

国内分布于云南、湖南、山东、福建、陕西、江苏、浙江、广东、广西、海南、台湾；国外分布于朝鲜、越南、日本、印度尼西亚、加里曼丹、锡金、印度、菲律宾、非洲、夏威夷、南美洲等。寄主植物有火棘 *Pyracantha fortuneana*、海桐 *Pittosporum tobira*、油茶 *Camellia oleifera* 等。

无翅孤雌蚜主要识别特征（图 1-37）：①体宽卵圆形，活时黑色或黑褐色，有光泽，在柑橘等多种植物卷缩的幼叶背面和嫩梢上为害；②触角节Ⅲ毛长为该节基宽的 1.4 倍，节Ⅵ鞭部长于节Ⅲ；③喙末节长为后跗第 2 节的 1.4 倍，喙粗大，超过中足基节；④第 1 跗节毛序为 1、1、1，腹部第 1 节缘毛长为其 1.1 倍，后胫节毛长为该节直径 1.2 倍；⑤腹管长筒形，为尾片的 1.4 倍；⑥尾片长圆锥形，长为基宽的 1.4 倍。

图 1-37　橘蚜 *Aphis (Toxoptera) citricidus*（一）

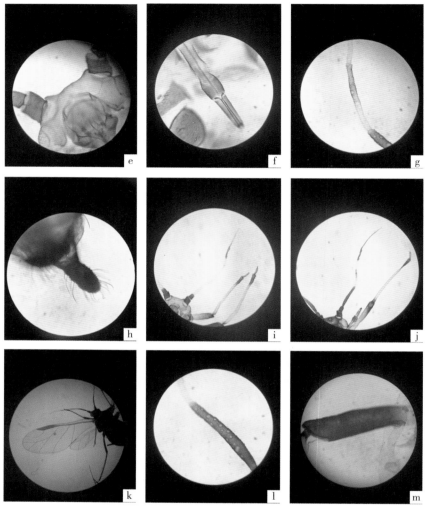

图 1-37　橘蚜 *Aphis* (*Toxoptera*) *citricidus*（二）

a. 生态照；无翅孤雌蚜：b. 整体照；d. 后足胫节部分，示发音刺；e. 额部背面观；
f. 喙节Ⅳ + Ⅴ；h. 尾片，示毛数；i. 触角；

有翅孤雌蚜：c. 整体照；g. 触角节Ⅳ；j. 触角；k. 前后翅；l. 触角节Ⅲ；m. 后足股节端部腺状体

分布于云南昆明。寄主植物是枸骨 *Ilex cornuta*。

无翅孤雌蚜主要识别特征（图1-38）：①体卵圆形，活体腹管、尾片、股节及胫节端半部黑色，其余绿色，玻片标本各足股节端部、胫节端部1/4、腹管、尾片、尾板、生殖板褐色，其余淡色；②腹部淡色，气门片骨化褐色；③有缘瘤位于前胸、腹部第Ⅰ及Ⅶ节腹部节Ⅰ、Ⅶ缘瘤呈锥状；④中额稍隆，额瘤稍显；⑤喙粗大，达中足基节，触角6节，末节鞭部为基部的2~2.5倍，有明显瓦纹；⑥腹管长筒形，长为尾片1.5倍，有明显瓦纹，有缘突和切迹；⑦尾片长舌状，基部明显缢缩，有毛9~11根，尾板末端圆。

有翅孤雌蚜主要识别特征（图1-38）：①体卵圆形，活体头胸部、腹管、尾片、股节及胫节端半部黑色，其余绿色，玻片标本头胸部、各足股节端部、胫节端部1/4、腹管、尾片、尾板、生殖板褐色，其余淡色；②腹部淡色，节Ⅷ有1褐色宽横带，气门片骨化褐色；③中额稍隆，额瘤明显；④喙粗大，达中足基节，触角6节，末节鞭部为基部的2~3倍，有明显瓦纹，节Ⅲ有圆形次生感觉圈8个，排成1列，节Ⅵ有圆形次生感觉圈0~2个；⑤腹管长筒形，长为尾片1.30倍，有明显瓦纹，有缘突和切迹；⑥尾片长舌状，基部明显缢缩，有毛7~9根，尾板末端圆。

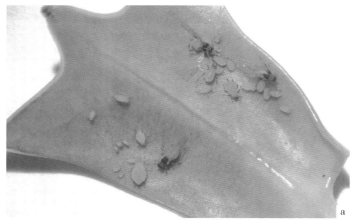

图1-38 蚜属待定种 *Aphis* sp.（一）

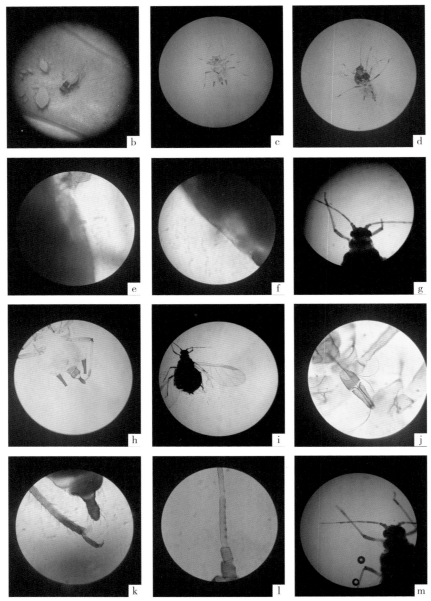

图 1-38　蚜属待定种 *Aphis* sp.（二）

a, b. 生态照；无翅孤雌蚜：c. 整体背面观；e. 腹部节Ⅰ缘瘤；f. 腹部节Ⅶ缘瘤；

g. 额部背面观；h. 腹管和尾片；j. 喙节Ⅳ + Ⅴ；k. 尾片，示毛数；

有翅孤雌蚜：d. 整体照；i. 前翅；l. 触角节Ⅲ；m. 触角

李短尾蚜 *Brachycaudus (Brachycaudus) helichrysi*（Kaltenbach）

蚜科 **Aphididae**　短尾蚜属 *Brachycaudus*

广布种，世界性分布。寄主植物有三角梅光叶子花 *Bougainvillea glabra*、黄金菊 *Euryops pectinatus*、木茼蒿 *Argyranthemum frutescens* 等。

无翅孤雌蚜主要识别特征（图1-39）：①体长卵形，活时柠檬黄色，无显著斑纹；②触角略超过体长之半，有瓦纹；③喙末节为后跗第2节1.5倍，喙粗大，伸达中足基节；④气门圆形开放，气门片大型淡色，前胸有缘瘤；⑤腹管圆筒形，基部宽大，其6/7深色骨化，顶端淡色不骨化；⑥尾片宽圆锥形，有毛6~7根。

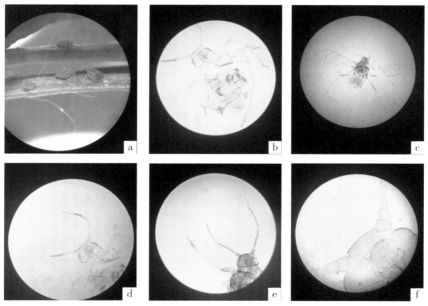

图1-39　李短尾蚜 *Brachycaudus (Brachycaudus) helichrysi*（一）

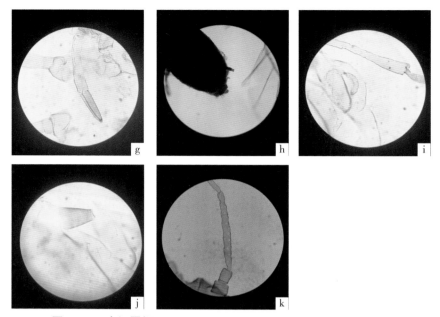

图 1-39　李短尾蚜 *Brachycaudus (Brachycaudus) helichrysi*（二）

a. 生态照；无翅孤雌蚜：b. 整体照；e. 喙节Ⅳ + Ⅴ；d. 触角；f. 额部背面观；
g. 喙节Ⅳ + Ⅴ；i. 尾片；j. 腹管；
有翅孤雌蚜：c. 整体背面观；e. 触角；h. 尾片；k. 触角节Ⅲ

苦苣超瘤蚜 *Hyperomyzus (Hyperomyzus) carduellinus*（Theobald）

蚜科 Aphididae　超瘤蚜属 *Hyperomyzus*

国内分布于云南、北京、河北、甘肃、台湾；国外分布于日本、印度、印度尼西亚、澳大利亚、斐济和非洲。寄主植物有苦荬菜 *Ixeris polycephala*，苦苣菜 *Sonchus oleraceus*。

无翅孤雌蚜主要识别特征（图 1-40）：①体纺锤形，活体灰绿色、深绿色或黄绿色；②玻片腹部无斑纹，触角黑色，喙末节、足股节端部、胫节端部、跗节、腹管端部灰黑色，尾片淡色，体表光滑，腹部背片Ⅶ、Ⅷ微有横纹；③中额稍隆，额瘤隆起外倾；④触角细长，有瓦纹，节Ⅲ有小圆形次生感觉圈 13~17 个，节Ⅳ有 0~2 个，分布全长；⑤喙端部达中足基节，腹管光滑，端部膨大，为尾片的 1.7 倍；⑥尾片长圆锥状，有小刺突横纹及长短毛 8 根。

有翅孤雌蚜主要识别特征（图 1-40）：①体椭圆形，玻片标本头部、胸部

骨化深色，腹部淡色，触角稍长于体长；②触角节Ⅲ～Ⅴ分别有小圆形次生感
觉圈 57 或 58、15~17、9 个，分布全长，喙端部不达中足基节；③尾片长圆锥
状，有毛 8 根，前翅翅脉正常。

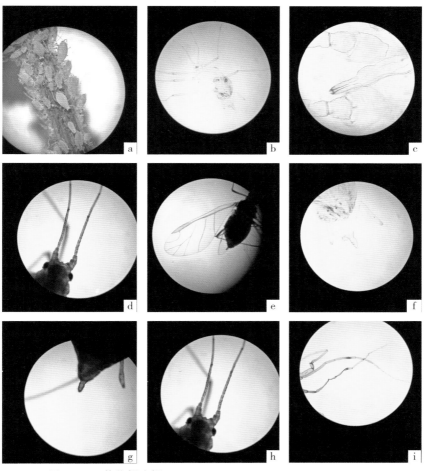

图 1-40　苦苣超瘤蚜 *Hyperomyzus (Hyperomyzus) carduellinus*
a. 生态照；无翅孤雌蚜：b. 整体背面观；c. 喙节Ⅳ＋Ⅴ；d. 触角节Ⅲ；
f. 腹管；g. 尾片；h. 额部背面观；有翅孤雌蚜：e. 前翅；i. 触角

麦无网蚜 *Metopolophium (Metopolophium) dirhodum* （Walker）
蚜科 Aphididae　无网蚜属 *Metopolophium*

国内分布于云南、福建、北京、河北、河南、甘肃、宁夏、青海、贵州、四川、新疆、西藏；国外分布于亚洲北部、欧洲。第一寄主蔷薇属 *Rosa* spp.（嫩梢及叶反面），第二寄主为麦类和龙牙草等禾本科 Gramineae 植物，春季在蔷薇属叶下面及嫩枝梢为害；夏季为害禾本科植物，包括大麦 *Hordeum vulgare*，普通小麦 *Triticum aestivum* 等，有时取食龙牙草属、草莓属 *Fragaria* spp.、鸢尾属 *Iris* spp.，在昆明地区为害鹅掌柴 *Schefflera octophylla*。

无翅孤雌蚜主要识别特征（图 1-41）：①体纺锤形，活时蜡白色；②中额瘤发达；③触角节Ⅲ近基部有感觉圈 1~2 个，鞭部顶端黑色；④喙短粗，伸达中足基节；⑤腹管长管状，为体长的 0.16，淡色，顶端深色；⑥尾片舌形，基部收缩。

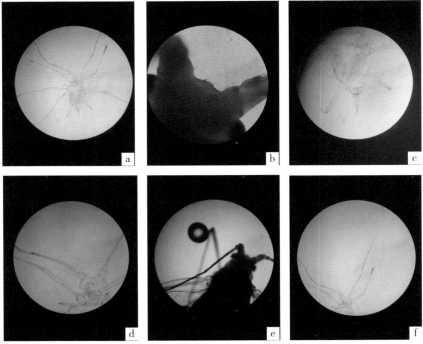

图 1-41　麦无网蚜 *Metopolophium (Metopolophium) dirhodum*（一）

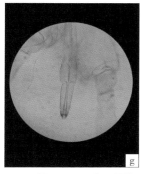

图 1-41 麦无网蚜 *Metopolophium (Metopolophium) dirhodum*（二）

无翅孤雌蚜：a. 整体照；b. 额部背面观；c. 尾片；d. 触角节Ⅲ；
f. 触角；g. 喙节Ⅳ + Ⅴ；i. 尾片，示毛数；有翅孤雌蚜：e. 触角节Ⅲ；h. 前翅

桃蚜 *Myzus (Nectarosiphon) persicae*（Sulzer）

蚜科 Aphididae　瘤蚜属 *Myzus*

广布种，世界性分布。多食性蚜虫，寄主植物众多，在昆明地区为害飘香藤 *Mandevilla sanderi*、烟草 *Nicotiana tabacum* 等。

无翅孤雌蚜主要识别特征：①体卵圆形，活时淡黄绿色、乳白色，有时赭赤色，受害桃叶向背面横卷；②触角原生感觉圈附近及节Ⅵ端半部黑色，节Ⅵ鞭部为节Ⅲ的 1.1 倍；③喙末节与后跗第 2 节等长，喙伸达中足基节；④腹部第 7~8 节有小中瘤；⑤腹管圆筒形，为体长的 0.2，为尾片的 2.3 倍；⑥尾片圆锥形，近端部 2/3 收缩。有翅孤雌蚜特征如图 1-42。

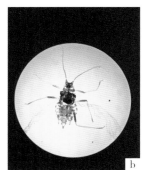

图 1-42 桃蚜 *Myzus (Nectarosiphon) persicae*（一）

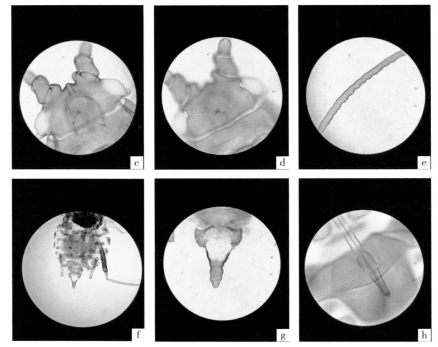

图 1-42　桃蚜 *Myzus (Nectarosiphon) persicae*（二）

a. 生态照；有翅孤雌蚜：b. 整体背面观；c. 额部背面观；d. 头部背面观，示小刺突；
e. 触角节Ⅲ；f. 腹管；g. 尾片；h. 喙节Ⅳ + Ⅴ

木兰沟无网蚜 *Pseudomegoura magnoliae*（Essig et Kuwana）

蚜科 Aphididae *Pseudomegoura* 属

国内分布于云南；国外分布于朝鲜、俄罗斯、日本、印度等。已记载寄主植物有玉兰花。在昆明地区寄主植物有云南桂花（野桂花 *Osmanthus yunnanensis*）、枇杷 *Eriobotrya japonica* 等。

无翅孤雌蚜主要识别特征（图 1-43）：①体长卵形；②头部背面有多个小刺突及 1 对圆锥形突起；③腹管长圆筒形，近端部略膨大；④尾片长圆锥形，为腹管的 0.50~0.53，有毛 7 或 8 根。

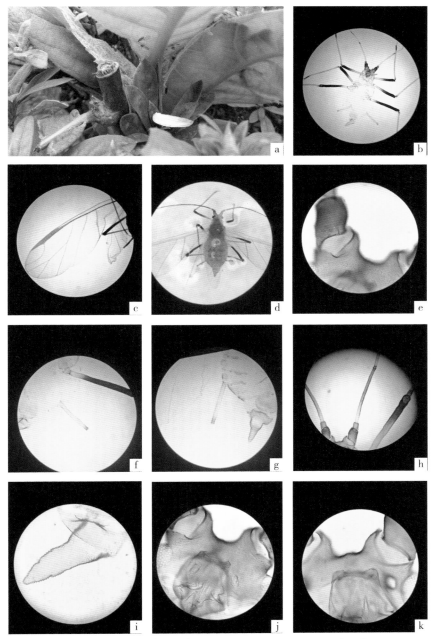

图 1-43 木兰沟无网蚜 *Pseudomegoura magnoliae*（一）

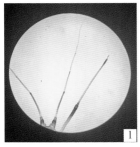
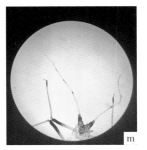

图 1-43　木兰沟无网蚜 *Pseudomegoura magnoliae*（二）
a. 生态照；无翅孤雌蚜：b. 整体照；e. 头部背面观，示小刺突；f. 腹管；i. 尾片；
j. 头部背面观，示圆锥形突起；m. 触角；
有翅孤雌蚜：d. 整体背面观；c. 前翅；g. 腹管；h. 触角节Ⅲ；k. 头部背面观，示馒状背瘤；l. 触角

禾谷缢管蚜 *Rhopalosiphum padi*（Linnaeus）

蚜科 Aphididae　缢管蚜属 *Rhopalosiphum*

广布种，世界性分布。第一寄主稠李、桃、李、榆叶梅等李属植物；第二寄主为高粱、玉米、小麦、大麦、黑麦、燕麦、雀麦、水稻、狗牙根、龙爪草、羊茅、黑麦草、芦竹、三毛草、香蒲、高莎草等禾本科、莎草科、香蒲科植物，在昆明地区为害香蒲 *Typha orientalis*。

无翅孤雌蚜主要识别特征（图 1-44）：①体宽卵形，活时橄榄绿至黑绿色，杂以黄绿色纹，常被薄粉，春季在李属嫩梢、叶向背面纵卷，夏季在禾谷类叶背面为害；②腹部第 2~6 节缺缘瘤；③喙末节与后跗第 2 节约等长，喙粗壮，超过中足基节；④第 1 跗节毛序为 3、3、3；⑤腹管长圆筒形，短于触角Ⅲ，为尾片的 1.7 倍；⑥尾片长圆锥形，灰黑色。

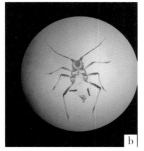

图 1-44　禾谷缢管蚜 *Rhopalosiphum padi*（一）

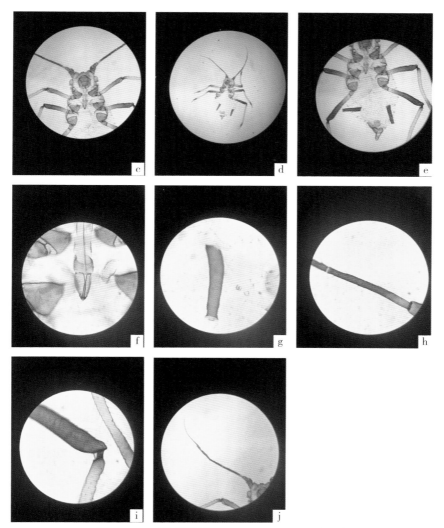

图 1-44 禾谷缢管蚜 *Rhopalosiphum padi*（二）

a.生态照；无翅孤雌蚜；b.整体照；c.额部；d.尾片；e.腹部背片Ⅰ缘瘤；
f.喙节Ⅳ＋Ⅴ；g.腹管；h.触角节Ⅲ；i.后足股节端部腺状体；j.触角

樟修尾蚜 Sinomegoura citricola（van der Goot）

蚜科 Aphididae　中华修尾蚜属 Sinomegoura

国内分布于云南、上海、浙江、海南、台湾、福建、广东；国外分布于日本、印度、印度尼西亚、尼泊尔、菲律宾、新加坡、澳大利亚等。寄主植物有香叶树 Lindera communis、香樟 Cinnamomum camphora、樟树 Cinnamomum spp. 等多种植物。

无翅孤雌蚜主要识别特征（图 1-45）：①体卵圆形，活时黑褐色，在樟属、柑橘属、栀子等多种植物嫩梢上为害；②头部仅额瘤腹面有微刺；③喙末节短于触角第 6 节基部，为其 0.78，喙细长伸达后足基节；④腹管长管状，与尾片约等长；⑤尾片长尖圆锥形，黑色。

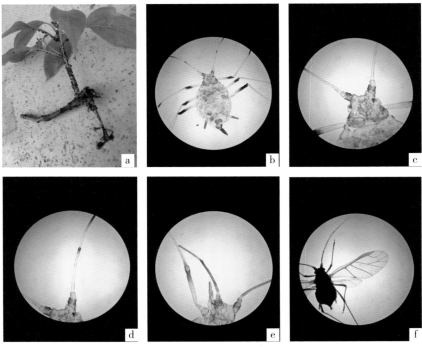

图 1-45　樟修尾蚜 Sinomegoura citricola（一）

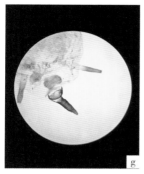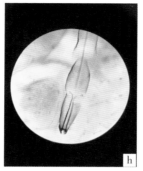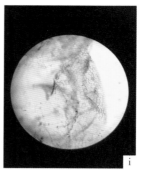

图 1-45　樟修尾蚜 *Sinomegoura citricola*（二）

a. 生态照；无翅孤雌蚜：b. 整体照；c. 额部；d. 触角节Ⅲ；

g. 腹管和尾片；h. 喙节Ⅳ + Ⅴ；i. 体背网纹；

有翅孤雌蚜：e. 触角节Ⅲ；f. 前翅

荻草谷网蚜 *Sitobion* (*Sitobion*) *miscanthi*（Takahashi）

蚜科 Aphididae　谷网蚜属 *Sitobion*

广布种，世界性分布。寄主植物有枇杷 *Eriobotrya japonica*、龙葵 *Solanum nigrum*、蒲公英 *Taraxacum mongolicum*、飘香藤 *Mandevilla sanderi*、木茼蒿 *Argyranthemum frutescens* 等。

无翅孤雌蚜主要识别特征（图 1-46）：①体长 1.9mm，宽卵圆形，活时暗绿色，体末端红褐色，复眼黑色；②中额瘤微隆起，具 1 对毛；③喙接近中足基节；④腹管长圆筒形，端部网纹显著；⑤尾片长舌状，多毛。

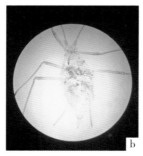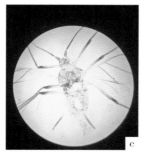

图 1-46　荻草谷网蚜 *Sitobion* (*Sitobion*) *miscanthi*（一）

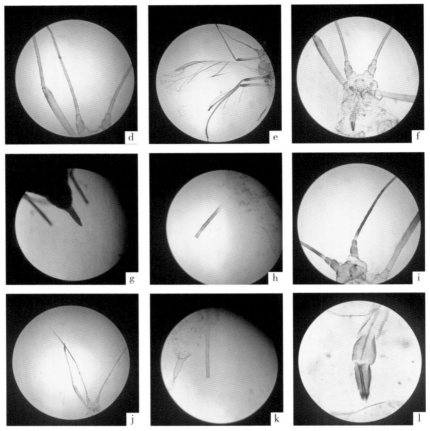

图 1–46　荻草谷网蚜 *Sitobion (Sitobion) miscanthi*（二）
a. 生态照；无翅孤雌蚜：b. 整体照；d. 触角节Ⅲ；f. 额部；g. 尾片；
h. 腹管端部网纹；j. 触角；l. 喙节Ⅳ＋Ⅴ；
有翅孤雌蚜：c. 整体照；e. 前后翅；i. 触角节Ⅲ；k. 腹管

月季长管蚜 *Sitobion (Sitobion) rosivorum*（Zhang）

蚜科 Aphididae　谷网蚜属 *Sitobion*

国内分布于云南、辽宁、北京、浙江、山东、新疆；国外分布于朝鲜。寄主植物有月季 *Rosa chinensis*、蔷薇等蔷薇属 *Rosa* spp. 植物。

无翅孤雌蚜主要识别特征（图 1-47）：①体长卵形，活时头部土黄至浅绿色，胸、腹部草绿色有时红色，触角淡色，各节间处灰黑色，腹管黑色；②足大体淡色，股节与胫节端部及跗节黑色，尾片、尾板淡色，刺突黑色，腹节Ⅶ、Ⅷ及背面有明显瓦纹；③节间斑灰褐色，中额微隆，额瘤隆起外倾，呈浅"W"形；④触角细长，节Ⅱ内面有明显小圆突，节Ⅲ光滑，其他各节有瓦状纹，节Ⅲ有小圆形感觉圈6~12个，分布于基部1/4的外缘；⑤喙伸达中足基节；⑥腹管长圆筒形，端部1/6~1/8有网纹，其余有瓦纹，有缘突和切迹；⑦尾片长圆锥形，表面有小圆突起构成横纹，有毛7~9根。

有翅孤雌蚜主要识别特征（图1-47）：①活时体草绿色，中胸土黄色，玻片标本头、胸灰褐色，腹部淡色，稍显斑纹；②腹部各节有缘斑，节Ⅷ有1大宽横带斑，触角、喙端节、足后股节端部1/2、胫节、跗节、腹管黑色至深褐色，尾片、尾板及其他附肢灰褐色，节间斑较明显，褐色；③触角节Ⅲ有圆形感觉圈40~45个，分布全节排列重叠，喙达前中足基节之间，前翅翅脉正常；④腹管为尾片的2倍，端部1/5~1/4有网纹；⑤尾片长圆锥形，中部收缩，端部稍内凹，有毛10根。

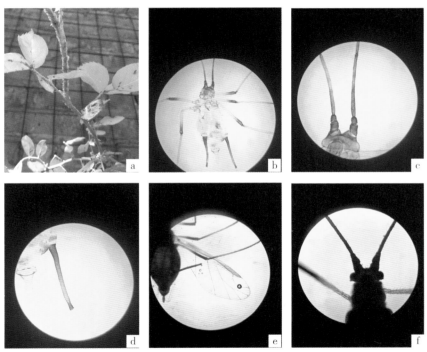

图1-47　月季长管蚜 *Sitobion (Sitobion) rosivorum*（一）

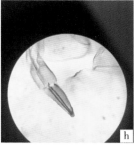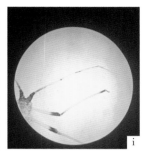

图 1-47　月季长管蚜 *Sitobion (Sitobion) rosivorum*（二）

a. 生态照；无翅孤雌蚜：b. 整体照；c. 触角节Ⅲ；d. 腹管；
f. 额部背面观；h. 喙节Ⅳ + Ⅴ；i. 触角；
有翅孤雌蚜：e. 前翅；g. 尾片

红花指管蚜 *Uroleucon (Uromelan) gobonis*（Matsumura）

蚜科 Aphididae　指网管蚜属 *Uroleucon*

国内分布于云南、北京、黑龙江、吉林、辽宁、河北、天津、山东、河南、宁夏、江苏、浙江、广西、台湾、福建、陕西、甘肃、新疆等；国外分布于朝鲜、俄罗斯、日本、印度、印度尼西亚等。寄主植物有牛蒡、薇术、红花、苍术、关苍术、水飞蓟、刺菜、菊，在昆明地区为害蓟 *Cirsium japonicum*。

无翅孤雌蚜主要识别特征（图 1-48）：①体纺锤形，活时黑色，在红花叶背面、嫩茎及花轴上；②喙末节长为后足第 2 跗节的 1.2 倍，喙伸达中足基节；③除毛基斑及腹管前后斑外，前、中胸及第 7、8 腹节横带、各节缘斑明显；④触角节Ⅲ短于节Ⅳ和Ⅴ之和，有小圆形隆起感觉圈 35~48 个，分散于基部 4/5 处；⑤腹管长圆筒形，基部粗大；⑥尾片圆锥形，黑色。

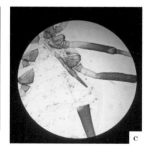

图 1-48　红花指管蚜 *Uroleucon (Uromelan) gobonis*（一）

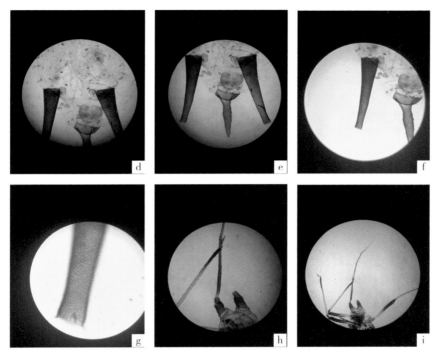

图 1-48　红花指管蚜 *Uroleucon (Uromelan) gobonis*（二）
a. 生态照；无翅孤雌蚜：b. 整体照；c. 喙；d. 腹部背片Ⅷ背面观；
e. 尾片；f. 腹管；g. 腹管端部网纹；h. 触角节Ⅲ；i. 触角

二、昆明地区园林常见蚜虫分种检索

为便于园林生产上对昆明地区园林常见蚜虫的识别，根据无翅孤雌蚜的形态特征，对昆明地区园林常见的 48 种蚜虫进行了分种检索表的编制，具体如下。

昆明地区园林常见蚜虫分种检索表

1. 无翅孤雌蚜复眼 3 小眼面，触角 3 节，有 2 感觉圈，头胸之和大于腹部，性蚜有喙，为害针叶树种……………………………………… 华山松球蚜 *pineus (pineus) armandicola*

1. 无翅孤雌蚜复眼 3 或多小眼面，触角 4~6 节，如 3 节则尾片烧瓶状；尾片各种形状 … 2

2. 无翅孤雌蚜复眼 3 小眼面，腹管环状或缺……………………………………………… 3

2. 无翅孤雌蚜复眼多小眼面，腹管环状至长管状………………………………………14

3. 腹部无蜡腺，喙末节分节不明显，有翅蚜翅痣短，前翅中脉 3 分支，腹部无斑纹，头缝线明显，有缘瘤，触角6节，腹管位于多毛圆锥体上，尾板末端圆形……伪短痣蚜 *Aiceona* sp.

 3. 腹部有蜡腺，尾板末端圆或两裂，有翅蚜翅痣不达翅顶，径分脉不着生于翅痣基部 4

 4. 尾片半月形，尾板末端圆，头与前胸大都分离，眼位于头后部…………………… 5

 4. 尾片瘤状或半月形，尾板末端微凹至深裂为2片，蜡腺发达…………………… 7

 5. 无翅孤雌蚜体表密被白色蜡丝，蜡片花瓣形，触角6节，腹管半环形，尾片馒状，不在寄主上形成虫瘿…………………………………… 苹果绵蚜 *Eriosoma lanigerum*

 5. 无翅孤雌蚜体表略被蜡粉，蜡片较少，触角4或5节，无腹管，在寄主上形成虫瘿… 6

 6. 无翅孤雌蚜触角5节，喙超过中足基节，在寄主盐肤木上形成角状虫瘿………………………………………………… 角倍蚜 *Schlechtendalia chinensis*

 6. 无翅干母触角4节，喙不超过中足基节，在寄主杨树上形成近球状虫瘿藏枝瘿绵蚜 ……………………………………………… *Pemphigus (Pemphigus) tibetensis*

 7. 无翅孤雌蚜额部具1对额角，腹管环状，有翅型前翅中脉至少分叉1次，次生寄主为禾本科植物…………………………………………………………… 8

 7. 无翅孤雌蚜额部无额角，腹管孔状或缺，头部、胸部、腹部节Ⅰ愈合，腹部节Ⅱ～Ⅷ合并退化，有翅蚜中脉1分叉，次生寄主主要为樟科、壳斗科 ……………… 13

 8. 无翅孤雌蚜腹部无蜡片，腹部分节不明显，布满圆形突起和小蜡孔，触角4节，有微横纹，腹管位于腹部节Ⅴ，截断状，喙不达中足基节，尾片瘤状中部收缩…………………………………………………… 塔毛角蚜 *Chaitoregma tattakana*

 8. 无翅孤雌蚜体缘具蜡片，腹部分节明显………………………………………… 9

 9. 至少腹部缘蜡腺由横卵形蜡胞组成，排列成行，腹管周围具毛环绕………… 10

 9. 蜡腺由圆形或不规则形蜡胞组成，腹管通常无毛环绕…………………………… 11

 10. 额角顶端圆钝，腹部背片Ⅰ～Ⅷ各缘域有小圆形淡色蜡胞2~4个，蜡胞小于复眼 …………………………………………………… 小舞蚜 *Astegopteryx minuta*

 10. 腹部背片各缘域有4~6个大圆形蜡胞，蜡胞大于复眼 … 居竹舞蚜 *A. bambucifoliae*

 11. 无翅孤雌蚜前胸背板无明显较深侧沟，腹部背片Ⅰ～Ⅵ有中、侧、缘蜡片，头部蜡胞有8~16个蜡胞组成，额角顶端钝 ………………… 林栖粉角蚜 *Ceratovacuna silvestrii*

 11. 无翅型前胸背板有2个侧沟，被一条中脊分开………………………………… 12

 12. 身体背面有发育良好的蜡胞，分布在腹部背片Ⅵ～Ⅷ，有时节Ⅳ～Ⅴ有缘蜡片，触角5节，腹管短圆锥形……………………… 爱伪角蚜 *Pseudoregma alexanderi*

 12. 大型蜡胞分布在身体各节，小型蜡片斑块状分布在各节中、缘域，触角4节，腹管环状……………………………………………………… 禾伪角蚜 *P. panicola*

 13. 腹管存在，触角3节，腹部背片Ⅱ～Ⅷ与前体完全分离，除有亚缘毛外还有很多细小的额外毛，前体背板有不明显小疤，布满不齐细毛，前体前缝线明显且连续…………………

································· 异毛真胸蚜 *Euthoracaphis heterotricha*

13. 腹管缺或不明显，跗节及爪正常，腹部背片Ⅱ～Ⅶ背板有近缘毛，细尖，无明显钉状毛，触角3节分节不明显，喙不达中足基节，腹管孔状，腹部背片Ⅷ有毛4根·················

································· 新日扁蚜 *Neonipponaphis* sp.

14. 腹管长管状稍膨大，密被长毛，喙末节分为2节，无翅蚜尾片末端有小端突，腹管近基部或除端部外有网纹··················15

14. 腹管环状至长管状，不密被长毛 ···················16

15. 腹管网纹较多，除端部外均有网纹，无缘突和切迹，喙端节中部毛2对，第1跗节毛序5、5、5，腹管基部毛部分分叉 ·············· 台湾毛管蚜 *Greenidea psidii*

15. 腹管基部有网纹，有明显缘突，跗节1毛序7、7、7，尾片半圆形，端部突起，有长毛3对···················· 昆明毛管蚜 *G. kunmingensis*

16. 腹管位于有毛圆锥体上，头有背中缝，喙末节分节，翅痣长为宽的4~20倍 ·········17

16. 腹管不位于多毛圆锥体上，腹管各种长度，尾片各种形状 ···············20

17. 为害松柏科植物，前翅径分脉直而短，翅痣窄而长，喙末端尖，节Ⅳ与节Ⅴ分节明显，腹管多数位于大而明显的有毛圆锥体上···················18

17. 为害阔叶树，前翅径分脉弯曲而长，翅痣宽短 ··················19

18. 前胸背板两侧具一斜凹陷，呈"八"字形，中胸腹面具一钝齿状突起，尾片宽三角形 ······························ 雪松长足大蚜 *Cinara cedri*

18. 前胸背板不具斜凹陷，尾片半圆形 ················· 长足大蚜 *Cinara* sp.

19. 有翅型前翅翅痣钝，径分脉弯曲，翅有深色斑纹，触角节Ⅲ稍长于节Ⅳ～Ⅵ之和，节Ⅲ感觉圈2~5个，为害栗属 ·············· 板栗大蚜 *Lachnus tropicalis*

19. 有翅型前翅翅痣延长为其宽数倍，径分脉不弯曲，翅无斑纹，触角节Ⅲ有感觉圈1~3个，节Ⅳ5~7个，分布全长，为害枇杷············ 枇杷大蚜 *Nippolachnus xitianmushanus*

20. 腹管非截断形，尾片非瘤状，尾板不分为2叶，爪间毛毛状 ···········21

20. 腹管截断形，如长形则尾片瘤状，尾板分为2叶，爪间毛棒状或叶状 ·········40

21. 腹部节Ⅰ、Ⅶ有较大缘瘤，缘瘤通常位于气门腹向 ··············22

21. 腹部节Ⅰ、Ⅶ缺或有较小缘瘤，缘瘤通常位于气门背向 ···········32

22. 腹部节Ⅶ缘瘤位于气门同一水平或背向，腹部端半部稍膨大，基部之前明显缩小，表皮网纹清晰，喙超中足基节，腹管为尾片1.7倍 ········· 禾谷缢管蚜 *Rhopalosiphum padi*

22. 腹部节Ⅶ缘瘤位于气门腹向 ···················23

23. 后足胫节除通常长毛外有1列短刺，额瘤明显 ··············24

23. 后足胫节毛单型，无短刺，额瘤不明显 ···············26

24. 腹管短于尾片，触角Ⅵ鞭节短于节Ⅲ ·············· 杧果蚜 *Aphis (Aphis) odinae*

24. 腹管长于尾片，触角Ⅵ鞭节长于节Ⅲ ……………………………………………25
25. 第 1 跗节毛序 1、1、1，触角节Ⅲ毛长为该节基宽的 1.4 倍………… 橘蚜 *A. citricidus*
25. 第 1 跗节毛序 3、3、2，触角节Ⅲ毛长为该节基宽的 0.5 倍……… 橘二叉蚜 *A. aurantii*
26. 腹部淡色或腹背片Ⅷ有 1 不明显小横带 ………………………………………27
26. 腹部背片有各样明显斑纹 ………………………………………………………28
27. 喙达后足基节，尾片有毛 10~21 根 …………………………………… 苹果蚜 *A. pomi*
27. 喙达中足基节，尾片有毛 9~11 根，长舌状明显缢缩………… 蚜属待定种 *Aphis* sp.
28. 腹管长为尾长的 2.4 倍，喙不达后足基节，额瘤不明显，尾片有毛 4~7 根
………………………………………………………………………………… 棉蚜 *A. gossypii*
28. 腹管长为尾长的 2.1 倍以下 ……………………………………………………29
29. 腹部背片Ⅷ无横带或斑 ………………………………… 绣线菊蚜 *A. spiraecola*
29. 腹部背片Ⅷ有横带或斑 …………………………………………………………30
30. 腹Ⅷ有横带或斑，额瘤显著高于中额 ……………………………… 夹竹桃蚜 *A. nerii*
30. 额瘤至多微隆，不高于中额 ……………………………………………………31
31. 喙达后足基节，腹管长为尾片的 0.9~1.0 倍，尾片毛 7~8 根…
………………………………………………… 甜菜蚜刺菜亚种 *A. fabae cirsiiacanthoidis*
31. 喙达中足基节，腹管长为尾片的 1.3~1.9 倍，尾片毛 10~13 根…
………………………………………………………… 甜菜蚜茄亚种 *A. fabae solanella*
32. 腹管端部有明显网纹 ……………………………………………………………33
32. 腹管端部无明显网纹或有微弱网纹 ……………………………………………35
33. 腹部背面有毛基斑，寄主菊科，无翅蚜触角节Ⅲ有次生感觉圈 35~38 个，喙Ⅳ~Ⅴ
长度小于基宽的 3 倍，尾片有毛 13~19 根………………… 红花指管蚜 *Uroleucon gobonis*
33. 腹部背面无基斑，额瘤低，中瘤低但明显 ……………………………………34
34. 无翅蚜腹管长，小于尾片的 2.2 倍，触角节Ⅲ圆形次生感觉圈 1~5 个 …………
…………………………………………………… 荻草谷网蚜 *Sitobion miscanthi*
34. 无翅蚜腹管长，大于尾片的 2.5 倍，触角节Ⅲ次生感觉圈 6~12 个，分布于近基部 1/4
…………………………………………………………… 月季长管蚜 *S. rosivorum*
35. 尾片宽圆形，腹管光滑，缘突有清楚环缺刻，触角节Ⅲ毛长为该节直径的 0.75 倍，
喙达中足基节……………………………………… 李短尾蚜 *Brachycaudus helichrysi*
35. 尾片长圆锥形或长舌形 …………………………………………………………36
36. 头部背面粗糙，有明显小刺突 …………………………………………………37
36. 头部背面光滑，无刺突 …………………………………………………………38
37. 头背面有 1 对圆锥状突起，体型较大 ……… 木兰沟无网蚜 *Pseudomegoura magnoliae*

37. 头背面无圆锥状突起，体型较小 ·· 桃蚜 *Myzus persicae*

38. 腹管膨大，尾片长至少为宽的 2 倍，触角节Ⅲ感觉圈 13~17 个
·· 苦苣超瘤蚜 *Hyperomyzus carduellinus*

38. 腹管不膨大，向端部渐细 ··· 39

39. 腹部背面膜质无网纹，触角节Ⅲ感觉圈 1~3 个，尾片舌形，腹管远长于尾片 ········
··· 麦无网蚜 *Metopolophium dirhodum*

39. 腹部背面膜质有网纹，触角节Ⅲ感觉圈 1~5 个，尾片长圆锥形，腹管与尾片约等长
··· 樟修尾蚜 *Sinomegoura citricola*

40. 腹管有网纹，缘瘤和背瘤常缺，爪间毛棒状 ··· 41

40. 腹管无网纹，缘瘤和背瘤发达，爪间毛叶状 ··· 43

41. 尾片半圆形，头与前胸不愈合，体表有深色斑纹，腹管深色有网纹，尾片毛 17~19 根
··· 栾多态毛蚜 *Periphyllus koelreuteriae*

41. 尾片瘤状 ··· 42

42. 后足胫节有伪感觉圈，喙达中足基节，为害柳属 ··· 柳黑毛蚜 *Chaitophorus saliniger*

42. 后足胫节无伪感觉圈，为害杨属 ··········· 滇杨毛蚜 *Chaitophorus populiyunnanensis*

43. 有翅孤雌蚜腹管长于体长的 0.2 倍，生殖突 3 个，腹管不明显膨大，缘突下有网纹
··· 桠镰管蚜 *Yamatocallis* sp.

43. 有翅孤雌蚜腹管短于体长的 0.2 倍，生殖突 2 或 4 个 ·······························   44

44. 后足胫节毛与其他毛相近，无翅型复眼 3 小眼面，头与前胸愈合，寄主罗汉松，腹管
隆起无毛，尾片末端长椭圆形，腹管周围无毛，触角节Ⅲ稍短于Ⅳ、Ⅴ、Ⅵ之和，尾片褐色
··· 罗汉松新叶蚜 *Neophyllaphis podocarphi*

44. 后足胫节端部毛明显不同于该节其他毛，触角节Ⅱ短于节Ⅰ，头与前胸分离 ······45

45. 有翅孤雌蚜唇基有指状突起，寄主竹类 ···46

45. 有翅孤雌蚜唇基无指状突起，寄主为朴属或榆属 ·································47

46. 有翅孤雌蚜触角短于身体，腹管无毛，触角节Ⅲ有次生感觉圈位于基部 1/3 ········
··· 竹凸稍唇斑蚜 *Takecallis taiwana*

46. 有翅孤雌蚜触角长于身体，腹管具一根毛，尾片淡色或淡褐色，整个胸部背板暗色
带纹，腹部背片Ⅰ~Ⅶ两纵列分离为 "8" 字形黑中斑 ·············竹纵斑蚜 *T. aroundinariae*

47. 有翅孤雌蚜腹部背片有指状瘤，缘瘤小于腹管，寄主榆属植物 ·······················
··· 紫薇长斑蚜 *Sarucallis kahawaluokalani*

47. 有翅孤雌蚜腹部背片无指状瘤，腹管环状，寄主朴属植物 ··· 朴棉叶蚜 *Shivaphis celti*

第三节　园林主要蚜虫发生规律

一、朴绵叶蚜 *Shivaphis (Shivaphis) celti*

朴绵叶蚜隶属于半翅目同翅亚目蚜总科斑蚜科绵叶蚜属。该虫国外分布于日本、朝鲜、印度等国家，国内分布于北京、河北、山东、上海、江苏、浙江、湖南、四川、台湾、福建、广西、贵州、云南等省份。朴绵叶蚜具有高度的寄主植物专一性，主要对朴属植物造成为害，具有繁殖快、数量多、暴发性强、为害时间长等特点，防治较为困难。

朴绵叶蚜无翅孤雌蚜体呈长卵形，长 2.30mm，宽 1.10mm，灰绿色，体表密被白色蜡粉和蜡丝；有翅孤雌蚜体长 2.20mm，宽 0.90mm，体黄至淡绿色，体表及翅密被白色蜡粉和蜡丝，很像小棉球，遇震动容易落地或飞走。朴绵叶蚜常在叶背面叶脉附近分散为害，以刺吸式口器吸食植物汁液，大发生时可盖满页面和嫩梢，导致幼枝枯黄，影响朴树生长；同时朴绵叶蚜若虫及成虫分泌大量蜜露，排泄的蜜露粘在树叶和枝梢表面导致煤污病，蜜露落到周围植物叶片或地面上，粘附空气中的粉尘，严重影响园林植物生长和城市景观（图 1-49）。

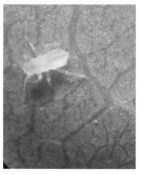

图 1-49　四蕊朴上的蚜虫
（左为为害照、中为叶脉旁的蚜虫、右为蚜虫放大照）

朴绵叶蚜在昆明 1 年发生多代。早春即随着寄主植物的萌芽，开始为害，平均 15 天左右即可完成 1 个世代。5 月和 6 月为为害高峰期，雨季来临后蚜虫数量明显下降，7~9 月部分朴绵叶蚜会从寄主叶片转移至树干上，10 月朴绵叶蚜开始转移回寄主叶片上为害，无越冬阶段。

朴绵叶蚜主要分布在朴树叶片背面上，树冠外层蚜虫数量高于树冠内层，以树冠东侧外层虫口密度最大。朴绵叶蚜天敌昆虫主要包括二星瓢虫 *Adalia bipunctata*、异色瓢虫 *Harmonia axyridis*、龟纹瓢虫 *Propylaea japonica*、七星瓢虫 *Coccinella septempunctata*、中华通草蛉 *Chrysopa sinica*、大草蛉 *C. pallens*、蚜小蜂 *Aphelinus* sp. 和食蚜蝇。

二、苹果绵蚜 *Eriosoma lanigerum*

苹果绵蚜隶属于半翅目同翅亚目瘿绵蚜科绵蚜属的一种昆虫，为害的蔷薇科 Rosaceae 苹果属 *Malus* 的落叶小乔木垂丝海棠 *Malus halliana*，在垂丝海棠枝条的粗皮裂缝、切伤口、剪锯口、新梢叶腋等处，分泌白色蜡丝包裹虫体，刺吸植物的汁液，影响垂丝海棠的生长。

苹果绵蚜一年 12 个月中都有发生，其中春季（3~5 月）发生最严重；在夏季（6~8 月）受到雨水的影响，为害有所减轻；秋冬季节害虫仍有为害。

三、栾多态毛蚜 *Periphyllus koelreuteriae*

栾多态毛蚜隶属于毛蚜科多态毛蚜属。国内分布于云南、辽宁、北京、江苏、浙江、山东、河南、湖北、重庆、四川、台湾；国外分布于韩国、日本等。在昆明地区该蚜虫为害主要的园林树种为无患子科栾树属的落叶大乔木复羽叶栾树 *Koelreuteria bipinnata*。由于栾多态毛蚜的为害，栾树的正常生长受到严重影响，造成新叶萌发畸形、卷叶、不展叶；栾多态毛蚜若蚜及成蚜分泌大量蜜露，诱发其自身叶片和下层灌木产生煤污病；蜜露滴落使路人衣物、路面黏泞，给人们的生活造成不便。栾多态毛蚜的为害严重破坏了绿化景观，应予以重视，及时采取防治措施。

栾多态毛蚜主要识别特征：有翅孤雌蚜体长卵形，活体黄绿色，腹部背片有黑色横带；体被长毛；喙端部超过中足基节；腹管截断形，有缘突及网纹；尾片及尾板末端圆形。

该蚜虫 1 年在昆明可发生多代，越冬虫态不详。4 月初，随着寄主植物复羽叶栾树开始抽叶即可发现有该虫的为害，4 月中旬进入为害高峰期，5 月初出现有翅蚜第一次大量迁飞。

第四节　园林蚜虫的监测及防控

一、蚜虫的监测

对园林蚜虫进行监测，其目的是监测园林生态系统中蚜虫的发生及为害状况，为害虫的控制提供依据。本文以朴绵叶蚜为例，拟定园林蚜虫的监测草案。

1. 监测内容

朴绵叶蚜监测分为常规监测和重点监测。常规监测的内容包括朴绵叶蚜为害状况调查；重点监测的内容包括受害严重寄主的跟踪调查。

2. 监测方案

常规监测前，建立辖区内朴树分布图，对每株朴树进行编号及建档，并在每株朴树上悬挂黄色粘虫板。常规监测的方法包括踏查及黄板诱集法。在每年 2~10 月各进行一次常规监测，其中 2 月和 10 月的常规监测中两种方法同时进行，3~9 月仅进行黄板诱集法。踏查时，调查人员根据朴树的分布状况确定调查路线，按调查路线对辖区内每株朴树进行逐株调查，使用高枝剪随机剪取带叶枝条 2~4 枝，观察是否出现朴绵叶蚜为害情况，如发现，根据表 1-1 判断寄主受害等级并记录。同时观察记录该寄主上悬挂的黄色粘虫板上朴绵叶蚜的数量。

表 1-1　朴绵叶蚜为害等级划分标准

为害等级	为害特征
0	无为害，叶片上无朴绵叶蚜，肉眼观察叶片上无白色絮状物
I	轻度为害，叶片上有少量蚜虫为害，虫口密度低于 10 头 / 叶，肉眼观察叶片上有少量白色絮状物
II	中度为害，叶片上有较多蚜虫为害，虫口密度达 11~20 头 / 叶，肉眼观察叶片上有较多白色絮状物
III	重度为害，叶片上有大量蚜虫为害，虫口密度高于 21 头 / 叶，肉眼观察叶片上有大量白色絮状物

根据常规监测的结果确定是否需要进行重点监测。在常规监测中，踏查及黄板诱集法均显示调查样株达到中度及重度受害的，确定为重点监测的对象。对重点监测的对象需在常规监测后实施防治，并在防治后 1 周进行重点监测。

重点监测仍是使用高枝剪随机剪取带叶枝条 2~4 枝，判断寄主受害等级并记录，同时观察记录该寄主上悬挂的黄色粘虫板上朴绵叶蚜的增加数量，根据调查结果对防治效果进行判断，如果寄主受害程度明显降至轻微，则防效明显，可不再作为重点监测对象；若受害程度保持不变，则防效不佳，需调整防治计划并持续监测。

3. 监测报告

监测完成后需要形成监测报告（表 1-2），内容包括监测的时间、地点、人员及分工、监测结果，表明此次监测是否应采取防治，建议如何防治等。如发现当前的监测方案需要调整，应提出调整建议。

表 1–2　朴绵叶蚜常规监测调查

调查时间	
调查人员及分工	
调查地点	
调查线路 1	
调查线路 2	
调查线路 3	
…	
朴树编号 1	枝条 1_____ 枝条 2_____ 枝条 3_____ 枝条 4_____ 为害程度_____； 黄板_____ 为害程度_____
朴树编号 2	枝条 1_____ 枝条 2_____ 枝条 3_____ 枝条 4_____ 为害程度_____； 黄板_____ 为害程度_____
朴树编号 3	枝条 1_____ 枝条 2_____ 枝条 3_____ 枝条 4_____ 为害程度_____； 黄板_____ 为害程度_____
…	
处置建议	
调查结论	
重点监测对象	
备注	

4. 实施监测所需要的材料及信息

（1）朴绵叶蚜为害特征及为害进程。在昆明市，朴绵叶蚜全年均有发生，该虫主要聚集在叶背叶脉附近为害，有时也在叶正面和幼枝为害（图 1-50）。蚜体覆盖蜡丝很像小棉球，遇震动容易落地或飞走。同时该蚜虫还可以传播病毒病和诱发煤污病。

（2）朴绵叶蚜形态特征。根据以下特征进行朴绵叶蚜种类鉴定。无翅孤雌蚜体长 2.3mm，长卵形，灰绿色，体表有蜡粉和蜡丝，体背毛短尖；有眼瘤；触角 6 节；腹管极短，环状隆起；尾片瘤状（图 1-51）。有翅孤雌蚜体长约 2.2mm，长卵形，黄至淡绿色，头胸褐色，腹部有斑纹，全体被蜡粉蜡丝；触角 6 节；翅脉正常；腹管环状，无缘突；尾片长瘤状，毛 8~11 根，尾板分 2 叶（图 1-52）。

图 1-50　朴绵叶蚜为害状

图 1-51　朴绵叶蚜无翅孤雌蚜　　　　图 1-52　朴绵叶蚜有翅孤雌蚜

（3）朴绵叶蚜为害等级。结合朴绵叶蚜为害的实际情况，划分出无为害、轻度为害、中度为害、重度为害4个等级，具体见表1-1。

（4）朴绵叶蚜常规监测调查表

二、蚜虫的防控

蚜虫以刺吸口器吸食园林植物汁液造成直接为害，还可以分泌蜜露，诱发煤污病，甚至传播病毒，对园林植物生长和城市环境产生不良影响。蚜虫种群数量大、发生期长，园林上常依赖化学农药对其进行防治。随着生态文明及生态城市建设的呼声日益高涨，改变单纯依赖化学杀虫剂的防控技术，发展蚜虫生态控制技术势在必行。

1. 蚜虫生态防控的思路

以虫情监测为依据，本着"早发现、早处置""精细管理、精准防治"的指导思想，根据蚜虫的发生特点和为害情况，积极开发和利用天敌资源，多种防治措施并举，降低虫口密度，减轻为害，逐步实现生态控制。

2. 蚜虫寄主植物生态功能的转变

几乎每种园林植物都会遭受一种或多种蚜虫的为害，而每种蚜虫也可能为害一种或多种寄主植物。因此，消灭园林生态系统中所有的蚜虫种类或是某种蚜虫的所有个体，都是无法实现的。能够做到的就是控制蚜虫种群数量，减轻对寄主造成的为害；或者改变寄主植物的生态功能，使得蚜虫对其产生的为害在园林生态系统中能够被接受。以行道树为例，朴树作为乡土树种，在城市园林中既用作行道树，也用作公园、公共绿地的绿化树种。在用作行道树时，朴绵叶蚜产生的大量蜜露，造成路面黏着，影响行人出行，甚至带来安全隐患；而仅用作绿化树种时，不会带来诸多问题。基于此，在城市园林规划及建设中，应逐步转变对朴树的利用方式，对现有行道树中的朴树进行置换。再有，变革已有的园林建设与管理思路，着眼于增强园林植物的绿化功能，减弱其遮阴功能的使用；改变原有的集约化管理或疏于管理的作风，建设近自然的园林生态系统，打造健康绿色的城市环境。

3. 监测与防治并重，根据监测结果实施防治

在蚜虫发生区进行虫情监测，若发现蚜虫为害，结合监测结果采取适当的防治措施。不同情况区别对待：轻度为害的，使用黄板诱杀；中度及重度为害的，除黄板诱杀外，持续使用高压水枪冲洗；仍然无法有效降低为害的，根据情况考虑采取化学防治措施。

4. 多种防治手段并用

黄板诱杀：在寄主植物上悬挂黄板诱杀蚜虫。3~6 月，蚜虫种群数量较大、昆明的雨季尚未来临前，每株寄主植物上可悬挂 3~4 块黄板；7~9 月昆明雨水较为充沛，不必挂黄板；10~12 月，对有蚜虫为害的，建议每株悬挂 1~2 块。黄板沾满虫体或失去粘性即需更换。

物理防治：在蚜虫的为害高峰期可使用高压喷水枪进行冲洗，在少雨季节每周进行 1~2 次，可有效减少蚜虫及煤污病的为害。

园林技术措施：冬季结合林木整形修剪，剪除病残枝及弱枝，消灭越冬虫口。该措施对于虫情监测中发现的受害严重的寄主尤为重要。

保护利用天敌：茧蜂、草蛉、瓢虫、食蚜蝇等天敌在控制蚜虫种群数量上发挥着重要作用，应加强对这些天敌类群的研究及利用。

化学防治：该方法不建议使用。如必须用到，建议使用根部施药或是注射用药，以减轻对环境造成的污染。推荐使用 20% 吡虫啉 1500 倍液、40% 毒死蜱 200 倍液、10% 阿维菌素 2000 倍液及 10% 高效氯氟氰菊酯 2000 倍液进行化学防治。

5. 苹果绵蚜的防治

苹果绵蚜属于检疫性有害生物，严禁从苹果绵蚜疫区调进苗木、接穗，严格把关，有效控制其扩散和蔓延。

在春季和秋季苹果绵蚜发生严重，可以在春季垂丝海棠发芽开花之前和秋季垂丝海棠部分树叶脱落之后，采取对根部施药的化学防治方法，对其进行灭杀。苹果绵蚜一般集中在垂丝海棠枝条和主干有机械损伤的部位，在施药的时候要着重细致地喷洒这些部位，以达到最佳效果。宜使用内吸性的药剂，最好以刷涂的方式用药，仅涂刷有为害状的地方（枝条上有白絮状物）以提高用药效率，减少药剂的使用量，减轻对环境的污染。

在冬季和早春的休眠期，利用物理防治方法，对其越冬虫态的 1~2 龄若虫进行消灭，主要方法有刮翘皮、剪虫枝，并将刮下的虫体和修剪的虫枝进行销毁，以降低苹果绵蚜的虫口密度。

增施有机肥料，改善寄主植物垂丝海棠的树势，增强植株的抗病虫能力。保护苹果绵蚜的天敌昆虫日光蜂、瓢虫、草蛉等。

第二章　蚧虫类

蚧虫是半翅目 Hemiptera 同翅亚目 Homoptera 蚧总科 Coccoidea 昆虫的通称。雌雄异型，雌虫体圆形或长卵形等，身体分节一般不明显，通常被介壳或蜡；雄虫具前翅 1 对；雌虫有单眼 2 个或无，触角 5~10 节，跗节 1 节，具 1 爪。

园林植物的根、茎、叶、花、果实都可能受到蚧虫的为害，其中以枝干和叶片的受害最为常见，例如硕蚧科中的草履硕蚧主要为害枝干，银毛吹绵蚧以为害叶片为主，吹绵蚧为害枝干和叶片；粉蚧科中的日本臀纹蚧主要为害叶片，康氏粉蚧寄生于茎与枝干之间进行为害；绒蚧科中的榴绒蚧为害枝干，竹绒蚧在叶鞘基部为害；壶蚧科蚧虫多以为害枝干为主；蜡蚧科中日本龟蜡蚧、伪角蜡蚧、角蜡蚧、藤壶蜡蚧、白蜡蚧等主要为害枝干；盾蚧科中，除桑拟轮蚧为害枝干外，其余种类都主要为害叶片。蚧虫的为害严重影响了园林植物的健康，例如为害紫薇的榴绒蚧，大发生时紫薇枝条完全被榴绒蚧虫体覆盖，导致枝叶枯死；再如考氏白盾蚧和伪角蜡蚧，前者在其寄主山茶、茶梅叶片上，整个叶片覆盖虫体最终枯黄脱落，后者寄主植物众多，大发生时虫体布满寄主枝条，最终导致枝枯。而有些园林植物常年遭受多种蚧虫的为害，例如海桐、垂丝海棠、雪松、玉兰、山玉兰、常春藤等，在这些植物上为害的蚧虫种类常达 3 种或 3 种以上。如何杜绝或减轻虫害，保护园林植物的健康生长，正确识别虫害以及掌握害虫发生规律是害虫防控工作需要解决的首要问题。

第一节　昆明地区蚧虫名录

通过查阅《昆明地区蚧虫名录》《云南园林蚧虫识别及防治技术研究》《云南森林昆虫》等文献资料，以及野外调查采集园林蚧虫标本，整理昆明市蚧虫名录，其中拉丁名的核实参考了 Catalogue of Life 名录。整理出当前昆明地区有分布的蚧虫 174 种，涉及 11 科 83 属，其中旌蚧科 Ortheziidae 有 1 属 3 种，硕蚧科 Margarodidae 有 5 属 9 种，粉蚧科 Pseudococcidae 有 16 属 22 种，绒蚧科

Eriococcidae 有 4 属 7 种，红蚧科 Kermococcidae 有 1 属 3 种，蜡蚧科 Coccidae 有 15 属 33 种，链蚧科 Asterolecaniidae 有 5 属 7 种，盘蚧科 Lecanodiaspididae 有 4 属 5 种，壶蚧科 Cerococcidae 有 2 属 5 种，仁蚧科 Aclerdidae 有 1 属 2 种，盾蚧科 Diaspididae 有 29 属 78 种。有 7 种昆明地区新纪录种，用 "*" 号标注出。具体名录如下。

1. 旌蚧科 Ortheziidae

（1）明旌蚧 *Orthezia insignis* Browne

（2）昆明旌蚧 *Orthezia quadrua* Ferris

（3）菊旌蚧 *Orthezia urticae*（Linnaeus）

2. 硕蚧科 Margarodidae

（4）桑树履绵蚧 *Drosicha contrahens* Wallker

（5）草履硕蚧 *Drosicha corpulenta*（Kuwana）

（6）吹绵蚧 *Icerya purchasi* Maskell

（7）银毛吹绵蚧 *Icerya seychellarum*（Westwood）

（8）双孔皮珠蚧 *Kuwania bipora* Borchsenius

（9）中华松针蚧 *Matsucoccus sinensis* Chen

（10）云南松干蚧 *Matsucoccus yunnanensis* Ferris

（11）云南松针蚧 *Matsucoccus yunnansonsaus* Young

（12）昆明毛履蚧 *Sishania nigropilata* Ferris

3. 粉蚧科 Pseudococcidae

（13）鞘竹粉蚧 *Antonina crawii* Cockerell

（14）盾竹粉蚧 *Antonina pretiosa* Ferris

（15）带竹粉蚧 *Antonina zonata* Green

（16）扁粉蚧 *Chaetococcus bambusae*（Maskell）

（17）松白粉蚧 *Crisicoccus pini*（Kuwana）

（18）根林粉蚧 *Drymococcus rhizophilus* Borchsenius

（19）洁粉蚧 *Dysmicoccus brevipes*（Cockerell）

（20）禾草粉蚧 *Euripersia* sp.

（21）云南枯粉蚧 *Kiritshenkella yunnanensis*（Borchsenius）

（22）柯曼粉蚧 *Maconellicoccus hirsutus*（Green）

（23）橘鳞粉蚧 *Nipaecoccus viridis*（Newstead）

（24）革白粉蚧 *Paraputo porosus* Borchsenius

（25）中华白粉蚧 *Paraputo sinensis* Borchsenius

（26）麻榄粉蚧 *Pedronia tremae* Borchsenius

（27）奇绵粉蚧 *Phenacoccus prodigialis* Ferris

（28）臀纹粉蚧 *Planococcus citri*（Risso）

（29）兰花刺粉蚧 *Planococcus dendrobii* Ezzat et McConnell

（30）中华臀纹粉蚧 *Planococcus dorsospinosus* Ezzat et McConnell

（31）日本臀纹粉蚧 *Planococcus kraunhiae*（Kuwana）*

（32）康氏粉蚧 *Pseudococcus comstocki*（Kuwana）

（33）锯尾粉蚧 *Serrolecanium tobai* Kuwana

（34）垒粉蚧 *Spinococcus minusculus* Borchsenius

4. 绒蚧科 Eriococcidae

（35）角绒蚧 *Eriococcus corniculatus* Ferris

（36）柿绒蚧 *Eriococcus kaki*（Kuwana et Muramatsu）

（37）榴绒蚧 *Eriococcus lagerostroemiae* Kuwana

（38）竹绒蚧 *Eriococcus onukii* Kuwana *

（39）付绒蚧 *Fulbrightia gallicola* Ferris

（40）刺绒蚧 *Physeriococcus cellulosus* Borchsenius

（41）星绒粉蚧 *Proteriococcus acutispinatus* Borchsenius

5. 红蚧科 Kermococcidae

（42）小斑红蚧 *Kermes punctatus*（Borchsenius）

（43）黑斑红蚧 *Kermes roboris*（Fourcroy）

（44）绿绛蚧 *Kermes viridis*（Borchsenius）

6. 蜡蚧科 Coccidae

（45）红帽蜡蚧 *Ceroplastes centroroseus* Chen

（46）角蜡蚧 *Ceroplastes ceriferus*（Fabricius）

（47）藤壶蜡蚧 *Ceroplastes cirripediformis* omstock *

（48）龟蜡蚧 *Ceroplastes floridensis* Comstock

（49）日本蜡蚧 *Ceroplastes japonicus* Green

（50）昆明龟蜡蚧 *Ceroplastes kunmingensis*（Tang et Xie）

（51）伪角蜡蚧 *Ceroplastes pseudoceriferus* Green

（52）红蜡蚧 *Ceroplastes rubens* Maskell

（53）褐软蜡蚧 *Coccus hesperidum* Linnaeus

（54）刷毛软蜡蚧 *Coccus viridis*（Green）

（55）滇双角蜡蚧 *Dicyphococcus bigibbus* Borchsenius

（56）朝鲜毛球蜡蚧 *Didesmococcus koreanus* Borchsenius

（57）白蜡蚧 *Ericerus pela*（Chavannes）

（58）网纹蜡蚧 *Eucalymnatus tessellatus*（Signoret）

（59）樱桃球坚蜡蚧 *Eulecanium cerasorum*（Cockerell）

（60）昆明球坚蜡蚧 *Eulecanium kunmingi*（Ferris）

（61）桃球蜡蚧 *Eulecanium kuwanai* Kanda

（62）云南球坚蜡蚧 *Eulecanium nigrivitta* Borchsenius

（63）泛布克里蜡蚧 *Kilifia acuminata* Signoret

（64）中国克里蜡蚧 *Kilifia sinensis* Ben-Dov

（65）芒果粘棉蜡蚧 *Milviscutulus mangiferae*（Green）

（66）乌黑副盔蜡蚧 *Parasaissetia nigra*（Nietner）

（67）桃木坚蜡蚧 *Parthenolecanium persicae*（Fabricius）

（68）日本原棉蜡蚧 *Protopulvinaria fukayai*（Kuwana）

（69）锡金伪棉蚧 *Pseudoplvinaria sikkimensis* Atkinson

（70）黄绿棉蜡蚧 *Pulvinaria aurantii* Cockerell

（71）桔棉蜡蚧 *Pulvinaria citricola* Kuwana

（72）月橘棉蜡蚧 *Pulvinaria neocellulosa* Takahashi *

（73）多角棉蜡蚧 *Pulvinaria polygonata* Cockerell

（74）柑橘盔蜡蚧 *Saissetia citricola*（Kuwana）

（75）咖啡盔蜡蚧 *Saissetia coffeae*（Walker）

（76）美洲盔蜡蚧 *Saissetia miranda*（Cockerell et Parrott）

（77）榄株盔蜡蚧 *Saissetia oleae*（Bernard）

7. 链蚧科 Asterolecaniidae

（78）昆明斑链蚧 *Asterodiaspis inermis* Borchsenius

（79）小斑链蚧 *Asterodiaspis liui* Borchsenius

（80）箬竹链蚧 *Bambusaspis sasae*（Russell）

（81）小链蚧 *Hsuia vitrea* Ferris

（82）柯树球链蚧 *Lecanodiaspis pasaniae* Borchsenius

（83）昆明新链蚧 *Neoasterodiaspis kunminensis* Borchsenius

（84）黄新链蚧 *Neoasterodiaspis pasaniae*（Kuwana et Cockerell）

8. 盘蚧科 Lecanodiaspididae

（85）戟雕盘蚧 *Cosmococcus euphobiae* Borchsenius

（86）白生盘蚧 *Crescoccus candidus* Wang

（87）柯头盘蚧 *Prosopophora pasaniae* Borchsenius

（88）春头盘蚧 *Prosopophora robiniae* Borchshenius

（89）锡金绵盘蚧 *Pseudopulvinaria sikkimensis* Atkinson

9. 壶蚧科 Cerococcidae

（90）日本壶链蚧 *Asterococcus muratae*（Kuwana）

（91）褐链壶蚧 *Asterococcus quercicola* Borchsenius

（92）柯链壶蚧 *Asterococcus schimae* Borchsenius

（94）云南链壶蚧 *Asterococcus yunnanensis* Borchsenius

（94）刺蜡壶蚧 *Cerococcus echinatus* Wang et Qiu *

10. 仁蚧科 Aclerdidae

（95）尖仁蚧 *Aclerda acuta* Borchsebius

（96）云南仁蚧 *Aclerda yunnanensis* Ferris

11. 盾蚧科 Diaspididae

（97）云南棘蛎蚧 *Acanthomytilus yunnanensis* Yang et Hu

（98）油杉安蛎蚧 *Andaspis keteleeriae* Yuan

（99）桑安蛎蚧 *Andaspis mori* Ferris

（100）橡安蛎蚧 *Andaspis quercicola*（Borchsenius）

（101）栎安蛎蚧 *Andaspis raoi*（Borchsenius）

（102）木荷安蛎蚧 *Andaspis schimae* Tang

（103）云南安蛎蚧 *Andaspis yunnanensis* Ferris

（104）橘红肾圆盾蚧 *Aonidiella aurantii*（Maskell）

（105）橘黄肾圆盾蚧 *Aonidiella citrina*（Coquillett）

（106）番荔枝肾圆盾蚧 *Aonidiella comperei* McKenzie

（107）苏铁肾盾蚧 *Aonidiella inornata* McKenzie

（108）东方肾圆盾蚧 *Aonidiella orientalis*（Newstead）

（109）紫杉肾盾蚧 *Aonidiella taxus* Leonardi

（110）安宁圆盾蚧 *Aspidiotus anningensis* Tang et Chu

（111）中央圆盾蚧 *Aspidiotus sinensis*（Ferris）

（112）牛奶子白轮蚧 *Aulacaspis crawii*（Cockerell）

（113）钩樟白轮蚧 *Aulacaspis ima* Scott

（114）广顶袋盾蚧 *Aulacaspis machili*（Takahashi）

（115）新刺轮盾蚧 *Aulacaspis neospinosa* Tang

（116）玫瑰白轮蚧 *Aulacaspis rosae*（Bouché）

（117）月季白轮蚧 *Aulacaspis rosarum* Borchsenius

（118）菝葜白轮蚧 *Aulacaspis spinosa*（Maskell）

（119）乌桕白轮蚧 *Aulacaspis thoracica*（Robinson）

（120）樟白轮蚧 *Aulacaspis yabunikkei* Kuwana

（121）苏铁白轮蚧 *Aulacaspis yasumatsui* Takagi

（122）无棘雪盾蚧 *Chionaspis agranulata* Chen

（123）中华雪盾蚧 *Chionaspis chinensis* Cockerell

（124）沙针雪盾蚧 *Chionaspis centreesa*（Ferris）

（125）越桔雪盾蚧 *Chionaspis ericacea*（Ferris）

（126）桂齐盾蚧 *Chionaspis osmanthi*（Ferris）*

（127）青冈袋盾蚧 *Chionaspis saitamaensis*（Kuwana）

（128）褐圆金顶盾蚧 *Chrysomphalus aonidum*（Linnaeus）

（129）拟褐金顶盾蚧 *Chrysomphalus bifasciculatus* Ferris

（130）梅金顶盾蚧 *Chrysomphalus mume* Tang *

（131）肉桂桱圆盾蚧 *Diaonidia cinnamomi*（Takahashi）

（132）梨灰圆盾蚧 *Diaspidiotus perniciosus*（Comstock）

（133）凹叶复盾蚧 *Duplachionaspis dirergens*（Green）

（134）坎帕尼亚等角圆盾蚧 *Dynaspidiotus degeneratus*（Leonardi）

（135）围盾蚧 *Fiorinia fioriniae*（Targioni-Tozzetti）

（136）霜围盾蚧 *Fiorinia pruinosa* Ferris

（137）茶围盾蚧 *Fiorinia theae* Green

（138）幽居美盾蚧 *Formosaspis stegana* Ferris

（139）竹盾蚧 *Greenaspis elongata*（Green）

（140）桂花栉圆盾蚧 *Hemiberlesia rapax*（Comstock）

（141）中华栉圆盾蚧 *Hemiberlesia sinensis* Ferris

（142）双锤盾蚧 *Howardia biclavis*（Comstock）

（143）竹长盾蚧 *Kuwanaspis bambusae*（Kuwana）

（144）和长盾蚧 *Kuwanaspis howardi*（Cooley）

（145）茶牡蛎蚧 *Lepidosaphes camelliae* Hoke

（146）朴牡蛎蚧 *Lepidosaphes celtis* Kuwana

（147）中华牡蛎蚧 *Lepidosaphes chinensis* Chamberlin

（148）柏牡蛎蚧 *Lepidosaphes cupressi* Borchsenius

（149）长牡蛎蚧 *Lepidosaphes gloverii*（Packard）

（150）瘤额牡蛎蚧 *Lepidosaphes tubulorum* Ferris

（151）榆牡蛎蚧 *Lepidosaphes ulmi*（Linnaeus）

（152）日本长白盾蚧 *Leucaspis japonica* Cockerell

（153）长毛盾蚧 *Morganella longispina*（Morgan）

（154）宫本新片盾蚧 *Neoparlatoria miyamotoi* Takagi

（155）楠刺圆盾蚧 *Octaspidiotus stauntoniae*（Takahashi）

（156）油杉片盾蚧 *Parlatoria keteleericola* Tang et Chu

（157）糠片盾蚧 *Parlatoria pergandii* Comstock

（158）昆明松片盾蚧 *Parlatoria piniphila* Tang

（159）黄片盾蚧 *Parlatoria proteus*（Curtis）

（160）云南片盾蚧 *Parlatoria yunnanensis* Ferris

（161）柑桔并盾蚧 *Pinnaspis aspidistrae*（Signoret）

（162）棉并盾蚧 *Pinnaspis strachani*（Cooley）

（163）眼臀网盾蚧 *Pseudaonidia duplex*（Cockerell）

（164）樟臀网盾蚧 *Pseudaonidia paeoniae*（Cockerell）

（165）半蚌圆盾蚧 *Pseudaonidia trilobitiformis*（Green）

（166）中棘白盾蚧 *Pseudaulacaspis centreesa*（Ferris）

（167）考氏白盾蚧 *Pseudaulacaspis cockerelli*（Cooley）

（168）杜鹃白盾蚧 *Pseudaulacaspis ericacea*（Ferris）

（169）分瓣臀凹盾蚧 *Pseudaulacaspis kentiae*（Kuwana）

（170）桑拟轮蚧 *Pseudaulacaspis pentagona*（Targioni-Tozzetti）

（171）仿菱袋盾蚧 *Pseudaulacaspis subrhombica*（Chen）

（172）华栎盾蚧 *Sinoquernaspis gracillis* Takagi et Tang

（173）西山盾蚧 *Sishanaspis quercicola* Ferris

（174）矢尖蚧 *Unaspis yanonensis*（Kuwana）

第二节　昆明市园林常见蚧虫种类

蚧虫类害虫对园林植物为害严重。为明确昆明市园林常见蚧虫种类，通过野外调查，发现了6科17属29种常见蚧虫种类，现记录如下。

一、常见种类

草履硕蚧 *Drosicha corpulenta*（Kuwana）

硕蚧科 **Margarodidae** 草履蚧属 *Drosicha*

也称草履蚧，国内广泛分布；国外分布于日本、朝鲜、俄罗斯等。寄主植物众多，在昆明地区为害柯树类一种。

雌成虫主要识别特征（图 2-1）：①虫体长椭圆形，分节明显，胸背面 3 节，腹背面 8 节，也有的个体尾端 2 节不十分明显；②触角 7 节，均密生细毛；胸足 3 对；③具 7 对腹气门；④胸气门 2 对，明显大于腹气门；⑤多孔腺具 1 大中央孔，圆形或扁圆形，周围常 6 孔。

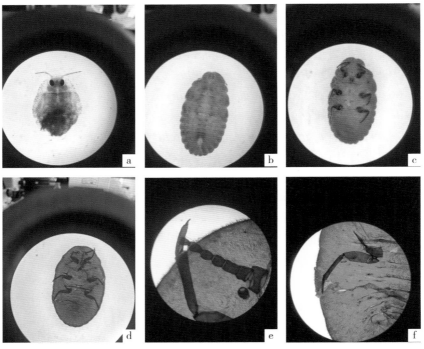

图 2-1 草履硕蚧 *Drosicha corpulenta*（一）

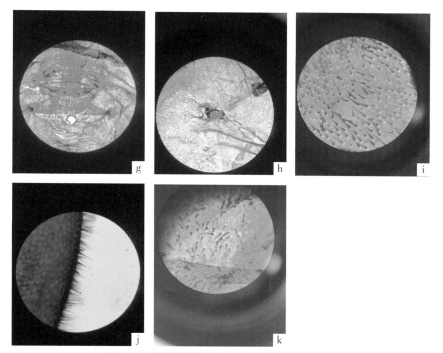

图 2-1 草履硕蚧 *Drosicha corpulenta*（二）

a. 若虫；b. 雌成虫；c. 雌成虫腹面；d. 雌成虫玻片图；e. 触角及眼；f. 足；
g. 肛孔；h. 胸气门；i. 背毛；j. 缘毛；k. 三孔腺

吹绵蚧 *Icerya purchasi* Maskell

硕蚧科 Margarodidae 吹绵蚧属 *Icerya*

广布种，世界性分布。多食性蚧虫，寄主植物众多，在昆明地区主要为害海桐、南天竺、圣诞树 *Acacia dealbata*、常春藤等。

雌成虫主要识别特征（图 2-2）：①虫体腹面椭圆形，背面向上隆起，腹面平坦，体橘红或暗红色，体表生有黑色短毛；②触角 11 节，每节上有若干细毛，3 对足较强劲，2 根细毛状爪冠毛，较短；③具 2 对腹气门；④卵囊不分裂，有 15 条平行纵沟纹，虫体背面蜡丝短而少，不明显；⑤多孔腺 2 种类型，较大并具 1 个圆形中央小室和周围 1 圈小室，或较小且具 1 个长形中央小室和周围 1 圈小室。

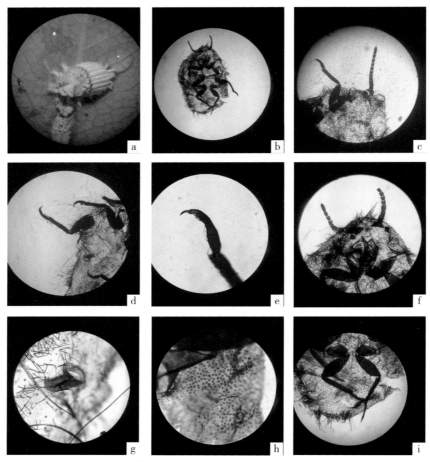

图 2-2　吹绵蚧 *Icerya purchasi*
a. 雌成虫；b. 雌成虫玻片图；c. 触角；d. 足；e. 跗节及爪；
f. 触角及眼；g. 胸气门；h. 多孔腺；i. 体毛

银毛吹绵蚧 *Icerya seychellarum*（Westwood）

硕蚧科 Margarodidae　吹绵蚧属 *Icerya*

国内分布于云南、广东、广西、福建、台湾、湖北、湖南、山东、河北、四川、陕西、河南、安徽；国外分布于日本、菲律宾、印度、斯里兰卡、新西兰等。在昆明地区为害阴香。

雌成虫主要识别特征（图 2-3）：①虫体卵圆形，活虫体背面呈黄色；②触角 11 节，各节均具细毛，足发达，黑褐色，着生许多细毛；③具 2 对腹气门；④卵囊分裂，虫体背面被数量众多呈放射状排列的银白色蜡质细丝；⑤多孔腺具大小两种类型，大多孔腺具 1 大的圆环状中央室，其周围 1 圈小室，小多孔腺有 3 小中央室或 2 小中央室者，也有 1 个小室中央者，周围具 1 圈小室。

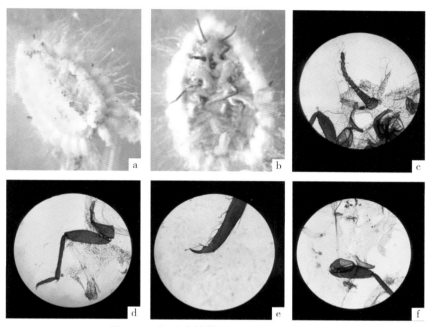

图 2-3　银毛吹绵蚧 *Icerya seychellarum*
a. 雌成虫；b. 雌成虫腹面；c. 触角；d. 足；e. 跗节及爪；f. 胸气门

日本臀纹粉蚧 *Planococcus kraunhiae*（Kuwana）

粉蚧科 **Pseudococcidae**　臀纹粉蚧属 *Planococcus*

国内外广布。寄主植物众多，在昆明地区为害三叶地锦 *Parthenocissus semicordata*。昆明地区新纪录种。

雌成虫主要识别特征（图 2-4）：①触角 8 节，后足基节和股节具透明孔；②腹裂 1 个，具前后背裂；③管状腺在腹部中部呈横列分布，在腹部两侧边缘呈小群状分布；④臀瓣刺长度约为肛环刺长度的 2 倍；⑤除臀瓣上刺孔群的刺较粗外，其余刺孔群的刺均较细而长；⑥多孔腺常分布在头胸部腹面中部和在腹部腹面呈横列分布。

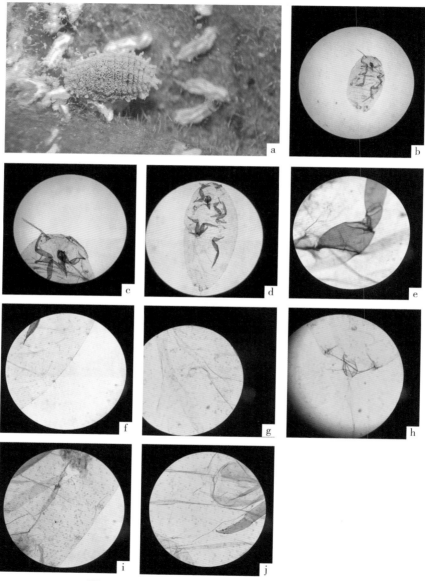

图 2-4 日本臀纹粉蚧 *Planococcus kraunhiae*

a.雌成虫；b.雌成虫玻片图；c.触角；d.足；e.后足基节；f.刺孔群；g.腹裂；

h.肛环及臀瓣；i.管状腺；j.多孔腺

康氏粉蚧 *Pseudococcus comstocki*（Kuwana）

粉蚧科 **Pseudococcidae**　粉蚧属 *Pseudococcus*

国内外广布。寄主植物众多，已记载的有柑橘属、梓属（梓）、桑属（桑树）、柑、柚、橙、荔枝、葡萄属（葡萄）、茶属（茶）、梨属（梨）、苹果、菠萝、广玉兰、泡桐、卫矛、槐、柳、海桐、茉莉、散尾葵等植物。另外，在须芒草、山黄麻、桑寄生、樟树、鸡豆、铁线莲、艾、枸子、葎草、蓖麻、糖槭、玉蜀黍、西红柿、黄瓜、胡萝卜、南瓜、西瓜、香瓜、甜菜、甘蔗、蓖麻、国槐、夹竹桃、君子兰等也有发现。在昆明地区为害长寿花 *Narcissus jonquilla*、平安树 *Cinnamomum kotoense*。

雌成虫主要识别特征（图 2-5）：①雌成虫卵形或椭圆形，红色，全体覆盖较薄的白色蜡粉，体缘周围有白色蜡丝 17 对，体前部蜡丝短，向后稍长，末对蜡丝最长；②触角 8 节，足细长，在后足基节、腿节和胫节有许多透明孔；③刺孔群 17 对，腹裂 1 个，具前后背裂；④管状腺在腹部边缘，并与多孔腺一起形成横列分布；⑤臀瓣显露，腹面具长毛；⑥多孔腺不常分布在头胸部腹面。

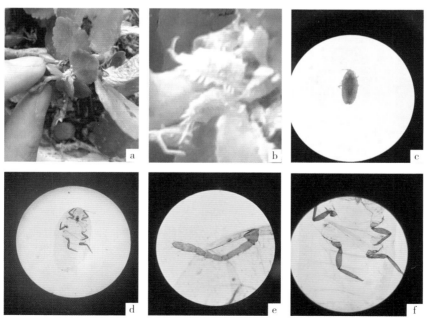

图 2-5　康氏粉蚧 *Pseudococcus comstocki*（一）

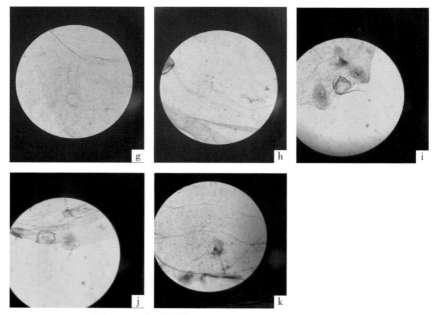

图 2-5　康氏粉蚧 *Pseudococcus comstocki*（二）

a.栖息照；b.雌成虫；c.雌成虫去蜡粉虫体；d 雌成虫玻片图；e.触角；f.足；g.背裂；
h.腹裂；i.肛环及臀瓣；j.臀瓣及臀瓣刺；k.多孔腺

榴绒蚧 *Eriococcus lagerostroemiae* Kuwana

绒蚧科 **Eriococcidae**　绒蚧属 *Eriococcus*

国内分布于云南、辽宁、宁夏、江苏、北京、天津、贵州、安徽、河北、山东、山西、浙江；国外分布于朝鲜、日本、印度等。寄主植物有紫薇、石榴、无花果、黄檀、榆绿木、女贞、扁担杆子、叶底珠等。在昆明地区为害紫薇。

雌成虫主要识别特征（图 2-6）：①虫体体被白色蜡粉，体表有少量白蜡丝，外观略呈灰色，体末端稍尖于头端，遍生微细短刚毛；②触角 7 节，足 3 对，甚小，跗节长于胫节；③胸气门 2 对，无圆盘状腺分布在气门腔口处；④管状腺分为瓶状管腺和微管状腺，在腹部亚缘区有大瓶状管腺分布，小瓶状管腺仅见于腹面中区，微管状腺主要分布于体背；⑤虫体背面密布发达且每节排成横带的圆锥形刺，体缘也具有发达的圆锥形刺；⑥臀瓣呈长锥状或长棒状，内缘光滑。

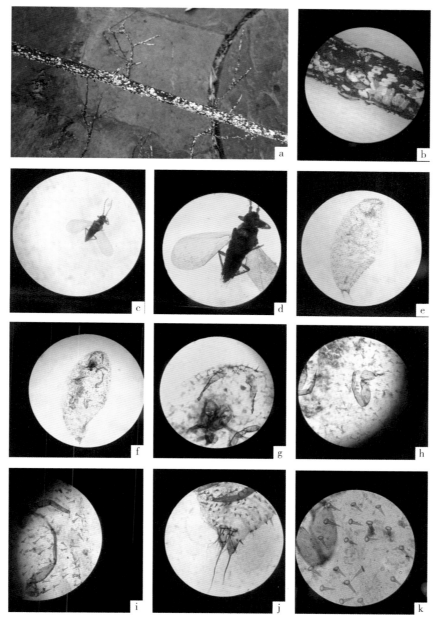

图2-6　榴绒蚧 *Eriococcus lagerostroemiae*
a. 为害照；b. 若虫及雌成虫毡囊；c. 雄成虫；d. 翅；e. 雌成虫玻片背面图；f. 雌成虫玻片腹面图；
g. 触角；h. 足；i 胸气门；j. 臀瓣；k. 管状腺

竹绒蚧 *Eriococcus onukii* Kuwana

绒蚧科 **Eriococcidae** 绒蚧属 *Eriococcus*

国内分布于云南、浙江、福建；国外分布于日本、韩国、越南。已记载寄主植物有刺竹、箬竹。

雌成虫主要识别特征（图 2-7）：①虫体和毡状卵囊均椭圆形；②触角 7 节，各节具长毛，后足基节无透明孔，胫节短于跗节，爪冠毛顶端膨大且长于爪；③虫体背面密布发达且每节排成横带的长圆锥形刺，顶端尖锐，体缘也具有刺列；④臀瓣圆柱形，端毛长于肛环毛，背面有 3 根刺，内缘较硬化，具数列小齿和几根刺。

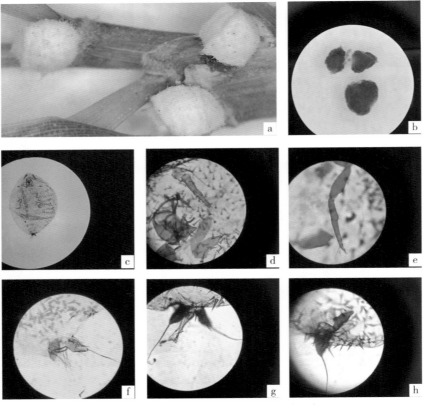

图 2-7 竹绒蚧 *Eriococcus onukii*（一）

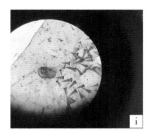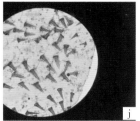

图 2-7 竹绒蚧 *Eriococcus onukii*（二）

a. 为害照；b. 雌成虫去毡囊虫体；c. 雌成虫玻片图；d 触角；e. 足；f. 臀瓣及肛环；

g. 臀瓣腹面图；h. 臀瓣背面图；i. 胸气门；j. 管状腺及体刺

日本壶链蚧 *Asterococcus muratae*（Kuwana）

壶蚧科 Cerococcidae 链壶蚧属 *Asterococcus*

除华北外全国可见分布，已记载的寄主植物有十姐妹（蔷薇）、珊瑚树、白玉兰、广玉兰、茶、柑橘、梨、葡萄、枇杷等。在昆明地区为害云南含笑 *Michelia yunnanensis*、球花石楠 *Photinia glomerata*。

雌成虫主要识别特征（图 2-8）：①体外具茶壶状蜡壳，有螺旋状横环纹 8~9 圈和放射状白色纵蜡带 4~6 条，纵蜡带从壶顶直到壶底，后方有 1 短小的壶嘴状突起；②虫体倒梨或近圆形，土黄色，膜质；③触角短柱状，顶端生有刺毛，附近分布有若干多孔腺，胸足完全消失；⑤臀瓣发达，顶端着生 1 长刺毛，背面具 3 根刺，肛环刺 8 根；⑥多孔腺在腹部腹面形成横带。

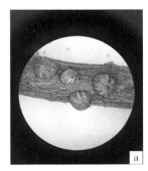

图 2-8 日本壶链蚧 *Asterococcus muratae*（一）

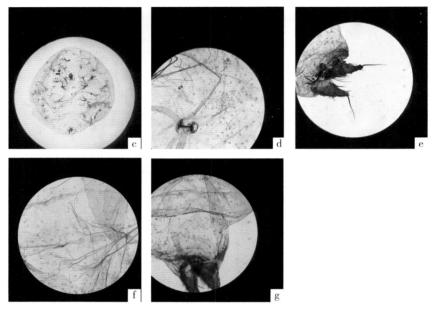

图 2-8　日本壶链蚧 *Asterococcus muratae*（二）

a.为害照；b.雌成虫（图片由王戌勃博士提供）；c.雌成虫玻片图；
d.胸气门及气门盘腺；e.臀瓣及肛环；f.管状腺及8字腺；g.多孔腺

刺蜡壶蚧 *Cerococcus echinatus* Wang et Qiu

壶蚧科 Cerococcidae　壶蚧属 *Cerococcus*

国内分布于云南（昆明）、四川，国外无分布。已记载寄主植物是猪耳桐。在昆明地区为害海桐、木槿 *Hibiscus syriacus*。昆明地区新纪录种。云南省新纪录种。

雌成虫主要识别特征（图 2-9）：①虫体卵圆形，被灰色、基部边缘具放射状长三角形粗蜡刺覆盖物；②触角退化呈圆柱状，顶端生有刺毛 5~7 根，3 对胸足均退化为刺状；③大 8 字腺密布于虫体背面，小 8 字腺分布其间，8 字腺沿腹节呈横列或横带分布，管状腺分布在大、小 8 字腺之间以及较稀疏地分布在虫体腹面；④后胸气门腺路在腹面分成 2 条：在前、后胸气门下方或周围附近，常见有 3~6 个大 8 字腺分布；⑤在虫体背面腹端亚缘处分布有扁瘤状的筛状板，顶面密布圆孔；⑥臀瓣小，突出明显，臀瓣上具 2 根大刺和 2 根小刺，肛环刺 8 根。

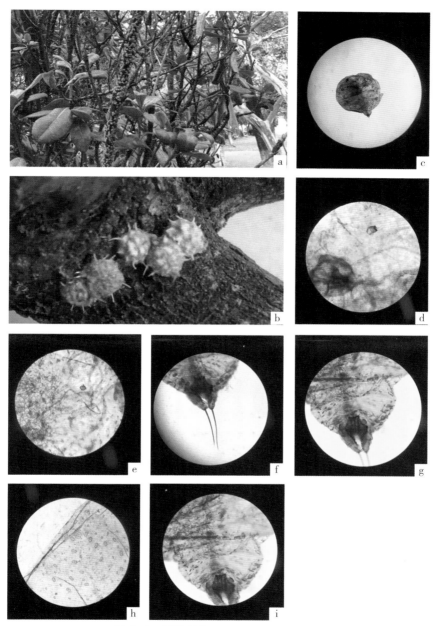

图 2-9 刺蜡壶蚧 *Cerococcus echinatus*

a. 为害照；b. 雌成虫；c. 雌成虫玻片图；d. 触角；e. 足；f. 臀瓣及臀刺；g. 肛环；
h. 气门腺路、五孔腺群、小 8 字腺及大 8 字腺；i. 筛状板

红帽蜡蚧 *Ceroplastes centroroseus* Chen

蜡蚧科 **Coccidae** 蜡蚧属 *Ceroplastes*

在国内分布于云南、贵州、四川、湖南、海南。多食性蚧虫，寄主植物众多。在昆明地区为害常春藤、玉兰 *Magnolia denudata*、山玉兰、垂丝海棠 *Malus halliana* 等。

雌成虫主要识别特征（图 2-10）：①蜡壳广椭圆形，背面隆起，缘褶灰白色，背中部橙红色，两色分界明显，气门沟泌出之蜡，形成白色气门蜡带；②虫体长椭圆形，触角 6 节，胸足发达且分节正常；③气门腺路由五孔腺组成，气门刺子弹形，每气门洼气门刺大于 14 根，前后气门刺群不相接，其间有 8~14 根体缘毛单独排列；④泡状杯状腺分布亚缘形成带状。

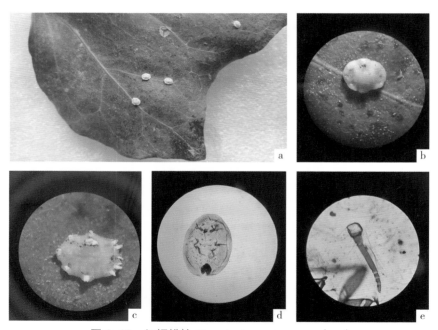

图 2-10 红帽蜡蚧 *Ceroplastes centroroseus* （一）

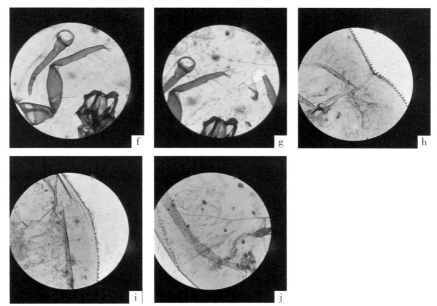

图 2-10　红帽蜡蚧 *Ceroplastes centroroseus*（二）

a.为害照；b.老熟雌成虫；c.雌成虫；d.雌成虫玻片图；e.触角；f.触角及足；
g.跗冠毛及爪冠毛；h.胸气门、五孔腺群、气门腺路及气门刺；i.两气门刺之间的缘毛；j.杯管腺

角蜡蚧 *Ceroplastes ceriferus*（**Fabricius**）

蜡蚧科 Coccidae　蜡蚧属 *Ceroplastes*

广布种，世界性分布。多食性蚧虫，寄主植物众多。在昆明地区为害玉兰、垂丝海棠、雪松。

雌成虫主要识别特征（图 2-11）：①蜡壳半球形，乳白色略带淡红，前端向前突出 1 锥状蜡角，蜡壳有厚的蜡质向上翻卷形成缘褶，缘褶与蜡背交界处有蜡芒；②虫体椭圆或近圆形，淡红色至暗红色，触角 6 节，触角间毛 2~3 对，足小，胫跗关节不硬化；③前、后气门凹间约有缘毛 2~4 根，气门凹宽，气门刺短粗圆锥形，多集成不规则的 4~5 列，每群气门刺 34~78，并向背延伸；④管状腺少，稀疏分布在触角前和腹面体缘；⑤肛突长锥形，强烈硬化。

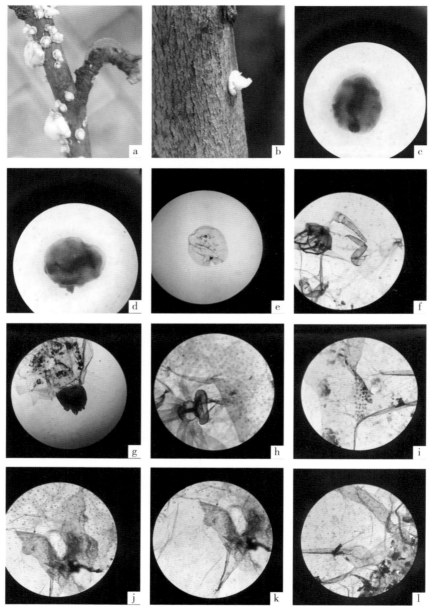

图 2-11　角蜡蚧 *Ceroplastes ceriferus*

a. 为害照；b. 雌成虫；c. 雌成虫去蜡壳背面观；d 雌成虫去蜡壳腹面观；

e. 雌成虫玻片图；f. 触角及足；g. 肛突；h. 胸气门、气门腺路及五孔腺群；

i. 气门刺；j. 多孔腺；k. 管状腺；l. 管状腺

藤壶蜡蚧 *Ceroplastes cirripediformis* Comstock

蜡蚧科 **Coccidae**　蜡蚧属 *Ceroplastes*

国内分布于云南、福建；国外分布于亚洲、美洲、欧洲等多个国家和地区。多食性蚧虫，寄主植物众多。在昆明地区为害珊瑚樱 *Solanum pseudocapsicum*。昆明市新纪录种。

雌成虫主要识别特征（图 2-12）：①蜡壳污白至灰白色，周缘蜡较厚，背面观大多为圆形或椭圆形，背面常隆起很高；②虫体椭圆形，触角 7 节，触角间具 1 对长毛，1 对短毛；③足 3 对，分节正常，胫跗关节硬化，爪下无小齿，爪冠毛 2 根，端部彭大为匙形，跗冠毛 2 根细长；④五孔腺形成 2~3 个腺宽的带状气门腺路，气门刺圆锥形，气门刺群非圆形分布，在气门洼处常集成 2~3 列，每气门洼刺 16~37 根，前后气门刺群不相接之间，其间有缘毛 6~15 根隔开；⑤背腹面亚缘区无丝腺。

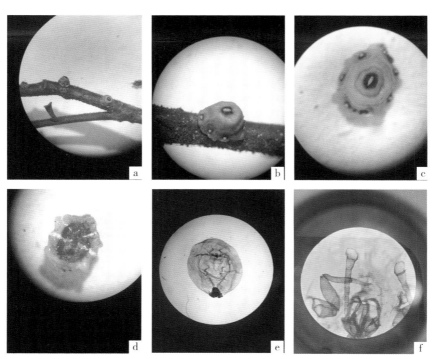

图 2-12　藤壶蜡蚧 *Ceroplastes cirripediformis*（一）

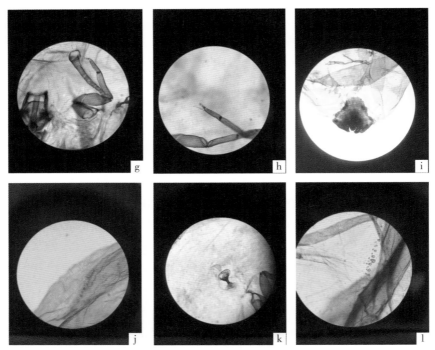

图 2-12　藤壶蜡蚧 *Ceroplastes cirripediformis*（二）

a.为害照；b.雌成虫；c.雌成虫及蜡壳背面观；d.雌成虫及蜡壳腹面观；
e.雌成虫玻片图；f.触角；g.足；h.胫跗节交汇处之硬化、跗冠毛及爪冠毛；
i.臀裂及肛板；j.缘毛；k.胸气门；l.气门刺

日本龟蜡蚧 *Ceroplastes japonicus*（Green）

蜡蚧科 Coccidae　蜡蚧属 *Ceroplastes*

广布种，世界性分布。多食性蚧虫，寄主植物众多。在昆明地区为害香樟 *Cinnamomum camphora*。

雌成虫主要识别特征（图 2-13）：①蜡壳半球形，灰白色，背部分块形成龟背状；②虫体椭圆形，触角 6 节，触角间毛 2~3 对，足小，分节正常；③气门腺路多由五孔腺组成宽带，气门刺短粗圆锥形，顶端尖锐，成群分布在气门凹内，并沿体缘向前后延伸，前、后气门刺群相连，在其间夹杂生有 5~6 根体缘毛与气门刺相间排列；④管状腺内管膨大，形成 1 列亚缘带。

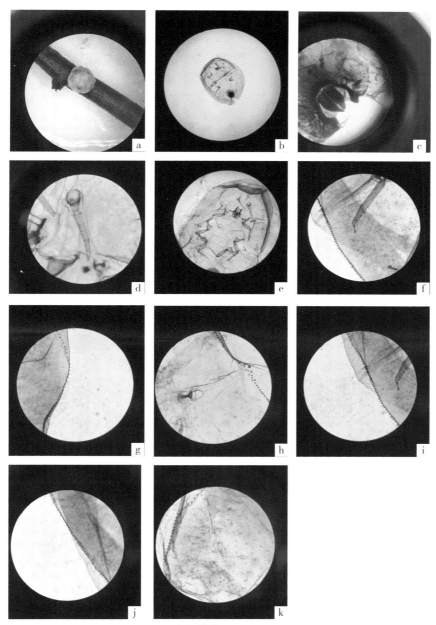

图 2-13 日本龟蜡蚧 *Ceroplastes japonicus*

a. 雌成虫；b. 雌成虫玻片图；c. 臀裂及肛板；d 触角；e. 足；f. 跗节、爪、跗冠毛及爪冠毛；g. 缘毛；
h. 胸气门、气门腺路及五孔腺群；i. 气门刺；j. 两气门刺之间排列的缘毛；k. 杯管腺

伪角蜡蚧 *Ceroplastes pseudoceriferus* Green

蜡蚧科 Coccidae 蜡蚧属 *Ceroplastes*

广布种，世界性分布。多食性蚧虫，寄主植物众多。在昆明地区为害八角金盘、海桐、垂丝海棠、三角枫 *Acer buergerianum*、山玉兰、玉兰、乐昌含笑 *Michelia chapensis*、竹柏 *Podocarpus nagi*、南天竺、雪松、滇润楠 *Machilns yunnanensis*、酸木瓜树 *Stauntonia chinensis*。

雌成虫主要识别特征（图 2-14）：①蜡壳白色，背面橙黄色，背面观近圆形，缘褶较厚，向上翻卷，背面略隆起，背顶前端有锥状蜡角向前突出；②虫体多为卵圆形，触角 6 节，第 3 节最长，胸足分节正常；③胸气门开口宽圆呈喇叭状，由五孔腺组成气门腺路，气门洼浅，刺较密，气门刺群呈非圆形分布，多集成不规则的 6~7 列，每群气门刺 68~91；④具长筒状之尾突，肛板位于尾突末端略呈三角形。

图 2-14 伪角蜡蚧 *Ceroplastes pseudoceriferus*（一）

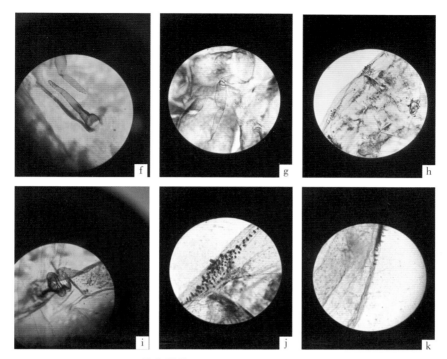

图 2-14　伪角蜡蚧 *Ceroplastes pseudoceriferus*（二）

a. 为害照；b. 雌成虫去蜡壳背面观；c. 雌成虫去蜡壳腹面观；d 雌成虫玻片图；e. 肛突；f. 触角；
g. 足；h. 管状腺；i. 胸气门、气门腺路及五孔腺群；j. 气门刺；k. 缘毛

红蜡蚧 *Ceroplastes rubens* Maskell

蜡蚧科 Coccidae　蜡蚧属 *Ceroplastes*

广布种，世界性分布。多食性蚧虫，寄主植物众多。在昆明地区为害常春藤、八角金盘 *Fatsia japonic*、雪松、山玉兰等。

雌成虫主要识别特征（图 2-15）：①蜡壳半球形，似红小豆，针叶树上寄生者蜡壳小于阔叶树，初为深玫瑰红色，后为暗红、紫红至红褐色；②虫体椭圆形，触角 6 节，触角间毛 2 对；③足小，胫跗关节愈合，体缘毛细，靠近腹面亚缘分布，气门刺成群分布，除最大刺粗圆锥状外，其余气门刺均为半球形、球形或麻栎子形；④多孔腺 10 孔，在阴区密布，管状腺无。

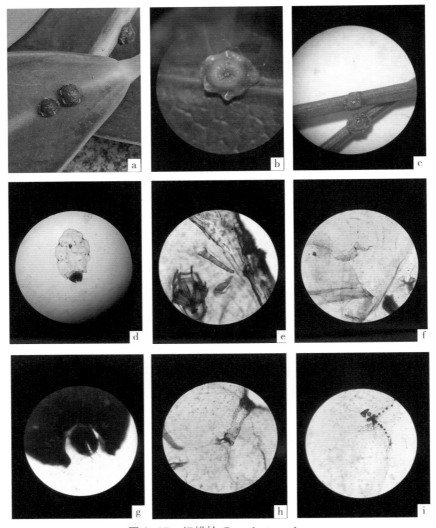

图 2-15　红蜡蚧 *Ceroplastes rubens*

a.常春藤上的雌成虫；b.八角金盘上的雌成虫；c.针叶树上的雌成虫；d.雌成虫玻片图；
e.触角；f.足；g.臀裂及肛板；h.胸气门、气门腺路及五孔腺群；i.气门刺

褐软蜡蚧 *Coccus hesperidum* Linnaeus

蜡蚧科 Coccidae　软蜡蚧属 *Coccus*

广布种，世界性分布。多食性蚧虫，寄主植物众多。在昆明地区为害鹅掌柴 *Schefflera octophylla*。

雌成虫主要识别特征（图 2-16）：①虫体较长，卵形、长卵形或长椭圆形，幼时浅黄褐、黄绿、绿或棕褐色等，老时褐色；②触角 7 节，偶有 8 或 9 节；触角间毛 2~3 对；③足纤细，胫跗关节处有小硬化斑，体缘毛细尖，少数分叉，顶常弯曲，缘毛间距不等；④气门腺路由五孔腺组成；⑤臀裂深，肛板合成正方形，前缘短于后缘，肛板端毛 4 对，腹脊毛 2 对，肛环位于肛板前方。

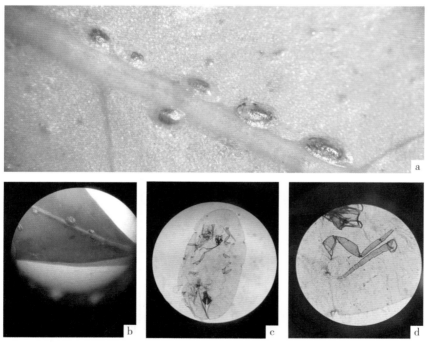

图 2-16　褐软蜡蚧 *Coccus hesperidum*（一）

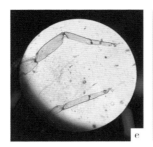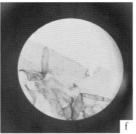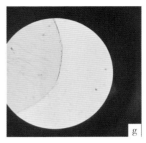

图 2-16　褐软蜡蚧 *Coccus hesperidum*（二）

a.栖息照；b.雌成虫；c.雌成虫玻片图；d 触角及足；e.跗跗节交汇处硬化斑、附冠毛及爪冠毛；
f.胸气门、气门腺路及气门刺；g.缘毛

白蜡蚧 *Ericerus pela*（Chavannes）

蜡蚧科 Coccidae　白蜡蚧属 *Ericerus*

资源昆虫之一。在国内分布于云南、陕西、江苏、浙江、福建、湖北、湖南、海南、辽宁、江西、广东、广西、贵州、四川、河南、山东、河北、重庆、西藏等省份；在国外分布于朝鲜、日本、欧洲等国家。寄主植物有冬青属、白蜡树属、漆树属、木槿属、女贞属等，在昆明地区为害小叶女贞 *Ilex ficoidea*。

雌成虫主要识别特征（图 2-17）：①体呈半球形，黄褐色而带不规则黑斑，死体体壁变硬，整体光亮暗褐色；②触角 6 节，第 3 节最长，触角间毛 2 对；③足小，分节正常，胫跗关节处无硬化斑，胫跗节几等长，爪有小齿；④体缘刺锥状，排列紧密，气门凹陷，气门刺成群，有时成双列，其中 2~4 根长于缘刺；⑤管状腺有大小 2 种，大的形成宽亚缘带，密布于触角至口器间，小的在胸、腹中部分布。

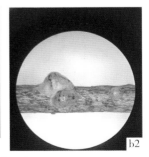

图 2-17　白蜡蚧 *Ericerus pela*（一）

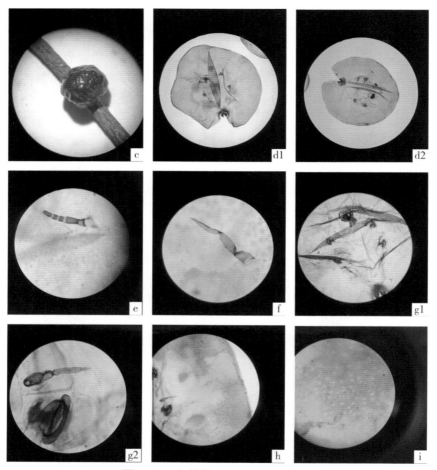

图 2-17 白蜡蚧 *Ericerus pela*（二）
a. 为害照；b. 雌成虫；c. 老熟雌成虫；d 雌成虫玻片图；e. 触角；f. 足；
g. 胸气门；h. 气门腺路及气门刺；i. 管状腺

月橘棉蜡蚧 *Pulvinaria neocellulosa* Takahashi

蜡蚧科 Coccidae　棉蜡蚧属 *Pulvinaria*

国内分布于云南（昆明）、上海、台湾；国外分布于日本。已记载寄主植物有珊瑚、杜鹃、重阳木、九里香、吴茱萸。云南省新纪录种，昆明地区新纪录种。在昆明地区为害黄连木 *Pistacia chinensis*、球花石楠 *Photinia glomerata*，这

两种寄主为月橘棉蜡蚧的新寄主。

雌成虫主要识别特征（图 2-18）：①体椭圆形，触角 7 节，第 3 节最长，触角间毛 3~4 对；②足正常，胫跗关节处有显著的硬化斑，胫节长于跗节，跗冠毛细，爪冠毛粗，顶端均膨大，爪无小齿；③体缘毛细尖，顶常弯曲，臀裂处缘毛较长，少数分叉；④气门腺路上五孔腺以 2~3 腺宽排列，多孔腺在阴门及全腹节上分布；⑤阴前毛 3 对，肛板三角形，前、后缘几等长，肛板端毛 4 根，肛环位于肛板前，肛环毛 6 根，肛环孔 2~3 列。

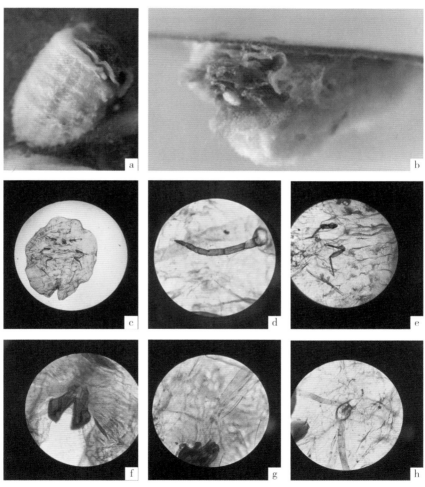

图 2-18　月橘棉蜡蚧 *Pulvinaria neocellulosa*（一）

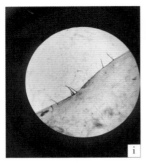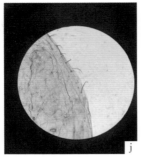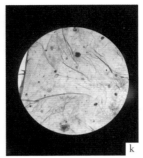

图 2-18　月橘棉蜡蚧 *Pulvinaria neocellulosa*（二）

a. 雌成虫；b. 雌成虫正面观；c. 雌成虫玻片图；d. 触角；e. 足；f. 肛板及肛环；
g. 阴前毛；h. 胸气门；i. 气门刺；j. 缘毛；k. 多孔腺

咖啡盔蜡蚧 *Saissetia coffeae*（Walker）
蜡蚧科 Coccidae　盔蜡蚧属 *Saissetia*

广布种，世界性分布。多食性蚧虫，寄主植物众多，在昆明地区为害雪松、苏铁 *Cycas revoluta*、鸭嘴花 *Adhatoda vasica*。

雌成虫主要识别特征（图 2-19）：①体椭圆形，幼期和前期雌成虫体扁平，硬化体黄褐色或黑褐色，具光泽，背面光滑并向上隆起，形如钢盔，腹面薄软并凹入，缘褶显著；②触角 8 节，第 3 节最长，偶有 6 或 7 节时，触角间毛 3 对；③足发达，胫跗关节有硬化斑；④体缘毛大多分叉，偶有细尖顶弯者；⑤气门腺路上五孔腺以 2 或 3 腺宽排列，管状腺形成亚缘带。

图 2-19　咖啡盔蜡蚧 *Saissetia coffeae*（一）

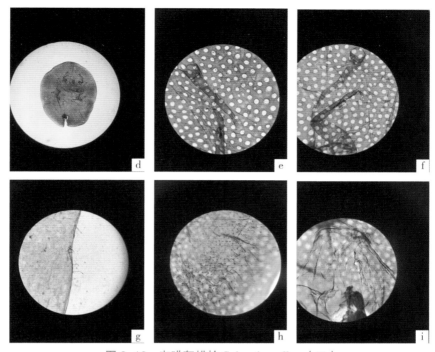

图 2-19　咖啡盔蜡蚧 *Saissetia coffeae*（二）

a. 为害照；b. 雌成虫；c. 年轻雌成虫；d 雌成虫玻片图；e. 触角；f. 足；

g. 气门刺及缘毛；h. 管状腺；i. 多孔腺

玫瑰白轮蚧 *Aulacaspis rosae*（Bouché）

盾蚧科 Diaspidae　白轮蚧属 *Aulacaspis*

广布种，世界性分布。已记载寄主植物有白兰花、玫瑰、复盆子、悬钩子、刺莓、梨、杨梅、杧果、椿、榆、雁来红、龙芽草、苏铁、月季、枇杷、臭椿、蔷薇等。在昆明地区为害三叶地锦。

雌成虫主要识别特征（图 2-20）：①雌介壳白色近圆形，微隆，2 个壳点位于边缘，第 1 壳点淡黄色，第 2 壳点橙黄或黄褐色；②触角圆瘤状，具 1 粗而弯曲的毛；③前气门周围约有 20 个盘状腺孔，后气门有 6~7 个盘状腺孔；④臀板三角形末端有深缺刻，宽大于长，中臀叶发达，互相接近，基部相轭连，内缘基部直，互相平行，端半部具向外倾斜的微细锯齿；第 2 与第 3 臀叶都分为 2瓣，每瓣都端圆，外瓣比内瓣略微小；⑤背腺管短粗，比边缘腺管略微小，围

阴腺孔 5 组：13-20/18-29/25-38。

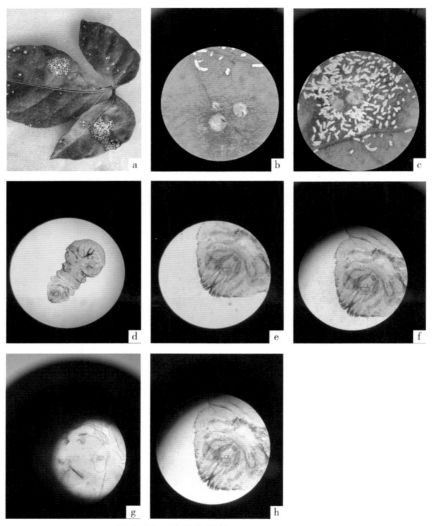

图 2-20　玫瑰白轮蚧 *Aulacaspis rosae*

a. 为害照；b. 雌介壳；c. 雄介壳；d. 雌成虫玻片图；e. 臀板；f. 臀叶；
g. 触角及前胸气门；h. 围阴腺孔

月季白轮蚧 *Aulacaspis rosarum* Borchsenius
盾蚧科 Diaspidae　白轮蚧属 *Aulacaspis*

国内分布于云南、上海、江苏、浙江、江西、福建、四川、广西、北京、安徽等，国外分布于印度、夏威夷群岛、赫布里底群岛、汤加、巴布亚新几内亚、波利尼西亚、斐济、库克群岛、新西兰等。已记载寄主植物有月季、蔷薇、玫瑰、黄刺梅、苏铁等。在昆明地区为害月季、香叶树 *Lindera communis*。

雌成虫主要识别特征（图 2-21）：①雌介壳阔卵形或近圆形，略隆起，白色，蜕皮在边缘上，深褐色；②触角瘤状，有 1 细毛；③前气门具 13 个左右盘状腺孔，后气门有约 6 个左右盘状腺孔；④臀板端部有中凹刻，中臀叶中等大小，沉入臀板凹刻内，互相接近而基部轭连，内缘基部直，互相平行，端半部突然向外倾斜，锯齿状，第 2、3 臀叶都分为两瓣，每瓣的端部圆，外瓣稍小于内瓣；⑤边缘腺管比背腺管稍长，肛门圆形，位于臀板近基部 1/3 处，围阴腺孔 5 组：12-24/30-50/25-40。

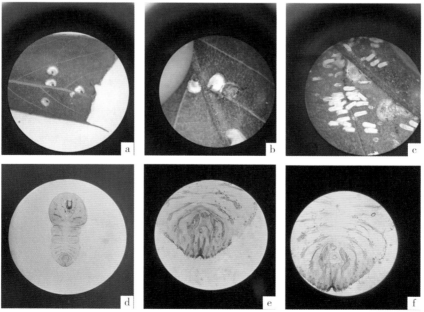

图 2-21　月季白轮蚧 *Aulacaspis rosarum*（一）

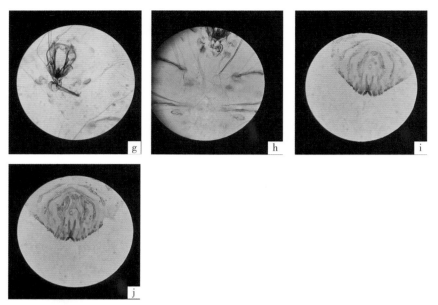

图 2-21 月季白轮蚧 *Aulacaspis rosarum*（二）

a. 雌成虫；b. 雌介壳及虫体；c. 雄介壳；d. 雌成虫玻片图；e. 臀板；f. 背腺管；g. 口器及触角；
h. 后胸气门及气门盘腺；i. 臀叶、腺刺、边缘腺管；j. 围阴腺孔

樟白轮蚧 *Aulacaspis yabunikkei* Kuwana
盾蚧科 Diaspidae 白轮蚧属 *Aulacaspis*

国内分布于云南、浙江、广东、台湾、湖南、江西；国外分布于日本。已记载的寄主植物有肉桂、樟、天竺桂、钩樟、黄肉楠、新木姜子、香油果、木姜子、钓樟等。在昆明地区为害天竺桂 *Cinnamomum japonicum*。

雌成虫主要识别特征（图 2-22）：①雌介壳圆形或近圆形，白色，不透明，薄，扁平或稍隆起，壳点 2 个，灰黄色，中脊黑色；②触角瘤状，具 1 弯曲的长毛；③前气门具盘状腺孔 10~25 个，后胸气门具 3~6 个盘状腺孔；④臀板阔，三角形，后缘中央有 1 深凹刻；中臀叶基部轭连，坚厚狭长，第 2 臀叶和第 3 臀叶都分为 2 瓣，每瓣端圆或略呈截形；⑤围阴腺孔 5 组：8-11/15-31/13-28。

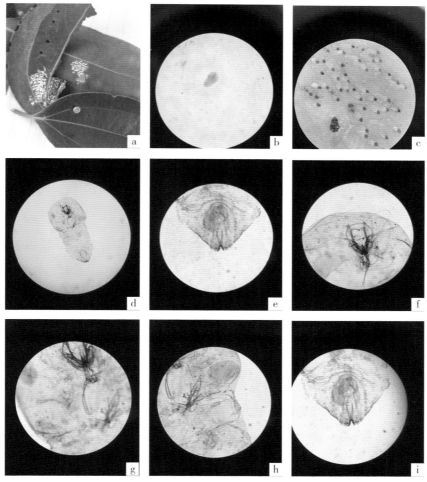

图 2-22　樟白轮蚧 *Aulacaspis yabunikkei*
a.雌介壳及雄介壳；b.雌成虫去介壳虫体；c.雄介壳；d.雌成虫玻片图；
e.臀板；f.口器及触角；g.前胸气门及气门盘腺；h.后胸气门及气门盘腺；i.臀叶及围阴腺孔

苏铁白轮蚧 *Aulacaspis yasumatsui* Takagi
盾蚧科 Diaspidae　白轮蚧属 *Aulacaspis*

国内分布于云南、香港；国外分布于泰国、新加坡、法国、美国、夏威夷群岛、维尔京群岛、波多黎各别克斯岛、开曼群岛等。已记载寄主植物为苏铁。

在昆明地区为害苏铁。

雌成虫主要识别特征（图 2-23）：①雌介壳白色，有时半透明，形状多变，为梨形、贝形、椭圆形、扁圆形等，壳点头端生，浅黄；②触角圆瘤形，具 1 粗而弯曲的毛；③前气门周围约有 12 个盘状腺孔，后气门有 5~6 个盘状腺孔；④中臀叶发达，互相接近，基部相轭连，端半部呈微细的锯齿状突然向外倾斜，第 2 与第 3 臀叶都分为 2 瓣，每瓣端部圆，外瓣略微小于内瓣；⑤背腺管短粗，比边缘腺管略微小，围阴腺孔 5 组：11-15/27-33/25-30。

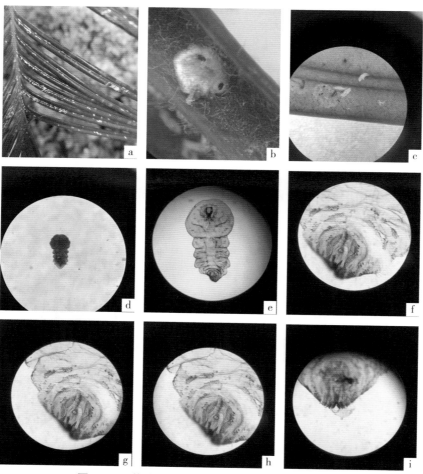

图 2-23　苏铁白轮蚧 *Aulacaspis yasumatsui*（一）

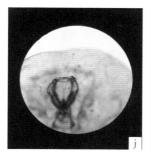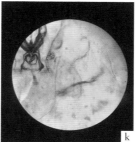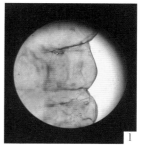

图 2-23　苏铁白轮蚧 *Aulacaspis yasumatsui*（二）

a. 为害照；b. 被寄生雌介壳；c. 雄介壳及雌介壳；d. 雌成虫虫体；e. 雌成虫玻片图；f. 臀板；
g. 围阴腺孔；h. 背腺管；i. 臀叶；j. 口器及触角；k. 前胸气门及气门盘腺；l. 后胸气门及气门盘腺

白轮蚧 *Aulacaspis* sp.

盾蚧科 **Diaspidae**　白轮蚧属 *Aulacaspis*

待定种，在昆明地区为害五叶地锦 *Parthenocissus quinquefolia*、爬山虎 *Parthenocissus tricuspidata*。

雌成虫主要识别特征（图 2-24）：①雌成虫介壳圆形，白色，2 个暗褐色壳点，位于中央或边缘；②触角瘤状，上有 1 弯曲的长毛；③前气门盘状腺孔约 16 个，后气门盘状腺孔约 7 个；④臀板阔，三角形，臀叶 3 对很发达，中叶较细长，内陷深，内凹明显，内缘前半平行，端半叉开并具细齿，第 2 和第 3 叶均 2 分；⑤背腺管分布在第 3~6 腹节上，围阴腺孔 5 组：15-23-20。

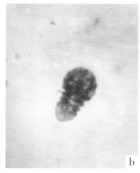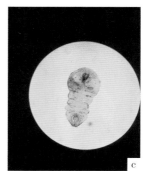

图 2-24　白轮蚧 *Aulacaspis* sp.（一）

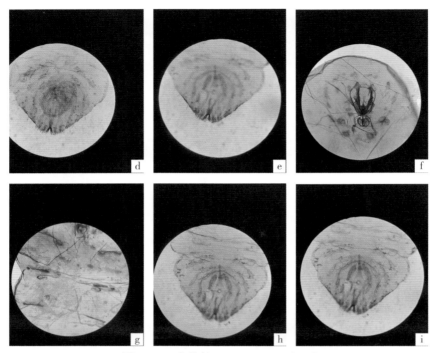

图 2-24 白轮蚧 *Aulacaspis* sp.（二）

a.雌介壳；b.雌成虫去介壳虫体；c.雌成虫玻片图；d.臀板；e.臀叶；f.口器、触角及前胸气门；
g.后胸气门及气门盘腺；h.背管腺；i.围阴腺孔

桂齐盾蚧 *Chionaspis osmanthi*（Ferris）

盾蚧科 Diaspidae   雪盾蚧属 *Chionaspis*

国内分布于云南、台湾，国外无分布。寄主：桂花。昆明地区新纪录种。

雌成虫主要识别特征（图 2-25）：①雌介壳长形，前端稍尖，蜕皮偏在前端，第 1 蜕皮微微伸出介壳外，白色，蜕皮壳黄色，体长，略呈纺锤形或梨形，长约为宽度的 2 倍；②触角瘤形，有 1 长毛，前后气门有盘状腺孔；③臀板有 3 对臀叶，中臀叶中等阔，基部轭连，端钝尖，内侧缘锯齿状，第 2 臀叶短小，分为 2 瓣，基部连 1 对小的厚皮棒，第 3 臀叶比第 2 臀叶小；④肛门圆形，直径小于 1 个中臀叶的宽度，位置近臀板基部，有围阴腺孔 5 组：5-6/10-22/13-21。

图 2-25　桂齐盾蚧 *Chionaspis osmanthi*

a. 为害照；b. 雌介壳；c. 雌成虫玻片图；d. 臀板；e. 口器及触角；f. 前胸气门及气门盘腺；
g. 后胸气门及气门盘腺；h. 臀叶、腺刺及边缘腺管；i. 围阴腺孔

梅金顶盾蚧 *Chrysomphalus mume* Tang

盾蚧科 **Diaspidae**　金顶盾蚧属 *Chrysomphalus*

仅分布于云南，国外无分布。已记载寄主植物有梅、竹子，在昆明地区为害平安树。昆明地区新纪录种。

雌成虫主要识别特征（图 2-26）：①雌介壳金黄色，雌成虫体倒梨形；②触角瘤状，侧面具 1 毛；③臀板末端有 3 对臀叶，同形，内外各具 1 深缺刻，中臀叶最大，第 2 臀叶比中臀叶小 1 倍，第 3 臀叶更小，臀栉发达，中臀叶间 1 对，中臀叶和第 2 臀叶间 2 个，第 2、3 臀叶间 3 个，第 3 臀叶外 3 个；④臀板边缘有 5 对的厚皮棍存在于臀叶间；⑤肛门开口大，其纵径大于中臀叶长，围阴腺孔无。

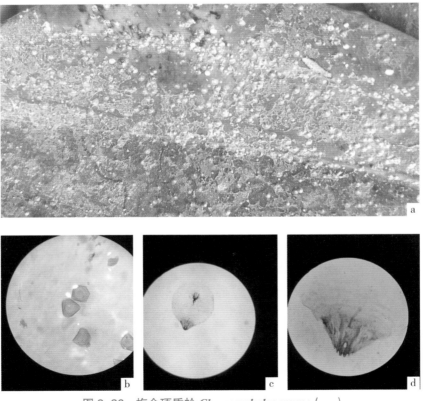

图 2-26　梅金顶盾蚧 *Chrysomphalus mume*（一）

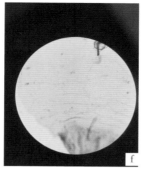

图 2-26　梅金顶盾蚧 *Chrysomphalus mume*（二）
a.为害照；b.雌介壳；c.雌成虫玻片图；d.臀板；e.前胸气门；f.后胸气门；
g.臀叶、臀栉、肛门

并盾蚧 *Pinnaspis* sp.
盾蚧科 Diaspidae　并盾蚧属 *Pinnaspis*

待定种，在昆明地区为害木兰科 Magnoliaceae 植物。

雌成虫主要识别特征（图 2-27）：①体狭长，分节显著，突出呈明显瓣状的是臀前腹节侧缘；②触角上具长粗毛；③前后气门盘状腺孔不存在；④臀板狭三角形，有 3 对发达臀叶，中臀叶小型且近乎直线内缘相靠近而基部轭连，有 2 或 3 个外缘凹刻存在，第 2 叶双分叶端圆，内、外分叶外形稍有不同，后者较短，第 3 臀叶不显著，有时退化成锯齿状；⑤围阴腺孔组分布如下：6-9/13-22/12-20。

图 2-27　并盾蚧 *Pinnaspis* sp.（一）

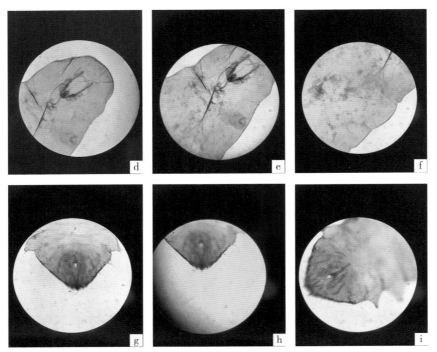

图 2-27 并盾蚧 *Pinnaspis* sp.（二）

a. 雌成虫玻片图；b. 臀板；c. 腹节侧瓣；d. 触角；e. 前胸气门；

f. 后胸气门；g. 背管腺；h. 肛臀叶、腺刺；i. 围阴腺孔

考氏白盾蚧 *Pseudaulacaspis cockerelli*（Cooley）

盾蚧科 Diaspidae   拟轮蚧属 *Pseudaulacaspis*

广布种，世界性分布。多食性蚧虫，寄主植物众多。在昆明地区为害山茶、茶梅 *Camellia sasanqua*、枸骨、杜鹃 *Rhododendron simsii*。

雌成虫主要识别特征（图 2-28）：①雌介壳长梨形或圆梨形，前窄后宽，白色，不透明，壳点 2 个，黄褐至橘褐色，雌成虫体形变化较大，狭纺锤形或阔梨形，臀前腹节侧缘突出成瓣状；②触角瘤状，具 1 毛，互相接近；③前气门有盘状腺孔约 8~12 个，后气门无；④臀板三角形，末端尖，中臀叶阔而端钝尖，突出臀板边缘，内缘端半部锯齿状，第 2 臀叶 2 分叶，很小，内瓣大于外瓣，外瓣基角有 1 对短小的厚皮棒；⑤围阴腺孔 5 组：4-18/13-24/14-29。

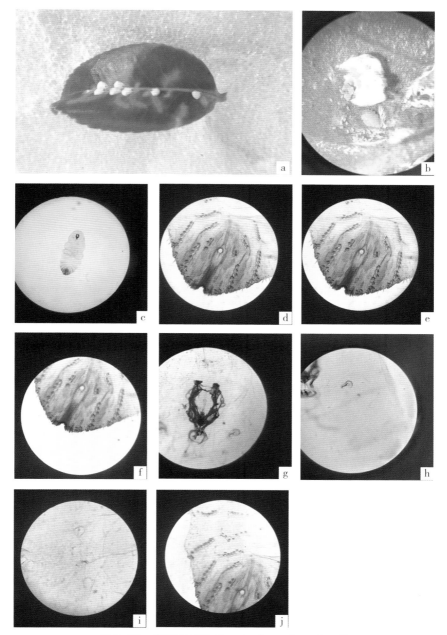

图 2-28　考氏白盾蚧 *Pseudaulacaspis cockerelli*

a. 考氏白盾蚧雌成虫为害茶梅叶片；b. 山茶叶片上雌成虫虫体、介壳及卵；c. 雌成虫玻片图；d. 臀板；
e. 围阴腺孔；f. 臀叶、腺刺及边缘腺管；g. 口器及触角；h. 前胸气门及气门盘腺；i. 后胸气门；j. 背管腺

桑拟轮蚧 *Pseudaulacaspis pentagona*（Targioni-Tozzetti）

盾蚧科 **Diaspidae**　拟轮蚧属 *Pseudaulacaspis*

广布种，世界性分布。多食性蚧虫，寄主植物众多。在昆明地区为害紫叶李 *Prunus Cerasifera*。

雌成虫主要识别特征（图 2-29）：①雌介壳圆形或椭圆形，白、黄白或灰白色，隆起，壳点 2 个，第 1 壳点淡黄色，第 2 壳点红棕或橘黄色，雌成虫虫体阔，呈倒梨形，腹部分节明显，具圆形瓣状的侧缘；②触角尖瘤状，互相接近，具 1 短粗、弯曲的毛；③前气门有 1 群盘状腺孔约 6~17 个，后气门无盘状腺孔；④中臀叶三角形极发达，长宽接近，内缘和外缘各有 3 个较钝的缺刻，第 2 臀叶 2 分叶，内缘长于宽，外瓣很小，第 3 臀叶呈两齿状突出；⑤背腺管粗短，边缘斜口腺管和背腺管一样大小，有少数小腺管分布在腹面亚缘，围阴腺孔 5 组，数目变化大，为 17-20/27-48/25-55。

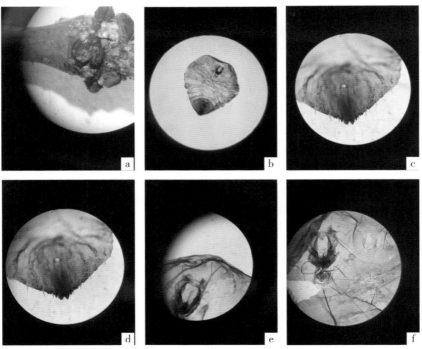

图 2-29　桑拟轮蚧 *Pseudaulacaspis pentagona*（一）

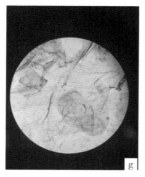

图 2-29 桑拟轮蚧 *Pseudaulacaspis pentagona*（二）

a. 为害照；b. 雌成虫玻片图；c. 臀板；d. 臀叶及腺刺；e. 触角；
f. 前胸气门及气门盘腺；g. 后胸气门；h. 背管腺；i. 围阴腺孔

二、昆明地区园林常见蚧虫分种检索

为便于园林生产上对昆明地区园林常见蚧虫的识别，根据雌成虫介壳和虫体的形态特征，对昆明地区园林常见的 29 种蚧虫进行了分种检索表的编制，具体如下。

昆明地区园林常见蚧虫分种检索表

1. 雌成虫具腹气门 ·· 2

1. 雌成虫无腹气门 ·· 4

2. 腹部腹面多孔盘腺密集成一整圈环带；腹气门 2 或 3 对 ··························· 3

2. 腹部腹面多孔盘腺不集成环带；腹气门 7 对；触角 7 节；体背和腹面生有很多数目的毛和刺毛 ··· 草履硕蚧 *Drosicha corpulenta*

3. 雌成虫卵囊不分裂；但有明显平行的纵沟纹；虫体背面蜡丝短而少，且不明显 ·········
··· 吹绵蚧 *Icerya purchasi*

3. 雌成虫卵囊分裂；虫体背面具稠密且长而细的蜡丝 ·····································
··· 银毛吹绵蚧 *Icerya seychellarum*

4. 雌成虫无臀板及蜡壳；有肛环 ··· 5

4. 雌成虫具发达的臀板及蜡壳；蜡壳上有蜕皮壳，足与触角退化；无肛环 ········· 20

5. 雌成虫腹末端无臀裂及肛板，如有则具 8 字腺 ·· 6

5. 雌成虫腹末端有臀裂及肛板，无 8 字腺；臀裂发达，肛板 2 块，极少数无 ········· 11

6. 雌成虫无 8 字腺 ·· 7

6. 雌成虫有 8 字腺 ··· 10

7. 雌成虫常具 3 孔腺、刺孔群、腹裂和背裂；管状腺端部开口不呈明显的凹口状，且管状腺较细小；虫体背面和体缘如有刺则很小而细；臀瓣小或不明显 ······ 8

7. 雌成虫无 3 孔腺、刺孔群、腹裂和背裂；管状腺端部开口呈明显的凹口状，且管状腺较粗而长大；虫体背面和体缘具有发达的圆锥形刺；臀瓣发达呈圆柱状 ······ 9

8. 刺孔群 18 对 ······ 日本臀纹粉蚧 *Planococcus kraunhiae*

8. 刺孔群 17 对 ······ 康氏粉蚧 *Pseudococcu comstocki*

9. 臀瓣内缘光滑 ······ 榴绒蚧 *Eriococcus lagerostroemiae*

9. 臀瓣内缘有齿状突起 ······ 竹绒蚧 *Eriococcus onukii*

10. 8 字腺和管状腺在体缘呈带状分布，背面偶见 8 字腺分布；通常体外具球状或囊状硬蜡壳覆盖，壳背上有管状突 ······ 日本壶链蚧 *Asterococcus muratae*

10. 8 字腺和管状腺的分布不局限于在体缘，背面常见有 8 字腺分布；通常体外之蜡质分泌物形状各异，壳上亦无管状突 ······ 刺蜡壶蚧 *Cerococcus echinatus*

11. 气门刺 3 根，其中央一根显著长和大于其他 2 根 ······ 12
气门刺多于 3 根 ······ 14

12. 雌成虫在产卵期常不分泌白色絮状卵囊 ······ 13

12. 雌成虫在产卵期分泌白色絮状卵囊 ······ 月橘棉蜡蚧 *Pulvinaria neocellulosa*

13. 雌成虫扁平，虫体背面不强烈向上隆起 ······ 褐软蜡蚧 *Coccus hesperidum*

13. 雌成虫体背面强烈向上隆起，常呈半球形，球形 ······ 咖啡盔蜡蚧 *Saissetia coffeae*

14. 雌成虫虫体外有龟壳状蜡壳 ······ 15

14. 雌成虫虫体外无龟壳状蜡壳；虫体呈球形或半球形，裸露 ······ 白蜡蚧 *Ericerus pela*

15. 胸足退化，胫跗关节融合；气门刺半球形和子弹形 ······ 红蜡蚧 *Ceroplastes rubens*

15. 胸足发达，各分节正常 ······ 16

16. 前足基节附近无多孔腺 ······ 红帽蜡蚧 *Ceroplastes centroroseus*

16. 前足基节附近有多孔腺 ······ 17

17. 前后气门刺群相接，有 2~8 根缘毛与气门刺相间 ··· 日本龟蜡蚧 *Ceroplastes japonicus*

17. 前后气门刺群不相接，其间有 6~15 根缘毛将两群刺隔开 ······ 18

18. 肛突明显，向外伸出 ······ 19

18. 肛突短，不向外伸出 ······ 藤壶蜡蚧 *Ceroplastes cirripediformis*

19. 气门洼刺稀疏，4~5 列，每群气门刺 34~78 根 ······ 角蜡蚧 *Ceroplastes ceriferus*

19. 气门洼刺较密，6~7 列，每群气门刺 68~91 根 ··· 伪角蜡蚧 *Ceroplastes pseudoceriferus*

20. 雌介壳圆形，壳点在蜡壳中部；雌成虫臀板侧臀叶单一，常具臀栉，管腺常单环且一般细长 ······ 梅金顶盾蚧 *Chrysomphalus mume*

20. 雌介壳长形，壳点在头端突出或在壳边突出；雌成虫臀板侧臀叶多数双分，少数单

第三节　园林主要蚧虫发生规律

一、伪角蜡蚧 *Ceroplastes pseudoceriferus*

　　伪角蜡蚧是半翅目同翅亚目蜡蚧科昆虫，多年来一直为害昆明市多种园林植物。该虫往往附着在寄主植物的枝条上，吮吸汁液，导致寄主衰弱，影响其生长及结实，严重影响了园林植物的观赏价值。该虫在国外分布于日本、印度、斯里兰卡、孟加拉国、朝鲜、韩国等国家；在国内分布于上海、江苏、浙江、湖北、湖南、福建、台湾、广东、广西、四川、云南等省份；云南省分布于昆明、玉溪、曲靖、普洱、西双版纳。其寄主植物众多，韩国学者曾报道其寄主植物有 34 科 66 种，根据最新资料，伪角蜡蚧寄主植物有 44 科 129 种。国内和国外都曾将该虫误认作角蜡蚧 *Ceroplastes ceriferus*。有学者认为，该虫区别于角蜡蚧的形态特征是：虫体呈长椭圆形而非宽椭圆形，肛板接近三角形而非肾形，尾突较长，近似顶端细的筒状而非顶端钝的圆锥形。然而，普遍接受的观点是伪角蜡蚧两个前胸气门凹陷之间约有 40 个缘生的刚毛状刺，这种刚毛状刺在前、后胸气门凹陷之间约有 10 个，每个气门凹陷处约有 130 个气门刺。而角

蜡蚧两个前胸气门凹陷之间约有 10 个缘生的刚毛状刺，这种刚毛状刺在前、后胸气门凹陷之间约有 3 个，每个气门凹陷处约有 54 个气门刺。

调查发现，昆明市区有 9 科 18 种园林植物受到伪角蜡蚧为害，松科 Pinaceae 的雪松 *Cedrus deodara*，樟科 Lauraceae 的樟 *Cinnamomum camphora*、阴香 *C. burmannii*、滇润楠 *Machilus yunnanensis*，无患子科 Sapindaceae 的复羽叶栾树 *Koelreuteria bipinnata*，木兰科 Magnoliaceae 的球花含笑 *Michelia sphaerantha*、云南含笑 *M. yunnanensis*、乐昌含笑 *M. chapensis*、云南拟单性木兰 *Parakmeria yunnanensis*、荷花玉兰 *Magnolia grandiflora*、紫玉兰 *Yulania liliiflora*、玉兰 *Y. denudata*，五加科 Araliaceae 的常春藤 *Hedera sinensis*、八角金盘 *Fatsia japonica*，夹竹桃科 Apocynaceae 的夹竹桃 *Nerium oleander*，槭树科 Aceraceace 的三角槭 *Acer buergerianum*，悬铃木科 Platanaceae 的悬铃木 *Platanus acerifolia*，以及杨柳科 Salicaceae 的垂柳 *Salix babylonica* 等。对照最新的伪角蜡蚧寄主植物资料，此次调查在我国首次报道了伪角蜡蚧的 12 种新寄主植物，即樟、阴香、滇润楠、复羽叶栾树、球花含笑、云南含笑、乐昌含笑、云南拟单性木兰、紫玉兰、八角金盘、夹竹桃和垂柳。从科的情况来看，增加了松科和杨柳科，将伪角蜡蚧寄主植物所隶属的 44 科增加到 46 科；从种的情况来看，将原先统计的 129 种寄主植物增加到 144 种（有 3 种不是初次报道，曾被朱恒桢报道过，据中国植物主题数据库，有 2 种为同物异名）。

雌成虫短椭圆形，长 2.06~3.68mm，宽 0.99~2.59mm，蜡壳白色，周缘具角状蜡块：前端 3 块，两侧各 2 块，后端 1 块，圆锥形较大如尾；触角 6 节，第 3 节最长；足短粗，体紫红色。未发现雄成虫。卵椭圆形，长 0.3mm，红褐色。初孵若虫扁椭圆形，长 0.43~0.55mm，黄褐色；2 龄出现蜡壳，前端具 3 个蜡突，两侧各 4 个，后端 2 个；体长 0.55~0.63mm；3 龄若虫红褐色，体长 0.69~2.06mm、宽 0.35~0.99mm。

伪角蜡蚧在昆明地区 1 年发生 1 代，以 2~3 龄若虫在寄主枝条上越冬。越冬前虫体很小，越冬期生长缓慢，开春后迅速增大，越冬若虫于 5 月进入成虫期，7 月开始孕卵，8 月产卵，9 月为若虫孵化及涌散期，若虫从母体内爬出，固定在枝干上，1 周左右有蜡质生成；9 月中下旬蜡质分泌加快，蜡壳增厚，进入 2 龄若虫期；10~11 月虫体生长缓慢，部分虫体进入 3 龄，12 月至翌年 2 月为越冬期。

二、红帽蜡蚧 *Ceroplastes centroroseus*

红帽蜡蚧隶属于半翅目同翅亚目蜡蚧科，是为害园林植物的重要害虫。主

要通过人为活动进行传播。该虫作为我国发表的第一种蜡蚧新种，国外尚未有关于该虫的分布报道，国内分布于湖北、浙江、四川、贵州、云南 5 省，而在云南，主要分布在昆明、师宗、双柏、玉溪、通海、峨山、马龙等地。其寄主植物共有 7 科 9 种，分别为苏铁 *Cycas revolute*、茶树 *Camellia sinensis*、油茶 *C. oleifera*、柑橘 *Citrus reticulata*、橙 *C. junos*、丝兰 *Yucca smalliana*、云南松 *Pinus yunnanensis*、苹果 *Malus pumila*、板栗 *Castanea mollissima*。但目前仅有云南松的受害情况被报道，并且受害程度较为严重，1996 年在四川攀枝花地区调查发现 90% 的云南松受到该虫的为害。该虫主要通过刺吸式口器吸食汁液从而对植物的地上部分造成为害，轻则树势衰弱，重则整株死亡；通过刺吸式口器还可以传播病毒，诱发病毒病；同时该虫分泌的蜜糖，还可以诱发煤污病，导致寄主植株叶片发黑，对植物的生长和观赏价值产生了不良影响。

红帽蜡蚧的形态特征：雌成虫蜡壳呈宽椭圆形，长 3.30~4.09mm，宽 3.00~3.70mm，背面微微隆起，具有明显的两色界限，边缘呈白色或灰白色，背面中部橙红色。雌成虫虫体初期为淡黄色，成熟后为棕色，长 2.45~3.50mm，宽 1.50~2.21mm；背皮上具有 6~7 个瘤突，通常两侧各具有 3 个；尾突较短，在尾突周围的背皮硬化程度较高；触角发达，共 6 节，第三节最长；足发达。未发现雄成虫。卵长椭圆形，红棕色，长 0.27~0.31mm，宽 0.13~0.17mm，平均卵长为 0.29mm，平均卵宽为 0.15mm。1 龄若虫体色呈黄褐色，扁椭圆形，体长 0.35~0.41mm，体宽 0.17~0.22mm，触角长 0.06~0.10mm，平均体长 0.38mm，平均体宽 0.20mm，触角平均长度为 0.08mm。

生活史：在昆明地区，红帽蜡蚧 1 年发生 1 代，以雌成虫在寄主植物的枝叶上越冬，体表被有红白色界限分明的蜡壳，虫体为深棕红色，第 2 年 3 月初开始为害，5 月下旬开始产卵，7 月中旬结束，6 月为产卵高峰期，每头雌成虫的平均产卵量为 430 粒，7 月上旬至 7 月下旬为若虫孵化期，7 月中旬为孵化高峰期，7 月中旬至 7 月下旬为若虫涌散期，7 月下旬开始固定分泌蜡质，进入 1 龄若虫期，一直持续到 8 月初，8 月上旬至 8 月下旬为 2 龄若虫期，8 月下旬至次年 5 月为成虫期。

三、考氏白盾蚧 *Pseudaulacaspis cockerelli*

考氏白盾蚧隶属于半翅目同翅亚目盾蚧科，别名贝形白盾蚧、广菲盾蚧、椰子拟轮蚧、全瓣臀凹盾蚧等，具有食性杂、分布广、繁殖能力强的特点，是一种重要的园林植物害虫。该虫在国外主要分布在亚洲的朝鲜、泰国、日本、缅甸、印度、马来西亚等国；大洋洲的澳大利亚；北美洲的美国等。在国内则

主要分布在福建、云南、广东、广西等省份。该虫以刺吸式口器吸食植物汁液，引起植物生长不良，叶片脱落，树势衰弱，甚至造成寄主植物死亡，同时还可以传播病毒病。1942 年第一次在美国佛罗里达州被发现，1953 年首次在加利福尼亚州被描述。该虫对观赏植物的为害呈逐年上升的趋势，1971 年在佛罗里达州其寄主植物共有 50 种，1976 年就超过 100 种寄主植物受害。其寄主植物众多，包括山茶 *Camellia japonica*、杜鹃 *Rhododenron simsii*、八仙树 *Hydrangea macrophylla*、夹竹桃 *Nerium indicum*、秋茄 *Kandelia candel* 等 40 余科 100 多种。在昆明该盾蚧主要为害山茶和茶梅 *Camellia sasanqua*。

形态特征：雌成虫介壳长梨形，雪白色，具 2 个蜕皮壳，位于介壳前端，灰黄色或黄褐色。雌成虫体纺锤形，黄色，长 0.77~2.46mm，宽 0.46~1.17mm；中后胸宽于前胸；臀板顶端凹陷，臀叶 3 对，中臀叶呈马鞍形，基部有 1 对细毛，第 3 对臀叶中央稍有凹口。卵长椭圆形，淡黄色，长 0.26~0.28mm，宽 0.12~0.13mm。

年生活史：在昆明地区考氏白盾蚧 1 年发生 2 代，以受精的雌成虫在寄主植物上越冬。越冬雌成虫 3 月中旬开始产卵，4 月上旬为产卵盛期。每雌产卵 36~142 粒。3 月下旬卵开始孵化为若虫，至 5 月上旬孵化结束。初孵若虫活跃，在寄主植物上爬行迅速。5 月中旬开始在寄主植物上固定分泌蜡丝覆盖虫体，进入 2 龄，至 6 月中旬结束。6 月上旬雌若虫经过两次蜕皮后进入成虫期，同时出现有翅雄成虫，交尾一直持续到 7 月中旬。第 2 代 7 月中旬开始产卵孵化，产卵量为 18~53 粒，7 月下旬至 8 月中旬为 1 龄若虫期，8 月中旬至 9 月上旬为 2 龄若虫期，9 月上旬至 10 月上旬为雄虫羽化期，羽化后寻找雌虫交尾，交尾后即死亡，以受精的雌成虫越冬。

第四节　园林蚧虫的监测及防控

一、蚧虫的监测

对园林蚧虫进行监测，其目的是监测园林生态系统中蚧虫的发生及为害状况，为害虫的控制提供依据。本文以伪角蜡蚧为例，拟定园林蚧虫的监测草案。

1. 监测内容

伪角蜡蚧监测分为常规监测和重点监测。常规监测即伪角蜡蚧为害调查；重点监测的内容包括新寄主确认、受害寄主标记及受害程度调查等。

2. 监测方案

在辖区内实行 1 年 2 次的常规监测，分别在 4~5 月和 9~10 月进行，监测

方法主要为踏查法。该方法适用于公园、行道树、学校等公共区域绿地，其具体操作是：在监测区域内，2~3名调查人员沿选择好的调查路线，观察并记录每株植物是否受到伪角蜡蚧为害，若有，则记录受害寄主所处的位置及受害程度（根据表2-1进行受害程度判断）。根据常规监测的结果确定是否需要进行重点监测。在常规监测时，若发现未见报道的新寄主受害，需要进行重点监测；对于常规监测中发现的伪角蜡蚧连片分布、数量众多的分布区域，需进行重点监测。对于疑似新寄主，需采集蚧虫标本，对其进行种类鉴定，根据形态特征，确定是伪角蜡蚧后，形成监测报告。对于伪角蜡蚧连片分布、数量众多的分布区域，应进行逐株调查，标记受害严重的寄主（根据表2-1进行受害程度判断）；并在8~9月份进行每周一次的巡园，观察和记录伪角蜡蚧雌成虫的孕卵高峰期、产卵高峰期以及初孵若虫涌散高峰期。

3. 监测报告

监测完成后需要形成监测报告（表2-2），内容包括监测的时间、地点、人员及分工、监测结果，明确此次监测是否发现新受害寄主、是否应采取防治、建议如何防治等。如发现当前的监测方案需要调整，应提出调整建议。

4. 实施监测所需要的材料及信息

（1）伪角蜡蚧为害特征及为害进程。伪角蜡蚧卵孵化后，1龄若虫在蜡壳下停留2~3天，于下午高温时段开始涌散，并快速寻找适合位置固定，15天左右即可在虫体表面形成白色蜡层，随着龄期变大，其蜡层也逐渐增大，对寄主的为害也逐渐增大（图2-30）。

图2-30　伪角蜡蚧在寄主枝条上为害

（2）伪角蜡蚧形态特征。根据以下特征进行伪角蜡蚧种类鉴定。雌成虫需具备的形态特征有：①雌成虫短椭圆形，长 2.06~3.68mm，宽 0.99~2.59mm，蜡壳白色，周缘具角状蜡块；②前端 3 块，两侧各 2 块，后端 1 块，圆锥形角大如尾，触角 6 节，第 3 节最长；③足短粗，体紫红色（图 2-31）。卵需要具备的形态特征有：椭圆形，长 0.3mm，红褐色（图 2-32）。1 龄若虫需具备的形态特征有：扁椭圆形，长 0.43~0.63mm，黄褐色（图 2-33）。2 龄若虫需具备的形态特征有：蜡壳前端具有 3 个蜡突（图 2-34），两侧 4 个，后端 2 个。3 龄若虫需具备的形态特征有：蜡壳前端具有 3 个蜡突，两侧各 3 个，后端 2 个（图 2-35）。

图 2-31　伪角蜡蚧雌成虫

图 2-32　伪角蜡蚧卵

图 2-33　初孵若虫

图 2-34　2 龄若虫

图 2-35　3 龄若虫

（3）伪角蜡蚧为害等级。结合伪角蜡蚧为害的实际情况，划分出轻度为害、中度为害、重度为害 3 个等级，对寄主而言，其受害等级则相应为轻度受害、中度受害及重度受害。具体划分标准见表 2-1。

表 2-1　伪角蜡蚧为害等级划分标准

为害等级	寄主受害特征
0	枝条上无伪角蜡蚧，枝条受害率为 0
I	伪角蜡蚧在枝条上零星分布，枝条受害率低于 10
II	伪角蜡蚧在枝条上少量连片分布，枝条受害率 11%~50%
III	伪角蜡蚧在枝条上连片分布，枝条受害率 50% 以上

（4）伪角蜡蚧常规监测调查。伪角蜡蚧常规监测调查表见表 2-2。

表 2-2　伪角蜡蚧常规监测调查表

调查时间	
调查人员及分工	
调查地点	
调查线路 1	
调查线路 2	
调查线路 3	
…	
受伪角蜡蚧为害的寄主编号	
为害等级	
处置建议	
调查结论	
备注	

二、蚧虫的防控

蚧虫以刺吸式口器吸食植物汁液造成直接为害，有些种类还可以分泌蜜露，诱发煤污病，对园林植物生长和城市卫生环境构成威胁。蚧虫体表大都有蜡质包裹，防治难度大，繁殖力强。

1. 蚧虫生态防控的思路

坚持治标与治本并举的原则，本着"早发现、早处置""精细管理、精准防治"的指导思想，根据园林蚧虫的发生特点和为害情况，采取综合防治措施，降低虫口密度，控制其为害与扩散蔓延，努力提高城市园林本身的自我控制能力，积极开发和利用天敌资源，逐渐实现生态控制。

2. 改造虫源地

对虫源地要进行改造，剪除受害枝条或伐除受害严重的林木，集中处理，适时补植补造。改善园林树木生长环境，加强水肥管理，增强树体抗虫能力。

3. 加强检疫工作

严禁从疫区调运苗木，调运途中发现蚧虫为害时，应及时进行药剂处理，防止扩散。

4. 监测与防治并重，根据监测结果实施防治

在园林蚧虫发生区进行虫情监测，如发现蚧虫为害，立即采取相应的防治措施。不同虫态、不同为害情况结合寄主植物的生长状况进行区别对待。成虫期以剪除受害枝叶或摘除虫体为主，对于耐修剪的园林植物，尽可能剪除受害枝叶，对于不耐修剪的则考虑摘除或破坏虫体。对轻中度为害且树体相对低矮的，对其上零星分布的蚧虫进行人工摘除；树体高大、不易进行人工摘除的，则剪除有蚧虫连片分布的枝条；对重度为害的，结合林木整形修剪，对树木进行截枝或更换新的林木。在重点监测时，一旦发现蚧虫进入到若虫涌散期，可进行每天1次的高压水枪冲洗，连续1~2周，或对严重受害的单株树木进行逐株用药防治。

5. 多种防治手段并用

定期巡园，及时处置：加强巡园工作，发现蚧虫为害时，单株为害（为害数量较少）的植株，可使用高枝剪进行修剪或人工摘除。

冬季修剪枝叶：大多数蚧虫固定在植物枝条或叶片上，对1~3年生枝条或是当年生叶片造成为害。12月至翌年3月（越冬期），结合林木整形修剪，剪除受害枝叶。同时收集剪除受害枝叶，集中堆放，用于收集天敌昆虫。

保护利用天敌：天敌在控制蚧虫种群数量上发挥重要作用，应积极保护和利用天敌，创造对其有利的园林生态系统条件。应严禁滥用化学农药，提倡无公害防治，以免大量杀伤天敌。

化学防治：根据不同蚧虫的生物学特性，对爆发为害的蚧虫进行逐株用药防治，可选用1500倍液20%吡虫啉、200倍液40%毒死蜱、2000倍液10%高效氯氟氰菊酯等进行注射用药或对枝条进行喷洒。防治时间是若虫涌散期。

6. 常见园林蚧虫的防治建议

（1）红帽蜡蚧防治建议。

加强园林植物的栽培管理，整形修剪；在6~7月若虫涌散期，可以使用高压水枪冲洗；结合园林植物的整形修剪为害较为严重的枝条，集中处理；在雌成虫产卵之前采用人工抹除的方法进行防治。

从其发生规律和为害特点来看，红帽蜡蚧以雌成虫越冬，由于雌成虫终生固定不动，该时期可结合整形修剪的方法，剪除受害枝条，集中销毁，从而降低越冬虫口基数，减轻次年为害。

6月和7月为该虫的若虫涌散期，此时期为使用化学防治的关键时期，由

于若虫体表不具蜡壳的保护，药品容易附着在虫体表面，此时期使用菊酯类或有机磷类等杀虫剂均有较好的防治效果，由于虫口分布上，阳面分布比阴面少，建议在喷施农药的过程中，阴面可加大喷施量。

应加强红帽蜡蚧寄生天敌的研究和利用，以改变过分依赖化学农药的现状，实现生态园林及生态城市建设。

（2）考氏白盾蚧防治建议。

检疫措施：蚧虫活动范围小，主要依靠苗木运输进行传播，加强检疫，能有效地防治蚧虫的传播。

园林管理措施防治：加强山茶等寄主植物的栽培管理，选育抗病品种，经常性地松土、施肥、除草，可以增强树势，提高寄主的抗虫能力，在春、冬季节，结合山茶的整形修剪，剪除受害较严重的枝条，以减少当代考氏白盾蚧的为害，减少下一代的虫源。

物理防治：6~7月为若虫涌散期，可用高压水枪冲洗，减少化学农药的污染；结合园林植物整形进行合理修剪受害较为严重的枝条，进行集中处理；对于受害较少，比较珍贵的园林植物，可采用人工抹除的方法进行防治。

化学防治：当受害寄主众多，防治工作量繁重时，可采用化学防治，3月下旬至5月上旬和7月下旬至8月中旬是防治该虫的关键时期，因为这时该虫还未分泌蜡质，生命力弱，采用毒死蜱、10%吡虫啉、噻嗪酮15%、杀扑磷5%均有较好的防治效果。

（3）伪角蜡蚧防治建议。

植物检疫：在引种和移栽前认真检疫，对病虫株进行处理后再移栽，可避免或减轻病虫的为害。

物理防治：在蚧虫发生不多时，可人工摘除或刷子刷除，剪除有虫枝并及时处理。9月，可采用高压喷水枪防治伪角蜡蚧初孵若虫。

生物防治：加强伪角蜡蚧天敌的研究和利用。

加强栽培管理，增强树势，提高寄主的抗虫能力；在春、冬季节，结合植物的整形修剪，剪除受害较严重的枝条，以减少下一代的虫源。

化学防治：9月为若虫孵化和涌散期，该时期若虫活动较快，表明无蜡质保护，是化学防治的最佳时期，可喷施拟除虫菊酯类杀虫剂，如20%甲氰菊酯乳油5000~6000倍、2.5%溴氰菊酯乳油2500~3500倍、10%顺式氯氰菊酯乳油2000倍液喷雾，还可用40%乐果1000倍液喷雾，40%杀扑磷1000倍液喷雾。在成虫期，蜡质较厚，抗药性增强，一般药液防治效果较差，可浇灌或根埋内吸杀虫剂。

第三章　其他刺吸类害虫

第一节　网蝽类

网蝽是网蝽科 Tingidae 昆虫的通称，隶属于半翅目 Hemiptera 异翅亚目 Heteroptera 臭虫次目 Cimicomopha，全世界已知约 260 属 2124 种，中国已知约 230 种，主要分布于浙江、贵州、福建、江西、湖南、广东、台湾等地。网蝽通过刺吸式口器吸食寄主植物叶片的汁液直接使叶片呈现斑驳状，影响植株的光合作用，产生的分泌物黏性大且具有很高的糖分，因此受害植株一般伴生很严重的煤污，造成间接为害，导致树势衰弱、造成落叶、开花数量降低，降低观赏价值的同时诱发的煤污病还严重影响卫生状况。网蝽多为植食性害虫，对一些园林绿化树种如樟科 Lauraceae、杜鹃花科 Ericaceae、木犀科 Oleaceae、蔷薇科 Rosaceae 等乔灌木造成为害。

一、园林常见网蝽种类

昆明地区园林植物上发现 5 种网蝽为害，分别是菱背网蝽属 Eteoneus 的星菱背网蝽 Eteoneus sigillatus Drake et Poor、冠网蝽属 Stephanitis 的华南冠网蝽 Stephanitis (Stephanitis) laudata Drake et Poor、杜鹃冠网蝽 Stephanitis (Stephanitis) pyriodes (Scott)、长脊冠网蝽 Stephanitis (Stephanitis) svensoni Drake，以及阿萨姆冠网蝽 Stephanitis (Stephanitis) assamana Drake et Maa。暂未发现检疫性害虫悬铃木方翅网蝽 Corythucha ciliata (Say)。

星菱背网蝽俗称桂花网蝽，在昆明仅为害桂花 Osmanthus fragrans。其主要识别特征：前胸背板简单，无头兜，前胸背板侧角圆弧状（图 3-1）。

华南冠网蝽在昆明为害樟科的 3 种树木，包括香樟 Cinnamomum camphora、云南樟 Cinnamomum glanduliferum 和檫树 Sassafras tzumu。其主要识别特征：有头兜，头兜被稀疏直立毛，侧面观呈椭圆囊状，侧背板后缘强烈向内弯，中纵脊稍高于头兜，侧纵脊长为中纵脊的 1/6（图 3-2）。

杜鹃冠网蝽仅为害杜鹃 *Rhododendron simsii*。其主要识别特征：有头兜，头兜无毛，侧面观头兜呈长椭圆形，侧背板后端圆形突出向内弯曲，中纵脊长和高与头兜略等，侧纵脊长为中纵脊的 1/4（图 3-3）。

长脊冠网蝽为害大叶樟 *Cinnamomum septentrionale* 和檫树。其主要识别特征：有头兜，头兜密被直立细毛呈椭圆形，侧背板后端圆形突出向内弯，中纵脊明显低于且略长于头兜（图 3-4）。

阿萨姆冠网蝽为害滇润楠 *Machilus yunnanensis*。其主要识别特征：有头兜，头兜被稀疏细毛呈卵圆形膨大，侧背板后缘弯曲，中纵脊近等长等高于头兜（图 3-5）。

表 3-1　昆明市园林常见网蝽形态特征测量

mm

网蝽种类	体长	体宽	触角长（Ⅰ：Ⅱ：Ⅲ：Ⅳ）	中纵脊长	侧纵脊长	前翅长	中域长
星菱背网蝽	3.06~3.33	1.21~1.38	0.15: 0.14: 0.70: 0.36	1.11~1.29	-	2.27~2.47	0.91~1.08
华南冠网蝽	3.13~3.72	1.64~2.13	0.21:0.11:1.35: 0.64	0.69~0.86	0.06~0.11	2.28~2.78	0.79~1.16
杜鹃冠网蝽	3.60~4.02	1.83~2.26	0.20: 0.11:1.26: 0.72	0.76~0.95	0.14~0.21	2.60~3.03	0.95~1.16
长脊冠网蝽	3.67~4.08	1.97~2.74	0.24: 0.12: 1.64: 0.64	0.78~0.94	0.26~0.48	2.65~3.21	0.93~1.34
阿萨姆冠网蝽	3.32~3.79	1.56~2.05	0.22: 0.11: 1.29: 0.72	0.68~0.87	0.14~0.30	2.44~2.75	0.97~1.19

图 3-1　星菱背网蝽（左雄右雌）
Eteoneus sigillatus

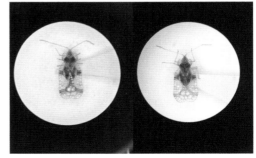

图 3-2　华南冠网蝽（左雄右雌）
Stephanitis (Stephanitis) laudata

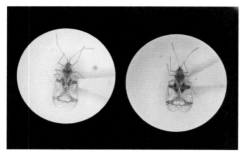

图 3-3　杜鹃冠网蝽（左雄右雌）
Stephanitis (Stephanitis) pyriodes

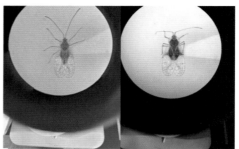

图 3-4　长脊冠网蝽（左雄右雌）
Stephanitis (Stephanitis) sevensoni

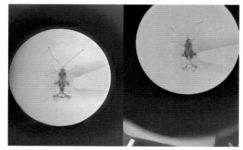

图 3-5　阿萨姆冠网蝽（左雄右雌）
Stephanitis (Stephanitis) assamana

二、昆明地区园林常见网蝽分种检索

为便于网蝽种类的识别，编制了昆明地区园林常见网蝽种类检索表。

昆明地区园林常见网蝽种类检索表

1. 前胸背板简单，无发达的头兜；侧背板不发达…………星菱背网蝽 *Eteoneus sigillatus*

1. 前胸背板常具显著的头兜；背板发达，成叶状扩展，或翻卷于背板之上……………… 2

2. 前翅端部分歧明显，头兜卵圆形…… 阿萨姆冠网蝽 *Stephanitis (Stephanitis) assamana*

2. 前翅端部分歧不明显……………………………………………………………………… 3

3. 侧纵脊极短小，为中纵脊的 1/6 ………… 华南冠网蝽 *Stephanitis (Stephanitis) laudata*

3. 侧纵脊相对较长，为中纵脊的 1/4 到 1/3 长 ……………………………………………… 4

4. 中纵脊背缘明显外弓，高于头兜；侧纵脊较短，未达到前胸背板中部横隆起处………
…………………………………………… 杜鹃冠网蝽 *Stephanitis (Stephanitis) pyriodes*

4. 中纵脊背缘低平，低于头兜；侧纵脊较长，伸达头兜后缘……………………………
………………………………………… 长脊冠网蝽 *Stephanitis (Stephanitis) sevensoni*

三、主要网蝽发生规律

从昆明地区园林网蝽的发生来看，星菱背网蝽发生普遍且最为严重，这与其寄主桂花在昆明数量众多有关；其次是杜鹃冠网蝽，寄主杜鹃数量众多，其主要用于园林绿化带，分布区域较窄，由于园林杜鹃皆为簇生，极易传播扩散，因此在发生区内为害特别严重；阿萨姆冠网蝽发生亦比较严重，但根据结果来看，其寄主滇润楠在郁闭度高的荫蔽处被害相对严重，而作为行道树却被害相对较轻，原因可能在于荫蔽处环境较差，植株抗性低，容易滋生病虫害，而行道区光线较足，植株抗性较好。从寄主范围而言，上述3种网蝽寄主都较为单一，极易爆发，所以为害都比较严重，而华南冠网蝽和长脊网蝽都为害多种樟树，寄主较为分散，因此相对较轻。为害比较严重的3种网蝽的发生规律如下。

1. 星菱背网蝽

星菱背网蝽仅为害桂花，主要在叶背面吸食汁液。在空间分布上，星菱背网蝽在桂花的北面上层为害最严重，单叶虫口平均密度为15.8头；在桂花东面上层为害最轻，单叶虫口密度为10.2头；除树冠西面受害程度上层和下层无差别，其余3个方位受害程度树冠上层均有差别，且南面和北面受害程度上层高于下层，东面则下层高于上层。星菱背网蝽在昆明1年发生7~8代，卵及成虫主要在桂花叶片及枯枝落叶中越冬。2月下旬越冬卵开始孵化、越冬成虫上树开始为害，3月中旬越冬成虫开始产卵，卵期约10天；3月上旬始见第1代若虫，若虫共5个龄期，若虫期约18.3天，完成1个世代约43.3天，存在世代重叠现象。越冬成虫始见于11月下旬，调查时发现12月中下旬仍能见到少数成若虫在叶片上为害。星菱背网蝽喜在桂花叶背面取食，越冬成虫出蛰后，雌成虫在叶片上取食2~3天后，开始交尾、产卵。交尾时，雌虫和雄虫大约呈45°夹角，雌虫用口针刺破叶背主脉，伸出产卵管插入刺破点产卵，卵埋藏于叶肉组织中，仅卵盖外露，产完卵后腹末分泌黑色的分泌物盖于卵盖上。每叶产卵量最多可达70~80枚。卵初孵化时，若虫头部将卵盖顶开，虫体慢慢从卵壳中钻出，几分钟后开始取食。取食后虫体先是仅头胸部为绿色，后整个虫体为黑绿色。若虫共5个龄期，1~5龄历期分别为3.2、3.3、3.1、3.5和5.3天，成虫耐饥饿时间约为2天，在喂食蜂蜜水的情况下可存活约4.8天。脱皮过程一般在1小时内完成，低龄若虫蜕皮后能明显见到虫体变绿的过程，高龄若虫取食量加大，虫体在很短的时间变黑。若虫活动能力弱，一般在固定处群集取食，成虫喜于新展叶片上产卵。因此随着为害的加重，桂花叶片的受害症状由叶片底部向上发展，老叶多整张发白枯黄。降雨对星菱背网蝽种群数量具有很大的

影响，6 月和 8 月发生的降雨使其种群数量大大减少。

2. 阿萨姆冠网蝽

阿萨姆冠网蝽主要在滇润楠叶背面吸食汁液对滇润楠造成为害。在空间分布上，阿萨姆冠网蝽的为害情况也不同，在滇润楠的南面下层为害最严重，单叶虫口平均密度为 12.2 头；在滇润楠东面上层为害最轻，单叶虫口密度为 10.2 头；树冠西面受害程度上层略高于下层，东面、西面和北面受害程度树冠下层均高于上层。阿萨姆冠网蝽在昆明 1 年发生 5~6 代，卵及成虫主要在滇润楠叶片及枯枝落叶中越冬。3 月上旬越冬卵开始孵化、越冬成虫上树开始为害，3 月中旬越冬成虫开始产卵，卵期约 9 天，3 月下旬始见第 1 代若虫，若虫 5 个龄期，若虫期约 17.6 天，完成 1 个世代约 43 天。阿萨姆冠网蝽世代重叠现象严重，除第 1 代发生较整齐外，后面的 2 个连续世代均出现重叠；同时，虫态重叠现象十分常见，几乎全年在发生季节内均能发现各个虫态。10 月以后，网蝽数量开始减少，11 月后进入越冬期。阿萨姆冠网蝽以成虫及若虫聚集于叶背面取食，卵产于滇润楠叶背面主脉的肉组织中，仅卵盖外露，上面覆盖 1 层黑色的分泌物，每叶产卵量最多可达 100 枚。若虫共 5 个龄期，1 至 5 龄历期分别为 3.1、3.1、3.1、3.4 和 4.8 天，成虫耐饥饿时间约为 2.5 天，在喂食蜂蜜水的情况下可存活约 5.4 天。

3. 杜鹃冠网蝽

杜鹃冠网蝽仅为害杜鹃，主要在其叶背面吸食汁液对寄主造成为害，在杜鹃的南面上层为害最严重，单叶虫口平均密度为 7.8 头；在杜鹃北面上层为害最轻，单叶虫口密度为 4.6 头；树冠南面和西面受害程度上层略高于下层，东面和北面受害程度树冠下层高于上层。杜鹃冠网蝽在昆明 1 年发生 5~6 代，卵及成虫主要在杜鹃叶片及枯枝落叶中越冬。3 月上旬越冬卵开始孵化、越冬成虫上树开始为害，3 月中旬越冬成虫开始产卵，卵期约 11 天，3 月下旬始见第 1 代若虫，若虫共 5 个龄期，若虫期约 17.6 天，完成 1 个世代约 46.4 天，杜鹃冠网蝽在昆明存在世代重叠现象，越冬成虫始见于 11 月下旬。杜鹃冠网蝽喜在杜鹃叶背面取食，卵产于杜鹃叶背面主脉的肉组织中，少数产于叶边缘，仅卵盖外露，上面覆盖 1 层黑色的分泌物。每叶产卵量最多可达 50~60 枚。若虫共 5 个龄期，1~5 龄历期分别为 3.9、3、2.9、3.1 和 4.7 天，成虫耐饥饿时间约为 2 天，在喂食蜂蜜水的情况下可存活约 7.1 天。刚孵化和蜕皮的若虫全身雪白色，随着虫体增长而颜色逐渐加深。若虫群集性强，不大活动，若虫、成虫常群集于叶主侧脉附近吸汁为害。杜鹃冠网蝽世代重叠现象严重，除第 1 代发生较整齐外，以后各种虫态并存，即全年整个发生季节均能发现各个虫态，每年 3~9 月为杜鹃冠网蝽发生为害的高峰期，高温干旱天气适宜该虫的发生。

四、网蝽的防治

网蝽世代历期短，1 年内发生代数较多，具有明显的世代重叠现象。昆明气候宜人，四季如春，城市内大量种植的樟科、杜鹃花科、木樨科等园林绿化树种，为网蝽的生长发育提供了适宜的气候条件和丰富的食物资源，可以预见网蝽在园林生态系统中将持续发生。为害樟科多个树种的华南冠网蝽和长脊冠网蝽，其寄主域可能进一步扩大。如何对这些网蝽进行有效防治，摆脱当前过分依赖化学农药进行园林害虫防治的窘态，是昆明地区生态文明建设中需要解决的难题。坚持治标与治本结合、监测与防控并重的原则，本着"早发现、早处置""精细管理、精准防治"的指导思想，一方面改善寄主植物生存环境，提高园林植物长势及抗病虫能力，一方面根据网蝽的发生特点和为害情况，采取综合防治措施，降低虫口密度，控制网蝽为害与扩散蔓延，努力提高城市园林本身的自我控制能力，积极开发和利用天敌资源，逐渐实现生态控制。

1. 植物检疫

星菱背网蝽、杜鹃冠网蝽及阿萨姆冠网蝽等网蝽由于发生普遍，传播性较强，可通过加强植物检疫，有效减少害虫的传播和扩散。

2. 园林技术防治

选择适宜圃地，育苗或移栽前根据需要对土壤进行消毒处理；选用良种壮苗；施用充分腐熟的肥料；培育抗虫品种；适地适树，合理配置各种树木、花卉；加强对园林植物的抚育管理，及时修剪，保持良好的通风性，及时清除枯枝落叶及杂草。

3. 物理防治

人工摘除有虫卵的叶片；结合园林的抚育管理剪除有虫枝叶，并及时杀灭枝叶上的网蝽若虫及成虫；冬季及时摘除有虫卵的叶片并清除枯枝落叶以消灭越冬卵及成虫。

4. 生物防治

保护和利用草蛉等天敌昆虫；草蛉、蜘蛛和蚂蚁是网蝽的天敌，其中草蛉是星菱背网蝽、杜鹃冠网蝽及阿萨姆冠网蝽的优势天敌，对网蝽各龄期的若虫均有较好的控制作用，可有效降低虫口密度。

5. 化学防治

3~4 月是网蝽若虫高发期，9~10 月是成虫高发期，如有必要可考虑使用杀虫剂防治网蝽，但要注意保护天敌。可喷施 80% 敌敌畏乳油 1500 倍液，或 25% 速灭威 400 倍液，或 30% 天马乳油 1500 倍液，或 44% 多虫清乳油 2000~3000 倍液，各期喷 1~2 次，交替喷施，隔 7~10 天 1 次，喷匀喷足。

第二节　木虱类

一、常见木虱

在园林植物中，桂花和小叶女贞 *Ligustrum quihoui* 常受到木虱的为害。

为害桂花的木虱（图 3-6）属于木虱次目 Psyllidomorpha 木虱科 Psyllidae 喀木虱亚科 Cacopsyllinae。虫体小型，黄褐色，具黑褐斑。头顶黄褐色。前后翅呈屋脊状覆盖于体背。触角 10 节，端部具 1 对粗长刚毛。翅 2 对，足 3 对，跗节 2 节，爪 1 对。前翅透明，前缘有断痕，脉黄色，呈 2 叉分枝。

木虱在桂花上主要的为害状表现为分泌白色絮状物（蜡质）和蜜露，多数产生在嫩枝嫩梢，虫体被白絮包裹，以刺吸式口器取食植物汁液，以若虫为主，成虫较少，春季发生较为严重，后期逐渐减少，严重影响了桂花的观赏价值。若虫有 5 个龄期。天敌昆虫为寄生蜂。木虱集中发生在春、秋季，尤其是春季，桂花枝条大多是新发出的，恰好为木虱的发生提供了有利条件，但木虱发生的时间较为短暂，3 月发生严重，4 月以后就明显减少，且以若虫发生为主，成虫较少，因此，3 月是防治木虱的最佳时期。木虱在初春大量发生，以若虫为主，成虫少见，5 月开始木虱大量减少，9 月以后桂花上又出现新的木虱。

图 3-6　桂花木虱

a.桂花为害照；b.成虫背面观；c.成虫侧面观

为害小叶女贞的木虱（图 3-7）在嫩梢及枝丫处吸食植物汁液，导致叶片失绿、死亡。成虫体黑色，前翅半透明，触角丝状。成虫将卵产在组织外，卵呈长型，具卵柄。若虫 5 个龄期，体扁腹端数节愈合，常分泌蜡质和大量蜜露，虫体在其下，形似缩小的蝉。1 龄若虫淡黄色，2 龄若虫腹部绿色，3~5 龄若虫黄色，体色随龄期的增加而逐渐变深。

此外，八角金盘上也有木虱为害。见图 3-8。

图 3-7　小叶女贞木虱

a.小叶女贞受害照；b.若虫；c.成虫

图 3-8　八角金盘木虱

a,b.八角金盘受害照；c.成虫

　　木虱 1 年可发生数代，各代重叠发生，成虫若虫均聚集在嫩芽和嫩叶柄与茎秆之间，吸食汁液，被害芽生长受阻，叶多卷曲不能正常发育。严重为害时间多在春季至夏初，秋梢嫩芽期间也受害。木虱多在高温、干燥的环境下活动，在阳光充足的地方各虫态虫口密度大，若虫发育历期较短，在背阴的环境下虫口密度相对较少，若虫发育历期较长；木虱借助风传播，空气流通性较好的地方为害越是严重；该虫还受降雨影响，其产生的白絮虽不溶于水，但雨后活跃程度明显下降。

二、木虱的防治

　　春季是木虱若虫的高发期，3 月和 8 月木虱发生较为严重，采取化学防治：喷洒 25% 西维因可湿性粉剂 200~300 倍液或 50% 久效磷 2000~3000 倍液，但 8 月开始粉蛉发生较多，不建议在这个时期采取化学防治措施防治木虱；木虱分泌的白色絮状物不溶于水，因此下雨也冲刷不了，严重影响桂花和小叶女贞的观赏，可在秋、冬季结合修剪，清理枯枝落叶，并及时销毁，消灭越冬虫卵，

而在春季寄主枝条大多是新发出的，不适宜修剪，可用刷子清理白絮。保护和利用天敌昆虫，对寄生蜂、草蛉、瓢虫等加以保护和利用，避免使用高毒的化学农药。

第三节　粉虱类

在昆明地区园林生态系统中，粉虱的为害较为常见，桂花、滇润楠、云南樟、球花石楠、腊梅、假连翘等均受到了粉虱的为害（图3-9至图3-12）。然而由于鉴定困难，尚未对常见的粉虱进行种类鉴定。粉虱在不同寄主植物上的为害表现主要有3种类型：第一，分泌大量蜡丝形成白色絮状物；第二，在叶片上形成疱状物；第三，受害叶片上无絮状物和疱状物产生，仅出现失绿斑点（图3-13）。前两种情况发生不太普遍。

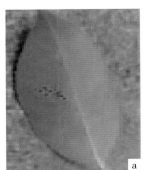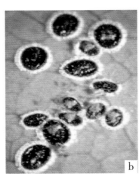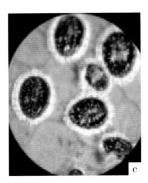

图 3-9　石楠粉虱

a. 受害叶片；b, c. 叶片上黑刺粉虱蛹壳

图 3-10　腊梅粉虱

a, b. 腊梅叶片上的粉虱蛹壳；c. 成虫

图 3-11　假连翘上的粉虱（成虫）　　　图 3-12　滇润楠上的粉虱（蛹壳）

  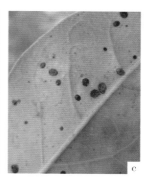

图 3-13　粉虱的 3 种为害状

a.球花石楠叶片上的粉虱成虫及其分泌物；b.滇润楠受害叶片；c.桂花叶片上的黑刺粉虱蛹壳

　　当前对园林生态系统中粉虱为害的研究相对薄弱，关于种类鉴定、主要种类的发生规律及防控等均未进行系统的研究。而粉虱在园林生态系统中的发生有日益严重的趋势，需要引起园林植物保护工作者的重视，尽快对其展开系统调查。

　　除粉虱外，多种园林植物还遭受到蓟马、叶蝉、螨类等为害，例如榕树叶片受到榕母管蓟马 *Gynaikothrips ficorum* 的为害，鹅掌柴受到滑管蓟马 *Liothrips* sp. 的为害等等（图 3-14），针对这些类群的调查研究十分贫乏，亟待加强。

图 3-14　受蓟马为害的鹅掌柴

02 食叶害虫

食叶害虫包括直翅目的蝗虫、䗛目的竹节虫、鳞翅目的蝶蛾类、鞘翅目的叶甲、膜翅目的叶蜂等等，种类众多，多数情况下以幼虫取食为害，种类鉴定上存在一定困难。昆明地区园林常见食叶害虫发生普遍，然而我们的调查研究工作还很不充分，只能简单地表述如下。

第四章　蛾　类

　　昆明地区园林植物食叶害虫的主要类群是鳞翅目的刺蛾、斑蛾、袋蛾和天蛾等，多个阔叶树种受到了为害。

第一节　常见种类及发生规律

　　刺蛾中比较常见的是绿刺蛾 *Parasa* sp.（图 4-1）、扁刺蛾 *Thosea sinensis*（图 4-2）等，多种园林植物均能受其为害；斑蛾中云南锦斑蛾 *Achelura yunnanensis*（图 4-3）几乎每年都有一定程度的发生，取食樱花、球花石楠、杜仲等，夏季多雨利于其暴发；天蛾中最为常见的是为害爬山虎的缺角天蛾 *Acosmeryx* sp.（图 4-4），其他天蛾（图 4-5）偶发。

图 4-1　绿刺蛾的茧（左）和成虫（右）

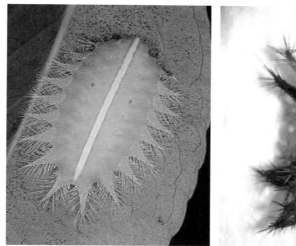
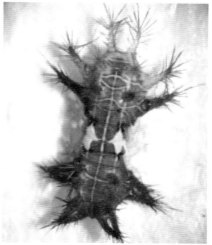

图 4-2　其他刺蛾（左为扁刺蛾幼虫、右为石楠树干上的刺蛾幼虫）

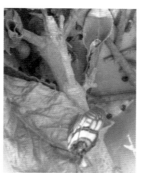

图 4-3　云南锦斑蛾的幼虫（左）、茧（中）和成虫（右）

图 4-4　缺角天蛾的幼虫（左）、蛹（中）和成虫（右）

图4-5　为害爬山虎的天蛾幼虫（左为正常状态，右为化蛹前阶段）

绿刺蛾在昆明地区1年发生1代，以老熟幼虫在茧中越冬。蛹于5月中、下旬开始羽化，次日开始交配，交配后即可进入产卵期。夏秋季节是其幼虫为害盛期。冬季在多种园林乔灌木上可见其越冬虫茧。

云南锦斑蛾近年在昆明地区樱花、球花石楠等多种园林植物上发生为害。该虫在昆明地区1年发生1代，以老熟幼虫在茧中越冬。翌年5月成虫陆续羽化，成虫黄昏时飞往其他树木花间吸食汁液补充营养、交尾，产卵在樱花等寄主树的新梢上，卵期15~17天，6月下旬幼虫开始孵化，最初取食树梢上的叶片，低龄幼虫食量较小，仅取食叶肉，被害叶片叶肉被取食，叶表皮残存；随幼虫龄期增加，食量增加，并逐渐向树冠下部移动取食，受害寄主仅残留叶片主脉部分或全部食尽。8~9月是其为害高峰期。幼虫8~10龄。受惊后有吐丝下树的习性。10月以后老熟幼虫在小枝、树下常绿植物或枯枝落叶层缀叶结茧越冬。

第二节　蛾类的防治

园林生态系统中蛾类的发生尽管普遍，却很难产生毁灭性的灾害；该系统又是人居环境的组成部分，故而应以监测为主，在斑蛾或刺蛾等大发生时以园林技术措施和物理器械防治为主，尽量杜绝化学农药的使用。必须用药情况下，选择合适的用药方式如注射、包扎等方式，尽可能做到精准用药。斑蛾和刺蛾的具体防治建议如下。

（1）冬季人工采茧简单易行效果好。刺蛾和斑蛾的寄主绝大多数冬季落叶，越冬茧结在树枝上醒目易找，斑蛾的茧没有毒腺和刺毛，仅仅附着在枝干上很牢，刺蛾的茧虽有刺毛，但利用一些工具不难将其取下。采茧时可把重点放在当年受害较重的树种上。直接用破碎的方式杀茧内的幼虫或蛹，或将收集的茧置于室内，待来年羽化期处死成虫，释放寄生性天敌。

（2）用诱虫灯诱杀成虫。在斑蛾和刺蛾成虫羽化期时，利用其成虫的趋光性进行灯光诱杀，可以弥补冬季采茧防治之不足。

（3）夏季连续降雨有利于斑蛾和刺蛾爆发，其原因可能是降雨影响了天敌的捕食。斑蛾和刺蛾爆发为害时，幼虫常常在寄主树上集中取食，有利于集中歼灭。可利用烟熏火燎的方式，在受害的寄主树下用烟雾熏，幼虫受到烟熏后吐丝下垂，再用网兜接住，集中杀灭。既避免了农药污染环境，又能有效控制虫害。

第五章 叶蜂类

　　昆虫地区园林植物中小叶女贞曾爆发叶蜂的为害。女贞叶蜂的为害及形态见图 5-1。该虫在昆明地区 1 年发生 1 代，以老熟幼虫在土下结茧越冬。翌年夏初成虫陆续羽化，后雌雄虫交配、产卵，9~11 月为幼虫为害盛期，11 月下旬开始越冬。

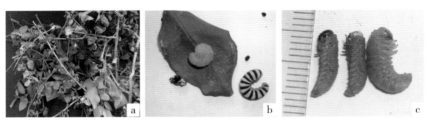

图 5-1　女贞叶蜂

a. 为害照；b. 末两龄幼虫；c. 化蛹前状态

　　叶蜂类的防治不同于蛾类，因其成虫无明显趋光性，茧在土中不易发现。最为直接有效的办法是在幼虫发生盛期人工捕杀。

03 园林地下害虫

地下害虫也称根部害虫或苗圃害虫，是指主要在苗圃中发生为害或以取食植物的地下根和地下茎的害虫类群。主要包括等翅目的白蚁、直翅目的蟋蟀和蝼蛄、半翅目的根蚜、鞘翅目的蛴螬（金龟幼虫）和金针虫（叩甲幼虫）、鳞翅目的地老虎等。在较为稳定的园林生态系统中，地下害虫很少暴发为害。而蛴螬类是比较特殊的类群，因其成虫食叶为害，在园林生态系统中十分普遍。本篇即以蛴螬成虫为重点，介绍园林地下害虫。

第六章　金龟类

金龟是昆虫纲 Insecta 鞘翅目 Coleoptera 多食亚目 Polyphaga 金龟总科 Scarabaeoidae 昆虫的统称，也称"金龟子"，全球已知种类 39000 余种。其食性有植食性和腐食性之分，其中腐食性金龟以腐殖质、粪便等为食，基本上不为害植物；而植食性金龟取食植物根、茎、叶、花及果实等，是主要的农林业害虫，对大部分植物均可造成为害，金龟幼虫（蛴螬）通常以植物的地下根和地下茎等为食，是最为常见的地下害虫类群。蛴螬食害多种农、林、牧草、园林植物的幼苗，环剥大苗、幼树的根皮，在土内取食萌发的种子，咬断根、茎，轻则缺苗断垄、重则毁圃绝苗，食害幼苗后断口整齐平截，易于识别；成虫出土取食叶、花蕾、嫩芽和幼果，常将叶片食成缺刻和孔洞，残留叶脉基部，严重时将叶全部吃光。

植食性金龟种类多、食性杂、一些种类在园林生产上造成严重为害。例如小黄鳃金龟 *Pseudosymmachia flavescens* 幼虫啃食银杏根部皮层，导致苗木养分供应不足枯萎死亡；铜绿丽金龟 *Anomala corpulenta* 幼虫取食松柏类及果树根系；大栗鳃金龟 *Melolontha hippocastani* 幼虫取食多种林木及植物根系；大云鳃金龟 *Polyphylla laticollis* 成虫为害多种果树的幼叶和嫩芽，幼虫为害多种林木根茎；巨角多鳃金龟 *Megistophylla grandicornis* 在昆明地区板栗种植区爆发为害等。

第一节　昆明地区金龟名录

为明确昆明地区园林常见金龟种类，通过查阅文献和野外调查的方法对昆明园林常见金龟种类进行了调查。通过查阅书籍及相关数据库，结合调查，整理出昆明地区有分布的金龟 80 种，在 World Scarabaeidae Database 上进行拉丁名的核实。共记录金龟总科 8 科 39 属 86 种，其中锹甲科 Lucanidae 有 4 属 6 种，鳃金龟科 Melolonthidae 有 15 属 39 种，丽金龟科 Rutelidae 有 7 属 22 种，花金龟科 Cetoniidae 有 6 属 12 种，斑金龟科 Trichiidae 有 1 属 1 种，犀金龟科 Dynastidae 有 1 属 1 种，金龟科 Scarabaeidae 有 4 属 4 种，粪金龟科 Geotrupidae 有 1 属 1 种。名录中有中国新纪录种 2 种（名录中以"***"标出），分别是

越南狭肋鳃金龟 *Eotrichia tonkinensis* (Moser) 和脊胸鳃金龟 *Melolontha carinata* (Brenske)；云南省新纪录种 5 种，上述 2 种以及巨狭肋鳃金龟 *Eotrichia maxima* (Zhang)、金色玛绢金龟 *Maladera assamica* (Moser) 和泰黄异丽金龟 *Anomala siamensis* (Nonfried)（名录中以 "**" 标出）；昆明地区新纪录种 22 种，即下列名录中标有星号的种类。

1. 锹甲科 Lucanidae

（1）沟纹眼锹甲 *Aegus laevicollis* Saunders

（2）安达大锹 *Dorcus antaeus* Hope*

（3）拟瑞奇大锹 *Dorcus cervulus* (Boileau)*

（4）莫氏小刀锹 *Falcicornis moellenkampi* (Nagel)*

（5）玛锹甲 *Lucanus maculifemoratus* Motschulcky

（6）巨叉锹甲 *Lucanus planeti* Planet

2. 鳃金龟科 Melolonthidae

（7）筛阿鳃金龟 *Apogonia cribricollis* Burmeister

（8）黑阿鳃金龟 *Apogonia cupreoviridis* Kolbe*

（9）婆鳃金龟 *Brahmina* sp.

（10）雅鳃金龟 *Dedalopterus signatus* (Moser)

（11）竖鳞双缺鳃金龟 *Diphycerus tonkinensis* Arrow

（12）巨狭肋鳃金龟 *Eotrichia maxima* (Zhang)**

（13）粗狭肋鳃金龟 *Eotrichia scrobiculata* (Brenske)

（14）越南狭肋鳃金龟 *Eotrichia tonkinensis* (Moser)***

（15）狭肋鳃金龟 *Eotrichia* sp.

（16）长棒希鳃金龟 *Hilyotrogus longiclavis* Bates

（17）希鳃金龟 1 *Hilyotrogus* sp.1

（18）希鳃金龟 2 *Hilyotrogus* sp.2

（19）短距狭肋鳃金龟 *Holotrichia brevispina* (Zhang)

（20）陈狭肋鳃金龟 *Holotrichia cheni* (Zhang)

（21）印支齿爪鳃金龟 *Holotrichia cochinchina* (Nonfried)

（22）股狭肋鳃金龟 *Holotrichia femoralis* (Zhang)

（23）昆明齿爪鳃金龟 *Holotrichia kunmina* Zhang

（24）宽褐齿爪鳃金龟 *Holotrichia lata* Brenske

（25）西双齿爪鳃金龟 *Holotrichia shishona* Zhang

（26）拟暗黑鳃金龟 *Holotrichia simillima* Moser

（27）扁腿玛绢金龟 *Maladera amamiana* Nomura

（28）金色玛绢金龟 *Maladera assamica* (Moser)**

（29）东方玛绢金龟 *Maladera (Omaladera) orientalis* (Motschulsky)

（30）小阔胫玛绢金龟 *Maladera ovatula* (Fairmaire)

（31）巨角多鳃金龟 *Megistophylla grandicornis* (Fairmaire)

（32）脊胸鳃金龟 *Melolontha carinata* (Brenske)***

（33）灰胸突鳃金龟 *Melolontha incana* (Motschulsky)*

（34）匀脊鳃金龟 *Miridiba aequabilis* (Bates)

（35）杂脊鳃金龟 *Miridiba hybrida* (Moser)

（36）华脊鳃金龟 *Miridiba sinensis* (Hope)

（37）暗八肋鳃金龟 *Parexolontha obscura* Chang

（38）暗黑鳃金龟 *Pedinotrichia parallela* Motschulsky

（39）毛臀齿爪鳃金龟 *Pedinotrichia yunnana* (Moser)

（40）宽云鳃金龟 *Polyphylla (Gynexophylla) laticollis* Lewis

（41）霉云鳃金龟 *Polyphylla nubecula* Frey

（42）大头霉鳃金龟 *Sophrops cephalotes* (Burmeister)

（43）索鳃金龟 1 *Sophrops* sp.1

（44）索鳃金龟 2 *Sophrops* sp.2

（45）索鳃金龟 3 *Sophrops* sp.3

3. 丽金龟科 Rutelidae

（46）纵带长丽金龟 *Adoretosoma elegans* Blanchard

（47）喙丽金龟 *Adoretus (Adoretus) runcinatus* Lin*

（48）铜绿异丽金龟 *Anomala corpulenta* Motschulsky

（49）窄脊异丽金龟 *Anomala costulata* Fairmaire

（50）毛边异丽金龟 *Anomala coxalis* Bates

（51）漆黑异丽金龟 *Anomala ebenina* Fairmaire

（52）侧皱异丽金龟 *Anomala opalina* Fairmaire

（53）草绿异丽金龟 *Anomala perplexa* (Hope)

（54）毛额异丽金龟 *Anomala pilifrons* Lin

（55）陷缝异丽金龟 *Anomala rufiventris* Kollar et Redtenbacher

（56）褐腹异丽金龟 *Anomala russiventris* Fairmaire

（57）泰黄异丽金龟 *Anomala siamensis* (Nonfried)**

（58）三带异丽金龟 *Anomala trivirgata* Fairmaire*

（59）草绿彩丽金龟 *Mimela passerinii* Hope

（60）亮条彩丽金龟 *Mimela pectoralis* Blanchard

（61）琉璃弧丽金龟 *Popillia flavosellata* Fairmaire

（62）弱斑弧丽金龟 *Popillia histeroidea* (Gyllenhal)

（63）中华弧丽金龟 *Popillia quadriguttata* (Fabricius)

（64）蓝亮弧丽金龟 *Popillia splendidicollis* Fairmaire

（65）园林发丽金龟 *Phyllopertha horticola* Linnaeus

（66）黑缝发丽金龟 *Phyllopertha suturata* Fairmaire

（67）横带短丽金龟 *Pseudosinghala transversa* (Burmeister)

4. 花金龟科 Cetoniidae

（68）褐锈花金龟 *Anthracophora rusticola* Burmeister

（69）黑锈花金龟 *Anthracophora siamensis* Kraatz*

（70）赭翅臀花金龟 *Campsiura* (*Eucampsiura*) *mirabilis* (Faldermann)*

（71）斑青花金龟 *Gametis bealiae* (Gory et Percheron)*

（72）小青花金龟 *Gametis jucunda* (Faldermann)

（73）白星花金龟 *Protaetia* (*Liocola*) *brevitarsis* (Lewis)

（74）多纹星花金龟 *Protaetia* (*Potosia*) *famelica* (Janson)

（75）绿凹缘花金龟 *Protaetia* (*Dicranobia*) *potanini* (Kraatz)

（76）横纹伪阔花金龟 *Pseudotorynorrhina fortunei* (Saunders)*

（77）紫罗花金龟 *Rhomborhina* (*Rhomborhina*) *gestroi* Moser*

（78）细纹罗花金龟 *Rhomborhina* (*Rhomborhina*) *mellyi* (Gory et Percheron)*

（79）云罗花金龟 *Rhomborhina* (*Pseudorhomborrhina*) *yunnana* Moser

5. 斑金龟科 Trichiidae

（80）十点绿斑金龟 *Tibiotrichius dubernardi* (Pouillaude)*

6. 犀金龟科 Dynastidae

（81）橡胶木犀金龟 *Xylotrupes gideon* (Linnaeus)*

7. 金龟科 Scarabaeidae

（82）蜣螂 *Copris* sp.

（83）镰双凹蜣螂 *Onitis falcatus* (Wulfen)*

（84）嗡蜣螂 *Onthophagus* sp.

（85）戴联蜣螂 *Synapsis davidis* Fairmaire*

8. 粪金龟科 Geotrupidae

（86）粪金龟 *Geotrupes* sp.

第二节　昆明市园林常见金龟种类

一、常见种类

安达大锹 *Dorcus antaeus* Hope

锹甲科 **Lucanidae**　刀锹甲属 ***Dorcus***

国内分布于云南、西藏、广西、贵州、海南；国外分布于缅甸、印度、尼泊尔、不丹、老挝、泰国、越南、印度尼西亚、婆罗洲等。寄主植物是栎类。昆明地区新纪录种。

主要识别特征（图 6-1）：雄虫：①黑色，较扁平；②上颚短于头胸总长，外缘强烈弧形，端部尖，不分叉，上颚中部上缘有 1 个三角形大齿对立；③前胸背板横向，前缘波曲状，中部向外凸出，后缘较平直，侧缘靠近前缘 1/3 向内微凹，前角锐，后角圆钝；④鞘翅有微刻点纵线，肩角尖锐；⑤前足胫节侧缘锯齿状，端部分叉，中、后足胫节外侧有 1 锐齿，两爪细长，爪垫明显。

雌虫：①与小型雄虫个体相似，头顶有 2 个近圆形的小凸起；②上颚短于头长，端部尖锐，基部宽大，有 1 个齿呈倾斜的长方形，上颚中部有 1 个三角形的齿。

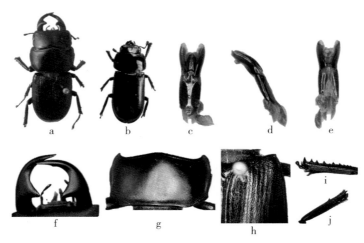

图 6-1　安达大锹 *Dorcus antaeus*

a,b. 成虫：a. ♂ b. ♀；c~e. 雄外生殖器：c. 背面观；d. 侧面观；e. 腹面观；
f. 上颚；g. 前胸背板；h. 鞘翅；i. 前足胫节；j. 中、后足胫节

拟瑞奇大锹 *Dorcus cervulus*（Boileau）

锹甲科 Lucanidae　刀锹甲属 *Dorcus*

国内分布于云南、重庆、贵州、广西、西藏；国外分布于越南、泰国。昆明地区新纪录种。

主要识别特征（图6-2）：雄虫：①黑色，大型，较扁平；②上颚长于头胸总长，大双齿形，主内齿位于大颚中部靠后位置，二叉形，端部前方有1三角形内齿；③前胸背板横向，前缘波曲状，中部向外凸出，后缘较平直，第1侧角位于侧缘中点或中点以后，前角锐，后角圆钝；④鞘翅光滑，肩角尖锐；⑤前足胫节侧缘锯齿状，端部分叉，中、后足胫节外侧有1锐齿，两爪细长，爪垫明显。

雌虫：①上颚短于头长，基部宽大，端部尖锐，近端部有1近三角形齿突；②头部密布粗糙刻点群，前胸背板中央区域光滑，边缘区域具深大刻点群；③鞘翅上有不少于10条的明显纵线。

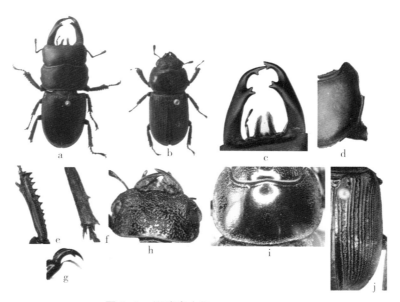

图6-2　拟瑞奇大锹 *Dorcus cervulus*

a, b. 成虫：a. ♂ b. ♀；c. ♂上颚；d. ♂前胸背板；e. ♂前足胫节；f. ♂中、后足胫节；
g. ♂爪；h. ♀上颚和头部；i. ♀前胸背板；j. ♀鞘翅

莫氏小刀锹 *Falcicornis moellenkampi*（Nagel）

锹甲科 Lucanidae　小刀锹属 *Falcicornis*

国内分布于云南、四川；国外无分布。昆明地区新纪录种。

主要识别特征（图 6-3）：雄虫：①体扁平，光滑无毛，红褐色或黑色；②上颚中端部有宽大二叉状齿，端部不分叉；③触角柄节倒数第 1、2 节内侧有刚毛，第 3 节无刚毛；④前胸背板前缘波浪形，中间凸，两前侧角尖锐向前，与头部不远离；⑤鞘翅光滑，刻点细密均匀；⑥后胸腹板两侧有金黄色细绒毛；⑦前足胫节端部二分叉，外翻不明显，中后足胫节上有一小齿。

雌虫：与雄虫外形相似；①上颚小、简单，中端部有三角形钝齿；②头部较粗糙，刻点大且不均匀，中间有 2 个凸起小丘。

图 6-3　莫氏小刀锹 *Falcicornis moellenkampi*

a、b. 成虫：a. ♂ b. ♀；c～e. 雄外生殖器：c. 背面观；d. 侧面观；e. 腹面观；f. ♂上颚；
g. 触角；h. 前胸背板；i. 后胸腹板；j. 前足胫节；k. ♀上颚

黑阿鳃金龟 *Apogonia cupreoviridis* Kolbe

鳃金龟科 **Melolonthidae** 阿鳃金龟属 *Apogonia*

国内分布于云南、黑龙江、辽宁、河北、山东、河南、山西、陕西、甘肃、四川、贵州、江苏、安徽、浙江；国外分布于日本、朝鲜、韩国、俄罗斯。昆明地区新纪录种。

主要识别特征（图6-4）：①体小型，黑褐色或红褐色，长椭圆形；②唇基短宽，密布深大扁圆刻点；③前胸背板布圆刻点，前角锐，后角钝；④鞘翅平坦，缝肋及4条纵肋清楚，缘折宽；⑤臀板小而隆拱，布具毛刻点；⑥前足胫节外缘3齿。

雄外生殖器：①阳基侧突与阳基几等长；②阳基侧突被高隆横脊分为基、端两段，基段对称，端段不对称，左右两突均分裂成两叶；③左阳基侧突外叶细长，弯剑状，内叶外缘呈锯齿状；④右阳基侧突内叶呈勺状，外叶长于内叶且端部内弯。

图6-4 黑阿鳃金龟 *Apogonia cupreoviridis*

a. 成虫♂；b~d. 雄外生殖器：b. 背面观；c. 侧面观；d. 腹面观；e. 唇基；

f. 前胸背板；g. 鞘翅；h. 臀板；i. 前足胫节

婆鳃金龟 *Brahmina* sp.

鳃金龟科 Melolonthidae 婆鳃金龟属 *Brahmina* 待定种

国内分布于云南昆明。

主要识别特征（图6-5）：①体黄色，头、前胸背板颜色较深，全体被毛；②唇基短小密布刻点，头部密布具黄色长绒毛刻点；③前胸背板整体具倒伏白毛，侧缘锯齿状，齿刻间具毛，前角锐、后角钝；④鞘翅密布短白倒伏毛，纵肋不明显；⑤前足胫节外缘3齿，爪端部深裂。

图6-5 婆鳃金龟 *Brahmina* sp.

a.成虫♀；b.唇基和头部；c.前胸背板；d.鞘翅；e.前足胫节

雅鳃金龟 *Dedalopterus signatus*（Moser）

鳃金龟科 Melolonthidae　雅鳃金龟属 *Dedalopterus*

国内分布于云南；国外分布于泰国。

主要识别特征（图6-6）：①体茶褐色，复眼后部被乳白色鳞片；②触角10节，鳃片部3节，雄虫鳃片部细长，是柄节的2.5倍；③前胸背板中央有1凹纵沟，上布乳白色鳞片；④鞘翅狭长，4条纵肋显著，纵肋两侧有乳白椭圆鳞片；⑤雄虫腹部中央常凹陷呈纵沟。

雄外生殖器：①阳基和阳基侧突几等长；②阳基侧突较大，右片明显大于左片，左片末端呈喙状突，并向外侧折转。

图6-6　雅鳃金龟 *Dedalopterus signatus*
a. 成虫♂；b~d. 雄外生殖器：b. 背面观；c. 侧面观；d. 腹面观；e. 触角；f. 头部和前胸背板；g. 鞘翅

粗狭肋鳃金龟 *Eotrichia scrobiculata*（Brenske）

鳃金龟科 Melolonthidae　的狭肋鳃金龟属 *Eotrichia*

国内分布于云南、贵州；国外分布于印度、泰国、缅甸、柬埔寨。寄主植物是栎类及多种阔叶树。

主要识别特征（图 6-7）：①体色赤褐色，薄被灰白闪光层；②触角 10 节，鳃片部 3 节；③前胸背板有具长毛刻点，前缘密生杂乱长毛，侧缘锯齿形，前角锐，后角直角，后缘侧段沉陷似台阶；④鞘翅纵肋 I 后部收狭；⑤前足胫节外缘 3 齿，爪基部下方呈角形。

雄性外生殖器：①阳基较阳基侧突长；②阳基侧突近圆筒形；③阳基侧突侧缘具宽贴边，其上具粗糙刻点，似西服领状自腹面向背面延展，二阳基侧突愈合，于末端分离，愈合处具宽凹陷，末端呈"V"形分离；④阳基长大，基段明显隆拱中部收狭。

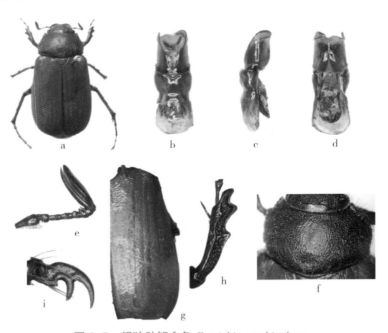

图 6-7　粗狭肋鳃金龟 *Eotrichia scrobiculata*

a. 成虫♂；b~d. 雄外生殖器：b. 背面观；c. 侧面观；d. 腹面观；e. 触角；
f. 前胸背板；g. 鞘翅；h. 前足胫节；i. 爪

越南狭肋鳃金龟 *Eotrichia tonkinensis*（Moser）

鳃金龟科 **Melolonthidae** 的狭肋鳃金龟属 *Eotrichia*

国内分布于云南昆明，国外分布于越南。中国新纪录种，云南省新纪录种，昆明地区新纪录种。

主要识别特征（图 6-8）：①体茶黄色；②触角 10 节，鳃片部 3 节，稍长于其前 6 节之和；③前胸背板侧缘几完整，无具毛缺刻，后缘边框斜塌，横脊不显著，前侧角近直角形，后角钝；④前足胫节外缘 3 齿，后跗 1、2 节等长，爪基部下方呈角形。

雄外生殖器：①阳基侧突与阳基几等长；②二阳基侧突愈合，于末端分离，阳基侧突对称，背面具细隆边，在背面延展；③阳基长大，基段较隆拱。

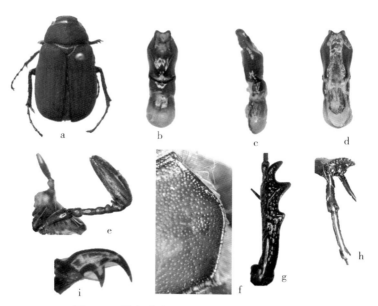

图 6-8　越南狭肋鳃金龟 *Eotrichia tonkinensis*

a. 成虫♂；b~d. 雄外生殖器：b. 背面观；c. 侧面观；d. 腹面观；e. 触角；
f. 前胸背板；g. 前足胫节；h. 后足跗节；i. 爪

狭肋鳃金龟 *Eotrichia* sp.

鳃金龟科 **Melolonthidae** 的狭肋鳃金龟属 *Eotrichia* 的待定种

国内分布于云南昆明。

主要识别特征（图 6-9）：①体色黄褐色，头、前胸背板颜色较深；②触角 10 节，鳃片部 3 节，鳃片部长如前 6 节之和；③前胸背板前角近直角，后角钝，侧缘疏列具毛刻点；④鞘翅纵肋明显，纵肋 I 后方略收狭；⑤后跗第 1 节显著短于第 2 节，爪齿中位，短于爪端并与之构成直角。

雄外生殖器：①阳基侧突与阳基几等长；②二阳基侧突简单无贴边，左右对称不分离，于背面微分开；③阳基长大，基段较隆拱。

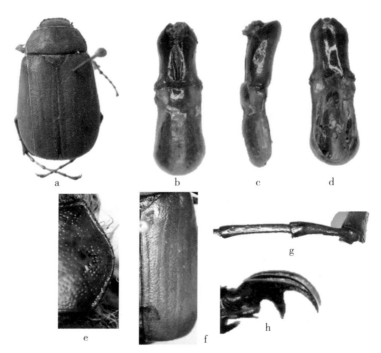

图 6-9　狭肋鳃金龟 *Eotrichia* sp.

a. 成虫♂；b~d. 雄外生殖器：b. 背面观；c. 侧面观；d. 腹面观；e. 前胸背板；

f. 鞘翅；g. 后足跗节；h. 爪

希鳃金龟 1 *Hilyotrogus* sp.1

鳃金龟科 Melolonthidae　希鳃金龟属 *Hilyotrogus* 待定种 1

国内分布于云南昆明。

主要识别特征（图 6-10）：①头、前胸背板红褐色，鞘翅淡褐色；②触角 10 节，鳃片部 5 节，雄虫长大，雌虫短小；③前胸背板布大刻点，侧缘前半部呈锯齿状缺刻具毛，侧缘弧扩，中部最宽，前角锐，后角钝；④鞘翅纵肋 I 明显，逐渐扩阔；⑤前足胫节外缘 3 齿，跗节下具整齐刚毛列，爪端部深裂。

雄性外生殖器：①阳基侧突显著长于阳基；②阳基侧突端部倾斜延伸呈尖锐状，基部膨大隆拱。

图 6-10　希鳃金龟 1 *Hilyotrogus* sp.1

a. 成虫♂；b~d. 雄外生殖器：b. 背面观；c. 侧面观；d. 腹面观；e. 触角；

f. 前胸背板；g. 鞘翅；h. 前足胫节；i. 跗节；j. 爪

希鳃金龟 2 *Hilyotrogus* sp.2

鳃金龟科 Melolonthidae   希鳃金龟属 *Hilyotrogus* 待定种 2

国内分布于云南昆明。

主要识别特征（图 6-11）：①体黄褐色，头、前胸背板颜色较深，头密布具黄色长绒毛刻点；②触角 10 节，鳃片部 5 节；③前胸背板布大刻点，侧缘前半部呈锯齿状缺刻具毛，前角锐，后角圆弧；④鞘翅纵肋 I 明显，逐渐扩阔；⑤前足胫节外缘 3 齿，跗节下具整齐刚毛列，爪端部深裂。

雄性外生殖器：①阳基与阳基侧突等长；②阳基基部背面微延伸到阳基侧突；③阳基侧突愈合，于背面端部分开呈铲形，顶端左右微分离。

图 6-11　希鳃金龟 2 *Hilyotrogus* sp.2

a. 成虫♂；b~d. 雄外生殖器：b. 背面观；c. 侧面观；d. 腹面观；e. 触角；
f. 前胸背板；g. 鞘翅；h. 前足胫节；i. 跗节；j. 爪

昆明齿爪鳃金龟 *Holotrichia kunmina* Zhang

鳃金龟科 Melolonthidae　齿爪鳃金龟属 *Holotrichia*

国内分布于云南、贵州；国外无分布。寄主植物是云南松。

主要识别特征（图 6-12）：①体赤褐色，头、胸黑褐色，被显著灰白粉层；②触角 10 节，鳃片部 3 节；③前胸背板侧缘前段疏布具毛缺刻，前后角皆钝；④鞘翅纵肋 I 后部微扩阔；⑤前足胫节外缘 3 齿，后跗节第 1 节略短于第 2 节。

图 6-12　昆明齿爪鳃金龟 *Holotrichia kunmina*
a. 成虫♀；b. 触角；c. 前胸背板；d. 鞘翅；e. 前足胫节；f. 后足跗节

金色玛绢金龟 *Maladera assamica*（Moser）
鳃金龟科 Melolonthidae　玛绢金龟属 *Maladera*

国内分布于云南昆明；国外分布于印度。云南省新纪录种，昆明地区新纪录种。

主要识别特征（图 6-13）：①体小型，金黄色，呈丝绒状并具强珍珠光泽；②触角 10 节，鳃片部 3 节；③前胸背板前角锐并前伸，后角圆钝，前缘边框具黄色长刺毛列，后缘无边框；④鞘翅具由刻点列线组成的纵隆带；⑤前足胫节外缘 2 齿，后足胫节扁阔，内外缘均具刺毛群；⑥♀中足胫节外侧有一丛褐色毛，♂无。

雄外生殖器：左右二阳基侧突不对称，呈不规则长条，向端部渐变尖，基部膨大呈两泡状。

图 6-13　金色玛绢金龟 *Maladera assamica*

a. 成虫♂；b~e. 雄外生殖器：b,c. 背面观；d. 侧面观；e. 腹面观；f. 前胸背板；
g. 鞘翅；h. 前足胫节；i. 后足胫节；j. 中足胫节

小阔胫玛绢金龟 *Maladera ovatula* (Fairmaire)

鳃金龟科 Melolonthidae　玛绢金龟属 *Maladera*

国内分布于云南、辽宁、吉林、黑龙江、河北、山西、山东、河南、江苏、安徽、广东、海南、四川；国外无分布。

主要识别特征（图6-14）：①体小型，淡棕色，较粗糙，刻点散乱，有丝绒般闪光；②触角10节，鳃片部3节；③每一腹板有1排整齐刺毛；④前足胫节外缘2齿，后足胫节扁阔，光滑几乎无刻点，2端距着生于胫节两侧。

雄外生殖器：①阳基长，呈圆筒状，基段很短，端段很长；②阳基侧突短，不对称，右突基部微膨大，顶端尖细，向内弯曲，呈弧状横越。

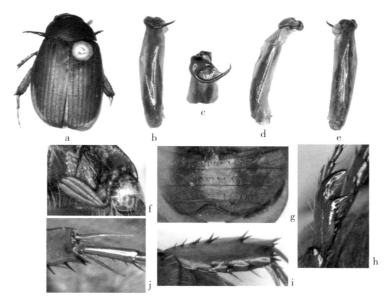

图 6-14　小阔胫玛绢金龟 *Maladera ovatula*

a. 成虫♂；b~e. 雄外生殖器：b,c. 背面观；d. 侧面观；e. 腹面观；f. 触角；
g. 腹板；h. 前足胫节；i. 后足胫节；j. 端距

巨角多鳃金龟 *Megistophylla grandicornis*（Fairmaire）

鳃金龟科 Melolonthidae 多鳃金龟属 *Megistophyllas*

国内分布于云南、重庆、江西、湖南、湖北、广西、贵州、浙江、福建，国外分布于柬埔寨。取食多种阔叶树。

主要识别特征（图 6-15）：①体色浅栗褐色，密布圆大刻点；②头顶有 1 道高锐横脊；③触角 10 节，鳃片部 5 节，十分长大弯曲；④鞘翅密布刻点，缘折有成列长大纤毛，下缘有透明膜质饰边。

雄外生殖器：①阳基与阳基侧突几等长，两部分弯曲成"C"形；②二阳基侧突扁突合拢，背面缝隙较大，端部收缩成小突，基部腹侧面凹陷成坑。

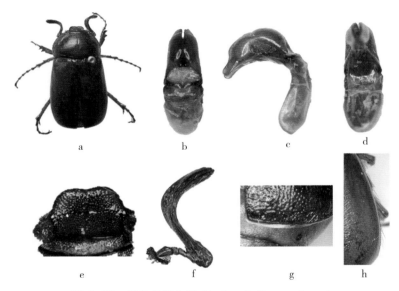

图 6-15 巨角多鳃金龟 *Megistophylla grandicornis*
a. 成虫♂；b~d. 雄外生殖器：b. 背面观；c. 侧面观；d. 腹面观；e. 头部；
f. 触角；g. 膜质饰边；h. 鞘翅

脊胸鳃金龟 *Melolontha carinata*（Brenske）

鳃金龟科 Melolonthidae　鳃金龟属 *Melolontha*

国内分布于云南（昆明）；国外分布于孟加拉国、柬埔寨。中国新纪录种，云南省新纪录种，昆明地区新纪录种。

主要识别特征（图 6-16）：该种与灰胸突鳃金龟 *Melolontha incana*（Motschulsky）相似，区别在于后者①体色为浅褐色；②中胸腹突达前足基节中部；③腹板侧端具圆形黄毛斑；④臀板端部缓缩，分 2 叉，中纵线明显；⑤前足胫节外缘雄虫具 3 齿。

雄外生殖器：阳基侧突基部收缩明显，较细长，二阳基侧突端部外翻，端面于背部延伸出两小齿。

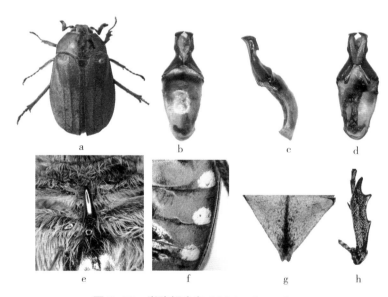

图 6-16　脊胸鳃金龟 *Melolontha carinata*
a. 成虫♂；b~d. 雄外生殖器：b. 背面观；c. 侧面观；d. 腹面观；e. 中胸腹突；f. 腹板；g. 臀板；h. 前足胫节

灰胸突鳃金龟 *Melolontha incana*（Motschulsky）

鳃金龟科 Melolonthidae　鳃金龟属 *Melolontha*

国内分布于云南、黑龙江、吉林、辽宁、内蒙古、宁夏、河北、北京、山西、陕西、山东、河南、湖北、湖南、江西、四川、贵州等省份；国外分布于俄罗斯、朝鲜。昆明地区新纪录种。

主要识别特征（图6-17）：①体色深褐色，密被灰黄色或灰白色鳞毛；②触角10节，鳃片部雄虫7节，长而弯，雌虫6节，小而直；③前胸背板密布披针长型黄毛，前角钝，后角锐，边缘前2/3部分呈锯齿状，后1/3平滑，后缘中部后弯；③鞘翅3条纵肋明显；④中胸腹突发达细长，达前足基节；⑤腹板密布披针形黄鳞毛，侧端具三角形黄白毛斑；⑥臀板三角形，端部锐缩，分2叉；⑦前足胫节外缘雄虫具2尖齿。

雄外生殖器：①阳基约与阳基侧突等长；②阳基弧弯形，端部最宽；③二阳基侧突对称，端部内缘外翻形成较窄端面，外缘中下部呈缓弧状，波浪形，末端尖，弯向腹面，基部具弧形骨突，伸向阳基。

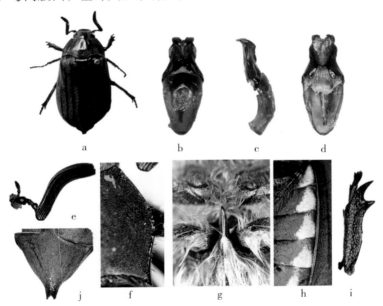

图6-17　灰胸突鳃金龟 *Melolontha incana*

a. 成虫♂；b~d. 雄外生殖器：b. 背面观；c. 侧面观；d. 腹面观；e. 触角；
f. 前胸背板；g. 中胸腹突；h. 腹板；i. 前足胫节；j. 臀板

匀脊鳃金龟 *Miridiba aequabilis*（Bates）

鳃金龟科 Melolonthidae　迷鳃金龟属 *Miridiba*

国内分布于云南、四川、贵州；国外无分布。寄主植物是苹果、楝树。

主要识别特征（图 6-18）：①体色茶褐色；②头顶具高锐横脊；③触角 9 节，鳃片部 3 节，其长超过鞭部前 5 节之和；④前胸背板前缘具宽阔截痕，前角成缺角，侧缘光滑无缺刻，后角钝；⑤鞘翅密布刻点，光亮无毛，缝肋明显，纵肋全缺；⑥前足胫节外缘 3 齿，后跗第 1 节明显短于第 2 节。

雄外生殖器：①阳基与阳基侧突近等长；②二阳基侧突对称，分为腹、背两支突起，背突较长，腹突较短；③背突基部较宽，近平行后呈直角收狭成矩形，后段微弯弧收缩变窄成剑形，末端向内侧收尖；④腹突较细，末端尖，弯曲，于端部交叉。

图 6-18　匀脊鳃金龟 *Miridiba aequabilis*

a. 成虫♂；b~d. 雄外生殖器：b. 背面观；c. 侧面观；d. 腹面观；e. 触角；
f. 前胸背板；g. 鞘翅；h. 前足胫节；i. 后足跗节

毛臀齿爪鳃金龟 *Pedinotrichia yunnana*（Moser）

鳃金龟科 Melolonthidae *Pedinotrichia* 属

国内分布于云南；国外分布于柬埔寨。寄主植物是苹果。

主要识别特征（图 6-19）：①体棕褐色，薄被灰白粉层；②触角 10 节，鳃片部 3 节；③前胸背板前缘有 1~8 根纤毛，前角锐前伸，后角钝；④鞘翅纵肋Ⅰ后方扩阔，不与缝肋相接；⑤前足胫节外缘 3 齿。

雄外生殖器：①阳基侧突长于阳基，背面有清楚纵沟，端部 1/3 对称分裂为二，自中点向端渐收缩，止于 2/3 处，其后显著耳状横扩，末端几接触，腹面大部由膜相联；②阳茎中叶端片后部愈合，末端扁阔似斧。

图 6-19　毛臀齿爪鳃金龟 *Pedinotrichia yunnana*
a. 成虫♂；b~e. 雄外生殖器：b,c. 背面观；d. 侧面观；e. 腹面观；
f. 触角；g. 前胸背板；h. 鞘翅；i. 前足胫节

宽云鳃金龟 *Polyphylla (Gynexophylla) laticollis* Lewis

鳃金龟科 Melolonthidae　云鳃金龟属 *Polyphylla*

也称大云鳃金龟，国内分布于云南、黑龙江、甘肃、辽宁、吉林、内蒙古、宁夏、河北、山西、陕西、山东、河南、江苏、安徽、浙江、福建、四川、北京、青海、贵州；国外分布于朝鲜和日本。寄主植物有杨、柳、松、杉、榆、大豆、玉米等。

主要识别特征（图 6-20）：①体色栗褐色，体表覆有白、黄色鳞片构成的斑纹；②触角 10 节，雄虫鳃片部 7 节，大且弯曲；③鞘翅具鳞片构成的云状斑纹，肩凸明显；④雄虫腹部有宽纵向凹沟；⑤前足胫节外缘雄虫 2 齿，雌虫 3 齿。

雄外生殖器：①阳基侧突明显长于阳基，两部分约呈直角状；②阳基侧突细长，基部愈合端部分开，腹面呈钩状弯曲，末端斜截。

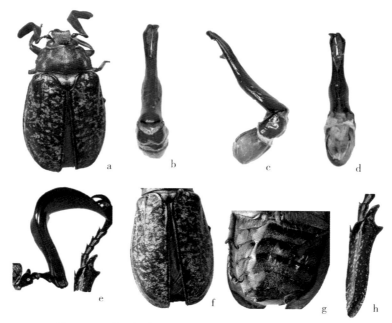

图 6-20　宽云鳃金龟 *Polyphylla (Gynexophylla) laticollis*

a. 成虫♂；b~d. 雄外生殖器：b. 背面观；c. 侧面观；d. 腹面观；e. 触角；f. 鞘翅；g. 腹部；h. 前足胫节

拟暗黑鳃金龟 *Rufotrichia simillima*（Moser）

鳃金龟科 Melolonthidae *Rufotrichia* 属

国内分布于云南、福建；国外无分布。

主要识别特征（图 6-21）：①体赤褐色，有蓝灰闪光层；②触角 10 节，鳃片部 3 节，鳃片部约与柄节等长；③前胸背板密布椭圆形刻点，前角近直角形，后角钝；④鞘翅纵肋 I 后方显著扩阔，与缝肋接近；⑤前足胫节外缘 2 齿，后跗节第 1 节显长于第 2 节。

图 6-21　拟暗黑鳃金龟 *Rufotrichia simillima*

a. 成虫♀；b. 触角；c. 前胸背板；d. 鞘翅；e. 前足胫节；f. 后足跗节

索鳃金龟 1 *Sophrops* sp.1

鳃金龟科 Melolonthidae　索鳃金龟属 *Sophrops* 待定种 1

国内分布于云南昆明。

主要识别特征（图 6-22）：①头、前胸背板黑色，余为暗褐色，体被白色霜状粉层；②唇基刻点深大密多连成皱状，前缘上卷中凹明显，后头具较光滑的横丘；③触角10节，雄虫鳃片部等于第3~7节之和；④前胸背板刻点大而深，密连成皱状，侧缘前半段呈锯齿缺刻且具毛，后半段完整，前、后角钝；⑤鞘翅光裸无毛，布粗大脐状刻点。

雄性外生殖器：①阳基侧突短，与阳基分离出 1 条膜质区；②两阳基侧突基半部相接背间缝明显，端半部呈宽披针状岔开，指状左右对称，俯视二阳基侧突末端围成 1 椭圆形孔。

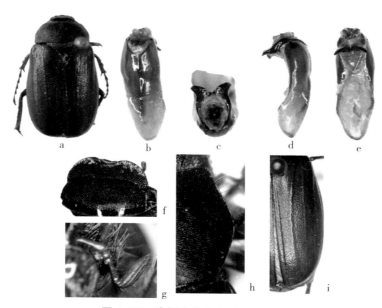

图 6-22　索鳃金龟 1 *Sophrops* sp.1

a. 成虫♂；b~e. 雄外生殖器：b、c. 背面观；d. 侧面观；e. 腹面观；f. 唇基；
g. 触角；h. 前胸背板；i. 鞘翅

索鳃金龟 2 *Sophrops* sp.2

鳃金龟科 Melolonthidae　索鳃金龟属 *Sophrops* 待定种 2

国内分布于云南昆明。

主要识别特征（图 6-23）：①体浅褐色，体被白色霜状粉层；②唇基前缘中凹明显，唇基、头部、前胸背板刻点深大匀密，连成皱状；③触角 10 节，雄虫鳃片部长于第 2~7 节之和；④前胸背板侧缘前半部具微小缺刻具毛，前、后角钝；⑤鞘翅光裸无毛，布粗大脐状刻点。

雄性外生殖器：①阳基侧突短，与阳基分离出 1 条膜质区；②二阳基侧突基半部相接背间缝明显，近基半部处呈叶片状岔开，顶端尖细，微微岔开，尖突向下弯曲似钩状，俯视二阳基侧突末端围成 1 椭圆形孔。

图 6-23　索鳃金龟 2 *Sophrops* sp.2

a.成虫♂；b~e.雄外生殖器：b,c.背面观；d.侧面观；e.腹面观；f.唇基；
g.触角；h.前胸背板；i.鞘翅

索鳃金龟 3 *Sophrops* sp.3

鳃金龟科 Melolonthidae　索鳃金龟属 *Sophrops* 待定种 3

国内分布于云南昆明。

主要识别特征（图 6-24）：①体深褐色，体被白色霜状粉层；②前胸背板凹凸不平不平，中央刻点不太均匀，深大连成皱状，前角锐，向前伸，后角钝；③雄虫鳃片部等于第 3~7 节之和。

雄性外生殖器：①阳基侧突短，与阳基分离出 1 条膜质区；②两阳基侧突基半部相接背间缝明显，近基半部处呈叶片状锐角岔开，顶端尖细，锐角岔开，尖突向前指出，俯视二阳基侧突末端围成一椭圆形孔。

图 6-24　索鳃金龟 3 *Sophrops* sp.3

a. 成虫♂；b~e. 雄外生殖器：b、c. 背面观；d. 侧面观；e. 腹面观；f. 前胸背板；g. 触角

喙丽金龟 *Adoretus* (*Adoretus*) *runcinatus* Lin

丽金龟科 Rutelidae　喙丽金龟属 *Adoretus*

国内分布于云南；国外分布于柬埔寨。昆明地区新纪录种。

主要识别特征（图 6-25）：①体棕色，被灰白色短细卧毛，底色显露；②唇基半圆形，黑色边缘后密生 1 列短毛，表面布锯齿状细刻和小粒疣；③上唇及喙状部边缘有锯齿状深裂，喙状部的中纵脊弱小或缺；④前胸背板前角直角，

后角宽圆；⑤前足胫节外缘3齿尖锐。

雄外生殖器：①阳基长于阳基侧突，阳基分为端段和基端；②阳基侧突愈合，于端部微微分开，外缘近端部具1逆向的小锐齿。

图6-25 喙丽金龟 *Adoretus (Adoretus) runcinatus*
a.成虫♂；b~d.雄外生殖器：b.背面观；c.侧面观；d.腹面观；
e.唇基；f.上唇和喙；g.前胸背板和前足胫节

褐腹异丽金龟 *Anomala russiventris* Fairmaire

丽金龟科 Rutelidae 异丽金龟属 *Anomala*

国内分布于云南、海南、福建、广东、广西、香港、贵州；国外分布于越南、泰国、缅甸、柬埔寨。寄主植物有云南松、板栗等。

主要识别特征（图6-26）：①体色墨绿带褐，臀板、腹板红褐色；②额唇基缝两侧各有1个凹隔；③前胸背板前角锐，后角直角；④鞘翅刻点行细密，具较宽膜质饰边；⑤腹部各节有1列褐色刚毛，臀板有皱纹，雄虫臀板毛较密长，雌虫较稀疏；⑥前足胫节外缘2齿，前、中足大爪均分裂。

雄外生殖器：①阳基长于阳基侧突；②阳基侧突较对称，左右二阳基侧突基部愈合，中部分裂成两片状，端部延伸尖锐呈钩状向前弯曲。

图 6-26　褐腹异丽金龟 *Anomala russiventris*

a. 成虫♂；b~d. 雄外生殖器：b. 背面观；c. 侧面观；d. 腹面观；
e. 前胸背板；f. 鞘翅；g. 膜质饰边；h. 腹部；i. 前足胫节；j. 爪

泰黄异丽金龟 *Anomala siamensis*（Nonfried）

丽金龟科 **Rutelidae**　异丽金龟属 *Anomala*

国内分布于云南（昆明）、贵州；国外分布于泰国。云南省新纪录种，昆明地区新纪录种。

主要识别特征（图 6-27）：①体浅黄褐色，头顶及唇基前缘黑褐色；②前胸背板边框黑褐色，前角锐向前伸出，后角圆钝，后缘边框完整，中部不中断；③鞘翅边框及缝肋黑色；④臀板边缘黑褐色，具不规则皱纹，腹面黄褐色，腹板线黑褐色；⑤前足胫节外缘3齿，中后足大爪不分裂。

雄外生殖器：①阳基长于阳基侧突；②阳基长大，分端段和基段；③阳基侧突颜色较深，左右对称，端部侧缘具宽边，边缘不规则锯齿状。

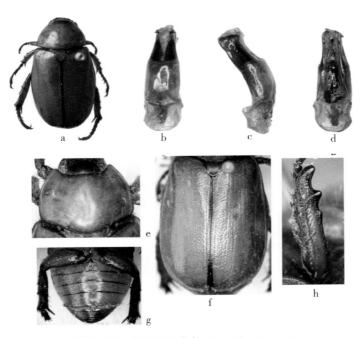

图 6-27 泰黄异丽金龟 *Anomala siamensis*
a. 成虫♂；b~d. 雄外生殖器：b. 背面观；c. 侧面观；d. 腹面观；
e. 前胸背板；f. 鞘翅；g. 腹板；h. 前足胫节

三带异丽金龟 *Anomala trivirgata* Fairmaire

丽金龟科 **Rutelidae** 异丽金龟属 *Anomala*

国内分布于云南、甘肃、贵州、江西、湖北、陕西、山西、河南、福建、四川；国外分布于不丹、尼泊尔、越南。昆明地区新纪录种。

主要识别特征（图 6-28）：①体黄褐色，带漆光；②前胸背板具 3 条黑褐色纵带斑，具中纵沟，后缘沟线全缺；③鞘翅中部有 1 圆斑，肩突后方有 1 小斑，有时扩展连成波曲状横带，臀板、腹部均具褐斑；④前足胫节外缘 2 齿，♂顶齿较短小，♀顶齿较长且向外稍弯；⑤♂腹部较宽短，具纵向凹沟，♀腹部较圆长，平坦饱满。

雄外生殖器：①阳基侧突不对称，延伸呈一管状突，于端部回折，其下部有 1 膜片状突出。

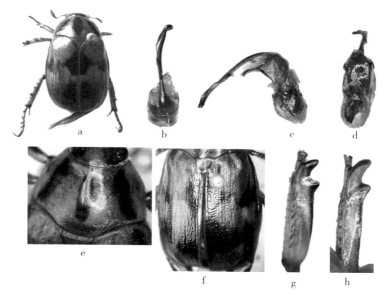

图 6-28　三带异丽金龟 *Anomala trivirgata*
a. 成虫♂；b~d. 雄外生殖器：b. 背面观；c. 侧面观；d. 腹面观；
e. 前胸背板；f. 鞘翅；g. ♂前足胫节；h. ♀前足胫节

黑锈花金龟 *Anthracophora siamensis* Kraatz

花金龟科 Cetoniidae　锈花金龟属 *Anthracophora*

　　国内分布于云南、福建、陕西、广西；国外分布于印度。寄主植物是栎类。昆明地区新纪录种。

　　主要识别特征（图 6-29）：①全体黑色，散布不规则暗褐色绒斑；②全体散布"⌒"形皱纹，鞘翅肩突和后突明显，表面凹凸不平，稀大刻纹多置于凹坑内；③中胸腹突小，三角形，基部有一排黄色绒毛；④足短壮，密布粗糙刻纹，前足胫节外缘 3 齿。

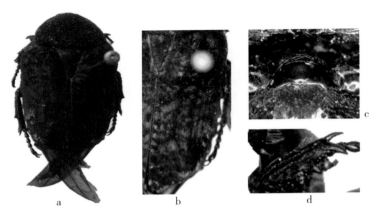

图 6-29　黑锈花金龟 *Anthracophora siamensis*

a. 成虫♀；b. 鞘翅；c. 中胸腹突；d. 前足胫节

斑青花金龟 *Gametis bealiae*（Gory et Percheron）

花金龟科 Cetoniidae　小绿花金龟属 *Gametis*

国内分布于云南、江苏、浙江、安徽、福建、江西、广东、广西、海南、四川、贵州、湖北、湖南；国外分布于越南、印度。寄主植物有白蜡树、柑橘、栎类、女贞等。昆明地区新纪录种。

主要识别特征（图 6-30）：①体色黑色；②唇基前面强烈收狭，前缘稍上翘，中凹较深；③前胸背板褐黄色，两侧密布粗大刻点和皱纹，中间有 2 个黑色近三角形大斑；④鞘翅表面有 2 个褐黄色大斑，几乎占每个翅 1/3，大斑的后外侧有 1 横向、近于三角形绒斑；⑤臀板密布横向皱纹和浅黄色短绒毛，中部横排 4 个浅黄色绒斑；⑥前足胫节外缘 3 齿，后足腿节和胫节的内侧密布穗状长绒毛。

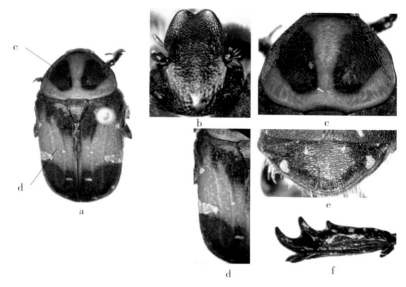

图 6-30　斑青花金龟 *Gametis bealiae*

a. 成虫♀；b. 唇基；c. 前胸背板；d. 鞘翅；e. 臀板；f. 前足胫节

小青花金龟 *Gametis jucunda*（Faldermann）

花金龟科 Cetoniidae　小绿花金龟属 *Gametis*

广布种，全国各地有分布，亚洲及北美洲有分布。寄主植物有棉花、板栗、桃、杏、苹果、梨、李、柞树、女贞、栎类等。

主要识别特征（图 6-31）：①唇基狭长，前部强烈变窄，前缘中凹较深；②前胸背板密布小刻点和长绒毛，两侧的刻点和皱纹为黑色且密粗；③鞘翅表面遍布稀疏弧形刻点和浅黄色长绒毛，散布白绒斑；④臀板密布粗糙横向皱纹，近基部横排 4 个圆形白绒斑；⑤前足胫节外缘 3 齿，中、后足胫节外侧具中隆突。

雄外生殖器：①阳基侧突较阳基短；②阳基侧突左右对称，不分离，但有分隔缝。

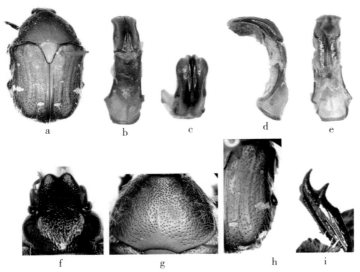

图 6-31　小青花金龟 *Gametis jucunda*

a. 成虫♂；b~e. 雄外生殖器：b, c. 背面观；d. 侧面观；e. 腹面观；f. 唇基；
g. 前胸背板；h. 鞘翅；i. 前足胫节

赭翅臀花金龟 *Campsiura* (*Eucampsiura*) *mirabilis*（Faldermann）

花金龟科 Cetoniidae　臀花金龟属 *Campsiura*

国内分布于云南、甘肃、重庆、江苏、浙江、江西、湖北、湖南、广东、广西、海南、四川、贵州、山西、河北、辽宁、陕西、北京；国外无分布。寄主植物有柑橘、国槐等。昆明地区新纪录种。

主要识别特征（图 6-32）：①体黑色，唇基、鞘翅黄褐色；②前胸背板两侧各有 1 条内侧中凹黄带；③鞘翅狭长，肩部最宽，肩后外缘强烈弯曲，两侧向后略变窄，表面在赭色部分有深浅不同隐在里面的透明状不规则网纹；④中胸腹突较小；⑤前足胫节外缘 2 齿，雌强雄弱，具大小不一两爪。

雄外生殖器：①阳基长于阳基侧突；②阳基基部最宽、侧缘隆突，中后部收缩；③阳基侧突对称，左右二阳基侧突分裂不明显，中部有明显分裂缝，端部收缩较尖，背部较隆突。

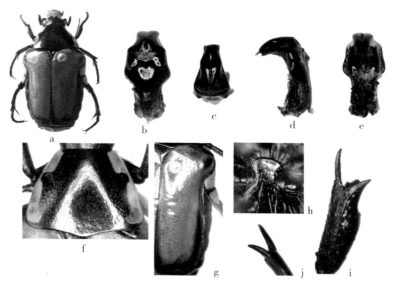

图 6-32 赭翅臀花金龟 *Campsiura (Eucampsiura) mirabilis*
a. 成虫♂；b~e. 雄外生殖器：b,c. 背面观；d. 侧面观；e. 腹面观；
f. 前胸背板；g. 鞘翅；h. 中胸腹突；i. 前足胫节；j. 爪

横纹伪阔花金龟 *Pseudotorynorrhina fortunei*（Saunders）

花金龟科 Cetoniidae　伪阔花金龟属 *Pseudotorynorrhina*

国内分布于云南、江苏、江西、浙江、福建、广东、广西、四川、贵州；国外分布于日本，越南。寄主植物有柑橘、荔枝、栎类等。昆明地区新纪录种。

主要识别特征（图 6-33）：①体型中等，较扁平，苹果绿色泛强烈橙红色，部分胫节、跗节、触角等为红褐色、深褐色或褐色；②前胸背板后缘接近横直，中凹较浅；③鞘翅背面密布褐色横向波纹状皱纹；④胸腹突细长中等，前端圆，两侧平行；⑤♂腹部有 1 深纵凹，♀腹部饱满平坦；⑥足细长，散布粗糙刻点和皱纹，前足胫节雄虫较狭长，外缘 1 齿，雌虫较宽，外缘 2 齿，中、后足胫节内侧排列金黄色长绒毛。

雄外生殖器：①阳基侧突长于阳基，侧缘强烈分段弧弯；②左右阳基侧突不分裂，分为端段和基段，基段与阳基几垂直，端段向斜上方弧弯，端部收缩。

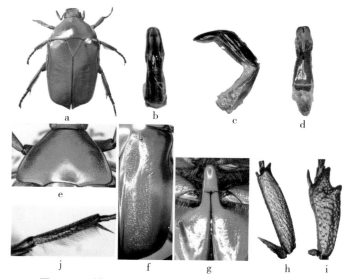

图 6-33　横纹伪阔花金龟 *Pseudotorynorrhina fortunei*

a.成虫♂；b~d.雄外生殖器：b.背面观；c.侧面观；d.腹面观；e.前胸背板；f.鞘翅；

g.中胸腹突；h.♂前足胫节；i.♀前足胫节；j.中、后足胫节

紫罗花金龟 *Rhomborhina (Rhomborhina) gestroi* Moser

花金龟科 Cetoniidae　罗花金龟属 *Rhomborhina*

　　国内分布于云南、江西、浙江、湖南、海南、广东、西藏；国外分布于印度。寄主植物有柑橘、荔枝、栎类等。昆明地区新纪录种。

　　主要识别特征（图 6-34）：①体表面釉亮，体色紫罗兰色；②颊、胸部、足上均被黄绒长毛；③前足胫节雄窄雌宽，外缘雄虫 1 齿，雌虫 2 齿；④中胸腹突较细长，向前强烈延伸，达前足基节，前端圆，两侧近于平行，散布细小刻点；⑤两爪均几等，大而弯曲。

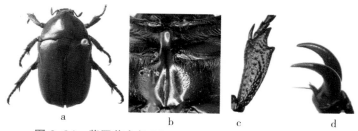

图 6-34　紫罗花金龟 *Rhomborhina (Rhomborhina) gestroi*

a.成虫♀；b.中胸腹突；c.前足胫节；d.爪

细纹罗花金龟 *Rhomborhina (Rhomborhina) mellyi*（Gory et Percheron）

花金龟科 Cetoniidae 罗花金龟属 *Rhomborrhina*

国内分布于云南、四川、西藏；国外分布于尼泊尔、缅甸、老挝、印度、锡金、泰国、柬埔寨、越南等。寄主植物有苹果、栎等。昆明地区新纪录种。

主要识别特征（图 6-35）：①体型宽大，墨绿色，表面釉亮泛橘黄色，腹部杏红色较多，腿节绿色泛杏红，胫节绿色带蓝色，跗节黑色带绿色；②前胸后缘近横直，中凹较浅；③中胸腹突较厚大，前部稍宽，前端圆；④鞘翅中前部光滑无刻点，后部密布稀疏刻点和细皱纹；⑤每节腹板两侧、足上密布皱纹；⑥雄虫前足胫节较窄，外缘 1 齿，雌虫较宽，外缘 2 齿。

雄外生殖器：①阳基与阳基侧突几等长，整体弧弯，宽度相等；②阳基侧突端部收尖，左右阳基侧突分裂不明显，分裂缝明显，背部突出。

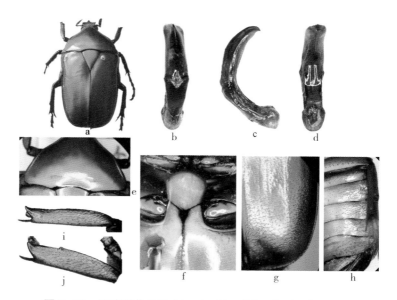

图 6-35　细纹罗花金龟 *Rhomborhina (Rhomborhina) mellyi*
a. 成虫♂；b~d. 雄外生殖器：b. 背面观；c. 侧面观；d. 腹面观；e. 前胸背板；f. 中胸腹突；
g. 鞘翅；h. 腹板；i. ♂前足胫节；j. ♀前足胫节

十点绿斑金龟 *Tibiotrichius dubernardi*（Pouillaude）

斑金龟科 **Trichiidae**　斑金龟属 *Tibiotrichius*

国内分布于云南、甘肃、陕西、广西、四川、西藏；国外无分布。寄主植物有柑橘、栎类、珍珠梅、女贞等。昆明地区新纪录种。

主要识别特征（图6-36）：①体上除臀板外呈深绿色（绿色型）或紫红色（紫红色型），散布白绒斑；②唇基前缘中凹较深，两前角稍圆；③前胸背板中央两侧各有1个白色小圆斑，两侧沿边框各有一条白绒带，有些断为2~4部分；④鞘翅有的被天鹅绒状粉末分泌物，每翅有5条由"⌒"形刻纹组成的刻点行，每翅有10个白绒斑；⑤前、中、后胸腹板、臀板均有白绒斑分布；⑥足细长，前足胫节外缘雄虫1齿，雌虫2齿，后足跗节明显长于胫节，3~5节为浅黄色。

图6-36　十点绿斑金龟 *Tibiotrichius dubernardi*
a, b. 成虫♀：a. 绿色型 b. 紫红色型；c. 唇基；d. 前胸背板；e. 鞘翅；f. 前足胫节；g. 后足跗节

橡胶木犀金龟 *Xylotrupes gideon*（Linnaeus）

犀金龟科 **Dynastidae**　木犀金龟属 *Xylotrupes*

国内分布于云南、台湾、广东、广西、海南、福建、西藏；国外分布于越南、老挝、柬埔寨、缅甸、泰国、马来西亚、孟加拉国、印度、菲律宾、印度尼西亚、巴布亚新几内亚、澳大利亚、不丹、锡金、巴基斯坦、斯里兰卡等。寄主植物有橡胶、凤凰木、甘蔗等。昆明地区新纪录种。

主要识别特征（图 6-37）：雄虫：①体色褐红至褐色；②额角前倾，端部分叉；③前胸背板中部伸出 1 强壮前倾角突，端部分叉、微下弯；④鞘翅似革质，密布不规则微刻点；⑤前足胫节外缘 3 齿，中、后足胫节上有齿突，后足两爪大小几相等，爪垫明显。

雌虫：①通常更晦暗，背面更皱褶；②头部十分皱褶，额部有两极微小瘤突；③前胸背板布粗大刻点，前部和侧部刻点融合。

雄外生殖器：①背面俯视阳基侧突端部近卵圆形，端部强烈扩大但不突出；②端部内缘部分背腹面均生有纤毛丛，中央未骨化部分腹面观仍可见。

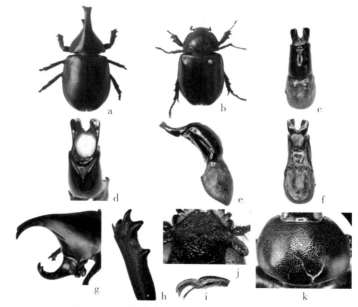

图 6-37　橡胶木犀金龟 *Xylotrupes gideon*

a, b. 成虫：a. ♂ b. ♀；c~f. 雄外生殖器：c, d. 背面观；e. 侧面观；f. 腹面观；

g. 角突；h. 前足胫节；i. 爪；j. ♀头部；k. ♀前胸背板

蜣螂 _Copris_ sp.

金龟科 Scarabaeidae　蜣螂属 _Copris_ 待定种

国内分布于云南昆明。

主要识别特征（图 6-38）：①体黑色，长椭圆形；②头面中央有 1 矮锥形突，唇基阔大，与眼脊片连接成扇形，前缘凹缺，两条细突起延伸到复眼侧；③前胸背板短阔，密布刻点，前角圆钝向前伸，中央两侧各有一凹坑，后缘有横沟布圆大刻点；④无小盾片；⑤鞘翅 8 条刻点沟明显；⑥前足外缘 3 齿。

雄性外生殖器：①阳基侧突短于阳基；②阳基近圆筒形，分为端段和基段；③阳基侧突左右对称，中间有膜质连片。

图 6-38　蜣螂 _Copris_ sp.

a. 成虫♂；b~d. 雄外生殖器：b. 背面观；c. 侧面观；d. 腹面观；e. 唇基与头部；

f. 前胸背板；g. 鞘翅；h. 前足胫节

镰双凹蜣螂 *Onitis falcatus*（Wulfen）

金龟科 Scarabaeidae　凹蜣螂属 *Onitis*

国内分布于云南、山西、河北、山东、河南、江苏、浙江、湖北、江西、福建、台湾、广东、海南、广西、重庆、台湾、四川、贵州；国外分布于越南、老挝、缅甸、印度、菲律宾、马来半岛等。昆明地区新纪录种。

主要识别特征（图6-39）：①体黑色；②唇基密布横皱纹，后中部有1短锐横脊，额唇基缝呈中断横脊；③眼上刺突发达，与唇基连接处呈斜脊；④额、头顶均布小疣凸，额中有1矮锥突；⑤前胸背板前角近直角形，后角圆弧形，后方中段有成对浅显凹坑；⑥小盾片甚小，但可见；⑦鞘翅两侧近平行，有7条纵沟纹；⑧前足胫节雄虫狭长，端部弧弯，雌虫扁阔而直，外缘4齿。

雄外生殖器：①阳基稍长于阳基侧突；②阳基圆筒形；③阳基侧突对称，基部较宽，端部渐收缩，呈钩状弯。

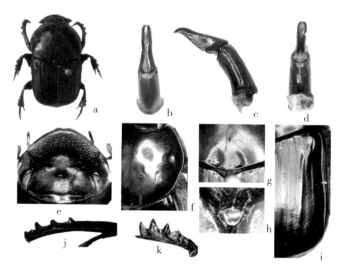

图 6-39　镰双凹蜣螂 *Onitis falcatus*

a. 成虫♂；b~d. 雄外生殖器：b. 背面观；c. 侧面观；d. 腹面观；e. 唇基；f. 前胸背板；g. 凹坑；h. 小盾片；i. 鞘翅；j. ♂前足胫节；k. ♀前足胫节

嗡蜣螂 *Onthophagus* sp.

金龟科 Scarabaeidae　嗡蜣螂属 *Onthophagus* 待定种

国内分布于云南昆明。

主要识别特征（图 6-40）：①头、胸、腹面为黑色泛橘绿色，鞘翅黄褐色，有不规则黑斑，全体被具毛刻点；②唇基与眼脊片连成一片，几乎遮住复眼，从额部向后延伸 1 长突；③前胸背板隆拱；④无小盾片；⑤鞘翅刻点沟线可辨，但不明显；⑥前足胫节外缘 4 齿，端部不平截。

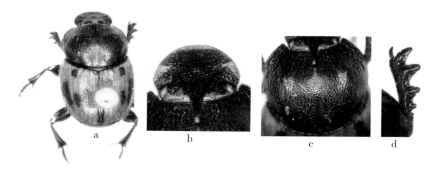

图 6-40　嗡蜣螂 *Onthophagus* sp.
a. 成虫♀；b. 头部；c. 前胸背板；d. 前足胫节

戴联蜣螂 *Synapsis davidis* Fairmaire

金龟科 Scarabaeidae　联蜣螂属 *Synapsis*

国内分布于云南、福建、四川、贵州、西藏；国外分布于越南、老挝、孟加拉国、印度等。昆明地区新纪录种。

主要识别特征（图 6-41）：①体大型全体黑色；②唇基前缘深深凹切，眼上刺突向侧延伸呈尖角形，头顶有 1 显著矮锥形丘突，头面前部横皱，侧后方布微小疣凸；③前胸背板短阔，宽为长之倍余，布粗密小疣凸，侧缘侧段明显三齿形，侧缘后段有眉形脊线联框；④无小盾片；⑤鞘翅有 6 条浅弱纵沟线，缘折宽，向内折；⑥前足胫节外缘 3 齿，后足腿节后缘基部有 1 小齿突。

图 6-41　戴联蜣螂 *Synapsis davidis*
a. 成虫♀；b. 唇基；c. 前胸背板；d. 前足胫节；e. 后足腿节

粪金龟 *Geotrupes* sp.

粪金龟科 Geotrupidae　粪金龟属 *Geotrupes* 待定种

国内分布于云南昆明。

主要识别特征（图 6-42）：①体色黑色泛紫光；②唇基半圆形，头部凹凸不平，密布粗糙突起，额部有丘突长圆形；③触角 11 节，鳃片部 3 节等长，中间节正常；④前胸背板粗糙，密布细小突起，近前缘中段有 1 斜丘形突起，前缘近端部有尖锐齿突；⑤前足胫节外缘有 6 齿，中、后足胫节均有端距2 枚。

图 6-42　粪金龟 *Geotrupes* sp.
a. 成虫♀；b. 唇基与头部；c. 触角；d. 前胸背板；e. 前足胫节；f. 端距

二、常见金龟分种检索

　　根据成虫的形态特征，用双项式检索表的编制方法编制昆明地区园林常见金龟成虫分种检索表。

昆明地区园林常见金龟分种检索表

　　1. 触角鳃片部常不呈薄片状，不能相互闭合；腹部仅见 5 个腹板……………………… 2

　　1. 触角鳃片部各节薄片状，开合自如；腹部腹板 6 个，稀有 5 个………………………… 4

　　2. 体黑色，中大型或大型，眼缘达眼直径的 4/5，雄虫前胸背板侧缘有侧角 ………… 3

　　2. 体黑色带红褐色，中型，眼缘不达眼直径的 4/5，雄虫前胸背板侧缘没有侧角；触角柄节倒数第 1、2 节内侧有刚毛，第 3 节无刚毛；前足胫节端部二分叉，外翻不明显，中后足胫节上有 1 小齿…………………………… 莫氏小刀锹 *Falcicornis moellenkampi*

　　3. 雄虫中大型，上颚短于头胸总长，上颚中部有 1 对三角形大齿对立；前胸背板第一侧角位于侧缘前部；鞘翅有微刻点纵线；雌虫头顶有 2 个近圆形的小起… 安达大锹 *Dorcus antaeus*

　　3. 雄虫大型，上颚几等于头胸总长，大双齿形，大颚中部靠后有 1 对主内齿，二叉形，端部有 1 三角形内齿；前胸背板第一侧角位于侧缘中点或中点以后；鞘翅光滑；雌虫头部密布粗糙刻点群，前胸背板中央区域光滑，边缘区域具深大刻点群；鞘翅上有不少于 10 条的

明显纵肋···拟瑞奇大锹 *Dorcus cervulus*

　4. 腹部气门位于一直线上，各气门存于背腹两板间的膜上，均被鞘翅所覆盖，颊与唇舌有一缝线相隔；后足胫节有1端距，小盾片不发达；中足基节左右分离甚远；臀板外露，触角8节或9节··· 5

　4. 腹部气门至少端部数对位于腹板侧端，最后1对气门不为鞘翅所覆盖，颊与唇舌常合而不分；后足胫节有2端距，小盾片发达；中足基节十分接近···················· 6

　5. 前胸背板侧缘有2道框脊联成封闭的框，前缘侧段3齿形；头部唇基前缘深凹，眼上刺突侧伸成尖长角突······································戴联蜣螂 *Synapsis davidis*

　5. 前胸背板侧面仅有1道边框，后中基部有1对浅显凹坑，前足胫节外缘4齿，雄虫前胫狭弯，端齿弱小不整，雌虫则宽而直，4齿大而均匀 ··········镰双凹蜣螂 *Onitis falcatus*

　6. 腹部气门稍分开成2列，各列几乎成1条直线；至少后足的爪大小相等，具1小齿，但不能活动，稀有仅具1爪的·· 7

　6. 腹部气门明显开成2列，各列形成2线···20

　7. 后足胫节2端距下生，相距较近···8

　7. 后足胫节2端距着生于跗节两侧，相距远；前胸背板无沿·························19

　8. 触角10节，鳃片部4~7节···9

　8. 触角8~10节，鳃片部均3节组成 ···12

　9. 触角鳃片部♂7节，♀5~6节···10

　9. 触角鳃片部雌雄皆5节，头顶有高锐横脊，前胸背板后侧角圆弧形；鞘翅无纵肋，缘折有成列长大纤毛，下缘有透明膜质饰边············巨角多鳃金龟 *Megistophylla grandicornis*

　10. 鞘翅纵肋明显；中足基节之间有前伸的中胸腹突 ·····································11

　10. 鞘翅纵肋不明显，鞘翅具由鳞毛构成的云状斑纹；无中胸腹突·····················

···宽云鳃金龟 *Polyphylla (Gynexophylla) laticollis*

　11. 体色深褐色；前胸背板侧缘后1/3平滑，其余锯齿形；中胸腹突达前足基节；腹板侧端具三角形黄白毛斑；臀板端部锐缩；前足胫节外缘雄虫2齿·····························

···灰胸突鳃金龟 *Melolontha incana*

　11. 体色浅褐色；前胸背板侧缘后1/3平滑，其余锯齿形；中胸腹突达前足基节中部；腹板侧端具近圆形黄毛斑；臀板端部缓缩，中纵线明显；前足胫节外缘雄虫3齿·····················

···脊胸鳃金龟 *Melolontha carinata*

　12. 体上面除绒毛外，不被鳞片 ···13

　12. 体上面除具毛刻点外还被有宽大乳白鳞片，组成乳白条斑或斑点；雄虫鳃片部细长，是柄节的2.5倍；前胸背板阔，密布针尖形卧毛，中纵有乳白纵带，带区凹陷成一纵沟；鞘翅4条纵肋皆显著，每一纵肋两侧各有1~2列乳黄尖狭鳞片，背面3道列间带被有乳白椭圆

鳞片·· 雅鳃金龟 *Dedalopterus signatus*

13. 唇基很阔，前胸背板前缘具革质边缘；体小型，黑褐色或红褐色；额唇基缝下陷，中段后弯，额部密布深大刻点，沿额唇基缝陡隆，前中部凹陷；鞘翅平坦，缝肋及 4 条纵肋清楚，侧缘前段明显钝角形扩阔，缘折宽·················· 黑阿鳃金龟 *Apogonia cupreoviridis*

13. 唇基略宽，前胸背板前缘无革质边缘 ··14

14. 触角 10 节，前胸背板最阔点在中点或接近中点；鞘翅有 4 条纵肋 ·················15

14. 触角 9~10 节，前胸背板最阔点在中点后方，接近基部·································18

15. 鞘翅纵肋Ⅰ后方多少清楚扩阔，爪基部下方弧形 ···································16

15. 鞘翅纵肋Ⅰ后方收狭，爪基部下方呈直角 ···17

16. 体上方及足褐色至赤褐色，头、胸色较深，呈黑褐色，下方色淡黄至茶褐，上方被显著灰白粉层，足光亮；前胸背板刻点在后中部密集，侧缘前段疏布缺刻，缺刻有毛，后段直形，前后角皆钝；鞘翅纵肋后部较模糊，纵肋Ⅰ后部微扩阔；前足胫节外缘雌虫 3 齿··· 昆明齿爪鳃金龟 *Holotrichia kunmina*

16. 体赤褐色或黑褐色，有蓝灰闪光层；前胸背板密布椭圆形刻点，侧缘弧形扩阔，中点最阔，前角近直角形，后角钝；鞘翅纵肋清楚，纵肋Ⅰ后部显著扩阔；前足胫节外缘雌虫 2 齿·· 拟暗黑鳃金龟 *Holotrichia simillima*

17. 体色深褐或赤褐色，薄被灰白闪光层；前胸背板密布深大刻点，中部许多刻点具粗长毛，前缘密生杂乱长毛，侧缘锯齿形，前角锐，后角直角形，后缘侧段沉陷似台阶；鞘翅纵肋Ⅰ后部收狭··································· 粗狭肋鳃金龟 *Eotrichia scrobiculata*

17. 体茶黄色；前胸背板侧缘几完整，无具毛缺刻，后缘边框斜塌，横脊不显著，前角近直角形，后角钝；后足跗节第 1 节等于第 2 节········ 越南狭肋鳃金龟 *Eotrichia tonkinensis*

18. 体茶褐色；触角 9 节，头顶具高锐横脊；唇基前缘显著中凹，边缘明显上卷；前胸背板前缘具宽阔截痕，前角成缺角，侧缘光滑无缺刻，后角钝；鞘翅密布刻点，光亮无毛，缝肋明显，纵肋全缺 ·························· 匀脊鳃金龟 *Miridiba aequabilis*

18. 体棕褐色或头胸颜色略深，薄被灰白粉层；触角 10 节，头顶简单无横脊；唇基似梯形，前缘中凹浅；前胸背板前缘边框侧段有纤毛 1~8 根，侧缘前段几直，前角锐角，明显前伸，后角钝；鞘翅刻点稀，纵肋清楚，纵肋Ⅰ后方扩阔，不与缝肋相接·· 毛臀齿爪鳃金龟 *Pedinotrichia yunnana*

19. 体淡棕色，体表有丝绒般闪光；唇基短小，密布刻点，纵脊不明显；前胸背板短阔，密布刻点，侧缘后段多少内弯，接近弧形；后足胫节扁阔，光滑几乎无刻点·· 小阔胫玛绢金龟 *Maladera ovatula*

19. 体金黄色，全体呈丝绒状并具强珍珠光泽；唇基梯形，前缘窄，上疏布粗大刻点，中央具纵隆线；前胸背板宽短，上疏布黄褐色长刺毛，前侧角锐、前伸，后侧角圆钝；后足

胫节偏阔，内外缘均具刺毛群······················金色玛绢金龟 *Maladera assamica*

　20. 爪不等长，可以活动，较短爪末端不分叉 ·····························21

　20. 爪至少在后足上等长 ···24

　21. 上唇膜质，前缘中部不延伸成喙状，触角9节；前胸背板后缘中段弧形后扩或近横直；前足基节之间无垂突，中胸腹板无腹突·························22

　21. 上唇角质，前缘中部延伸呈喙状，触角10节；唇基半圆形，边缘上卷，表面布锯齿状细刻和小粒疣；前胸背板前角直角，后角宽圆；鞘翅纵肋稍隆起；腹部侧缘具隆脊········
·····················喙丽金龟 *Adoretus (Adoretus) runcinatus*

　22. 前胸背板后缘边框不完整，中部中断；前、中足大爪分裂 ·············23

　22. 前胸背板后缘边框完整，中部不中断；中足大爪不分裂；体浅黄褐色，体各部边缘具黑褐色边框，头顶、唇基前缘、前足胫节外侧的齿及跗节黑褐色；鞘翅具浅纵肋，肋间具刻点·····················泰黄异丽金龟 *Anomala siamensis*

　23. 胸部腹面与腹部颜色不一致，体上部墨绿色泛褐色，光滑、泛强烈金属光泽；胸部腹板、足墨绿色，臀板、腹板红褐色；鞘翅刻点行细密，具较宽膜质饰边·················
·····················褐腹异丽金龟 *Anomala russiventris*

　23. 体色黄褐色，前胸背板具3条黑褐色斑纵带，鞘翅中部及臀部基部两侧角处有黑褐色斑块，此斑因个体不同而变化大·····················三带异丽金龟 *Anomala trivirgata*

　24. 上颚于背面可见，或多或少变宽，前足基节横向；性二态现象显著，其雄虫头、前胸有巨大角突；唇基宽大且前缘浅凹，雄虫额角和前胸背角分叉，额角后缘有一齿突；雌虫额部有两个微小瘤突·····················橡胶木犀金龟 *Xylotrupes gideon*

　24. 上颚于背面不可见，不变宽，前足基节通常呈圆锥形 ·····················25

　25. 背面观中胸后侧片可见；鞘翅侧缘在近基部向内弯曲 ·····················26

　25. 背面观中胸后侧片不可见，鞘翅侧缘基部不内弯，前胸背板后方比鞘翅基部狭；体上除臀板外呈深绿色或紫红色，臀板和腹面为紫红色，体上有白绒斑，鞘翅被天鹅绒状粉末分泌物；足细长，后足跗节明显长于胫节·····················十点绿斑金龟 *Tibiotrichius dubernardi*

　26. 上颚薄片状，额不发达 ·····················27

　26. 上颚发达大而厚，不呈薄片状；臀板突出，中央有纵脊，两侧具隆突和凹陷；全体釉亮，前胸背板两侧缘为黄色；鞘翅除外缘宽黑带和狭窄黑色，接缝处全为赭色；鞘翅肩后外缘强烈弯曲，表面有透明状不规则网纹··· 赭翅臀花金龟 *Campsiura (Eucampsiura) mirabilis*

　27. 体色华丽釉亮，有孔雀绿、紫罗兰等色，有的种类体表常泛杏红色；中胸腹突向前延伸；鞘翅肩后外缘弯曲·····················28

　27. 体色黑色，无金属光泽；中胸腹突小，三角形；鞘翅肩后外缘直；全体散布"︿"形皱纹，鞘翅肩突和后突明显·····················黑锈花金龟 *Anthracophora siamensis*

28. 体表绿色或微泛红色 ···29

28. 体表不呈绿色或微带绿色，表面光亮，紫罗兰色；中胸腹突较细长，向前强烈延伸，达前足基节，前端圆，两侧近于平行·············*紫罗花金龟 Rhomborhina (Rhomborhina) gestroi*

29. 体型中或大型，体色绿色，表面釉亮，泛橘黄色色泽，腹部杏红色较多，腿节绿色泛杏红，胫节绿色带蓝色；中胸腹突较厚大，前部稍宽，前端圆············

·····································*细纹罗花金龟 Rhomborhina (Rhomborhina) mellyi*

29. 体型小型或中小型，较扁平，苹果绿色泛强烈橙红色，部分胫节、跗节、触角等为红褐色、深褐色或褐色；鞘翅背面密布褐色横向波纹状皱纹；中胸腹突细长中等，前端圆，两侧平行·····················*横纹伪阔花金龟 Pseudotorynorrhina fortunei*

第三节　园林主要金龟发生与防控

一、园林金龟的发生规律

金龟类害虫幼虫为害植物根茎及幼苗，成虫取食植物叶片，既是地下害虫，也是食叶害虫。由于幼虫在土壤中生活，不易察觉，而成虫发生高峰期持续时间长达数月，防治较为困难，故而金龟类害虫在园林生态系统发生较为普遍，其中，尤以鳃金龟类和丽金龟类发生普遍且严重。以昆明市翠湖公园为例，在2015年4月至2016年2月期间，公园内设置了3盏全自动太阳能诱虫灯，诱集到鳃金龟科431头，丽金龟科289头。

金龟类成虫发生高峰期集中在6~9月。2015至2016年，在昆明市翠湖公园、海口林场森林公园、呼马山森林公园、西南林业大学校园等多个地点以灯诱法为主进行了金龟调查，6月采集到金龟1209头，7月采集到262头，8月采集到693头，9月采集到62头，可见昆明地区园林金龟成虫发生高峰期是6~9月，而6月发生数量最大，其次是8月。

昆明地区园林发生数量较大的金龟种类约10余种，发生量最大的是鳃金龟科的一种，由于鉴定困难，尚未鉴定到种。2015—2016年的调查显示，昆明地区园林发生数量较大的金龟种类主要包括鳃金龟科待定种1、绢金龟族待定种、褐腹异丽金龟、脊胸鳃金龟、索鳃金龟1、喙丽金龟、灰胸突鳃金龟、三带异丽金龟、黑阿鳃金龟、匀脊鳃金龟、小阔胫玛绢金龟等。不同地点常见金龟种类有一定变化。在昆明市翠湖公园，主要发生种类是褐腹异丽金龟、绢金龟族待定种、匀脊鳃金龟、索鳃金龟1；在海口林场森林公园，灰胸突鳃金龟、脊胸鳃金龟、绢金龟族待定种等较为常见；在呼马山森林公园，常见金龟种类是绢金龟族待定种、索鳃金龟1、褐腹异丽金龟和三带异丽金龟等；而在西南林

业大学校园，鳃金龟科待定种 1、绢金龟族待定种和喙丽金龟较为常见。

二、园林金龟的防控

由于金龟类幼虫和成虫均为害寄主植物，因而在金龟类的防治上宜采取成虫与幼虫防治相结合的措施，在成虫出土活动期进行灯诱或放置诱饵以减少其数量、特别是雌虫数量，可以有效地减少幼虫的数量。对于园林育苗及苗圃管理，由于蛴螬在植物的苗期、生长期甚至生长后期均产生为害，蛴螬的防控宜在育苗期与生长期的管理中持续进行，依据不同金龟种类的发生规律，贯彻育苗期与生长期防治相结合的原则进行治理。金龟类的防治通常有以下几种方法。

（1）栽培措施防治。苗圃地秋末深耕可增加蛴螬的越冬死亡率，招引食虫鸟寻食成虫和幼虫；蛴螬喜在腐殖质中生活，施厩肥时要腐熟，追施厩肥时避开蛴螬活动盛期，肥料要掩埋好；在蛴螬为害高峰期浇水，可溺死部分幼虫；金龟子喜在地边杂草处活动，及时清除苗圃地杂草可减少虫口数量；在成虫产卵期及时中耕也可消灭部分卵和初孵幼虫。

（2）物理器械防治。在成虫羽化期用黑光灯、或其他引诱物诱杀。利用成虫的假死习性于傍晚振落上树的成虫捕杀。

（3）生物防治。采用蛴螬乳状杆菌乳剂、大黑臀土蜂防治幼虫，可利用金龟性腺粗提物或未交配的雌活体诱杀成虫。

（4）化学防治。种子用 50%~75% 辛硫磷 2000 倍液按 1：10 拌种、或 20% 甲基乙硫磷乳油 1kg 拌种 250~500kg 防治蛴螬。用辛硫磷和甲基乙硫磷，在苗圃地播种前将药剂均匀喷撒地面，然后翻耕或将药剂与土壤混匀。或播种时将颗粒药剂与种子混播，或药肥混合后在播种时沟施，或将药剂配成药液顺垄浇灌或围灌防治幼虫。成虫盛发期喷 25% 西维因粉或 15% 的乐果粉 1000~1500 倍液或其他药剂防治。

由于金龟类成虫具有很强的趋光性，其成虫发生期相对集中，使用诱虫灯进行防控是一种高效、经济且绿色环保的途径，适宜在城市园林生态系统中推广应用。

04 园林蛀干害虫

　　蛀干害虫是指钻蛀寄主植物的树干及枝桠，取食韧皮部及木质部的害虫，其为害破坏了寄主植物的输导组织、引起寄主植物枝枯或整株死亡；有些蛀干害虫还携带病原菌，虫菌的协同为害加剧了寄主植物的受害。蛀干害虫的主要类群包括鞘翅目的小蠹类、天牛类、吉丁虫类、象甲类，鳞翅目的木蠹蛾类、透翅蛾类，以及膜翅目的树蜂类等。

　　昆明市园林生态系统近年来爆发小蠹、木蠹蛾、天牛、蜡蚧等为害，这些害虫肆意传播和蔓延，使得城市园林植保工作任务艰巨。城市园林工作存在着分区管理、各自为阵的状况，一旦有枯立木、虫害木没有及时清理，就将成为虫源侵染周围的健康树木。刺吸类害虫如伪角蜡蚧在山玉兰、乐昌含笑、樟树及云南山楂等多种植物上为害，种群数量较大，已然形成爆发态势，严重影响了寄主植物的长势，为蛀干害虫的发生提供了便利。

第七章　小蠹类

小蠹或小蠹虫是昆虫纲 Insecta 鞘翅目 Coleoptera 多食亚目 Polyphaga 象甲总科 Curculionoidea 小蠹科 Scolytidae 昆虫的统称，也有将小蠹归为象甲科 Curculionidae 的一个亚科即小蠹亚科 Scolytinae。小蠹是最为常见的蛀干害虫类群之一，世界已知小蠹 225 属 7000 余种，我国记载的有 500 余种。

按照食性的不同，小蠹分为树皮小蠹和食菌小蠹两类，树皮小蠹多为单食性或寡食性，筑坑于寄主植物的韧皮部与边材之间，坑道在树皮内面，呈平面结构，直接取食韧皮部与边材间的淀粉纤维等。食菌小蠹也称蛀木小蠹，多为多食性，雌虫携带真菌孢子入侵寄主，在木质部中修筑坑道，孢子散放到坑道壁后萌发长出菌丝体，小蠹的幼虫通过取食菌丝体获得营养，完成其生长发育过程。食菌小蠹主要包括齿小蠹亚科的类群，如材小蠹族、木小蠹族 Xyloterini，以及锉小蠹属 Scolytoplatypus 等，多属于次期性小蠹，种类较树皮小蠹少。小蠹伴生菌是指由小蠹携带传播到寄主植物上并对寄主植物产生不利影响的病原真菌，也有称为虫道真菌。食菌小蠹与其伴生菌是互利共生关系，形成了虫菌共生体；在寄主植物—小蠹虫—伴生菌系统中，伴生菌对于削弱寄主抗性、协助小蠹入侵起着重要作用，甚至成为小蠹成功侵害的必要条件。食菌小蠹携带的伴生菌有致病力相对较弱的子囊菌，也有致病力较强的半知菌如镰孢菌 Fusarium。

第一节　昆明地区小蠹名录

根据查阅文献及野外调查，共发现昆明地区园林小蠹有 3 亚科 17 属 30 种，其中海小蠹亚科 Hylesininae 6 属 14 种，齿小蠹亚科 10 属 14 种，锉小蠹亚科 Seolytoplatypodinae 1 属 2 种。发现云南省新纪录种 3 种（名录中标有 "**" 的），分别是：长海小蠹 Hylesinus cholodkovskyi Berger、毛列材小蠹 Xyleborus seriatus Blandford 和暗翅足距小蠹 Xylosandrus crassiusculus（Motschulsky），昆

明地区新纪录种 11 种，具体见下列名录中标有星号的种类（"**" 和 "*"）。昆明地区园林小蠹种类名录记载如下。

1. 海小蠹亚科 Hylesininae

（1）德昌根小蠹 *Hylastes techangensis* Tsai et Huang*

（2）长海小蠹 *Hylesinus cholodkovskyi* Berger**

（3）南方海小蠹 *Hylesinus despectus* Walker

（4）丽江干小蠹 *Hylurgops likiangensis* Tsai et Huang*

（5）大干小蠹 *Hylurgops major* Eggers

（6）干小蠹 *Hylurgops* sp.

（7）冷杉肤小蠹 *Phloeosinus abietis* Tsai et Yin*

（8）樟肤小蠹 *Phloeosinus cinamomi* Tsai et Yin*

（9）云南四眼小蠹 *Polygraphus junnanicus* Sokanovskii*

（10）南方四眼小蠹 *Polygraphus rudis* Eggers*

（11）思茅四眼小蠹 *Polygraphus szemaoensis* Tsai et Yin

（12）短毛切梢小蠹 *Tomicus brevipilosus* Wood et Bright

（13）横坑切梢小蠹 *Tomicus minor* Hartig

（14）云南切梢小蠹 *Tomicus yunnanensis* Kirkendall et Faccoli

2. 齿小蠹亚科 Ipinae

（15）粗胸小蠹 *Ambrosiodmus minor*（Stebbing）

（16）端齿毛胸小蠹 *Anisandrus apicalis*（Blandford）

（17）华山松梢小蠹 *Cryphalus lipingensis* Tsai et Li

（18）肾点毛小蠹 *Dryocoetes autographus* Ratzeburg

（19）小圆胸小蠹 *Euwallacea fornicates*（Eichhoff）

（20）核桃咪小蠹 *Hypothenemus erectus* LeConte*

（21）细小蠹 *Pityophthorus* sp.

（22）小粒绒盾小蠹 *Xyleborinus saxeseni*（Ratzeburg）

（23）窝背材小蠹 *Xyleborus armiger* Schedl*

（24）毛列材小蠹 *Xyleborus seriatus* Blandford**

（25）对粒材小蠹 *Xyleborus perforans* Wood et Bright

（26）暗翅足距小蠹 *Xylosandrus crassiusculus*（Motschulsky）**

（27）略同足距小蠹 *Xylosandrus subsimilis* Wood et Bright

（28）悬铃木足距小蠹 *Xylosandrus* sp.

3. 锉小蠹亚科 Scolytoplatypodinae

（29）毛刺锉小蠹 *Scolytoplatypus raja* Blandford

（30）红尾锉小蠹 *Scolytoplatypus ruficauda* Eggers

第二节　昆明地区园林常见小蠹种类

小蠹是园林常见的蛀干害虫类群，通过在昆明市翠湖公园、世博园、呼马山森林公园、海口林场森林公园等地进行野外调查，发现园林小蠹 30 种，其中较为常见的有 25 种，包括海小蠹亚科 Hylesininae 12 种，齿小蠹亚科 11 种，锉小蠹亚科 Seolytoplatypodinae 2 种。

一、昆明市常见小蠹种类记载

25 种常见小蠹的形态描述如下。

德昌根小蠹 *Hylastes techangensis* Tsai et Huang

海小蠹亚科 **Hylesininae**　根小蠹属 *Hylastes*

国内分布于云南、四川；国外无分布。已记载寄主植物有华山松、高山松、云南松等。昆明地区新纪录种。

主要识别特征（图 7-1）：①头部有喙；②鞘翅基缘低平，无隆起锯齿，体狭长；③前胸背板的刻点间隔更宽阔，刻点中心完全无毛；④鞘翅刻点沟较小，在第 2 刻点沟，刻点的直径小于刻点间距。

图 7-1　德昌根小蠹
Hylastes techangensis

长海小蠹 *Hylesinus cholodkovskyi* Berger

海小蠹亚科 **Hylesininae**　海小蠹属 *Hylesinus*

国内分布于云南（昆明）、黑龙江；国外分布于俄罗斯。已记载寄主植物有水曲柳。云南省新纪录种。昆明地区新纪录种。

主要识别特征（图 7-2）：①体表有稠密鳞片；②前胸背板前侧无颗瘤；③鞘翅沟间部上有两种毛被：鳞片和刚毛。

图 7-2　长海小蠹
Hylesinus cholodkovskyi

南方海小蠹 *Hylesinus despectus* **Walker**
海小蠹亚科 **Hylesininae**　海小蠹属 *Hylesinus*

国内分布于云南（昆明）；国外分布记录无。在昆明地区栎林、桤木林、华山松林中有发生，栎林中较为常见。

主要识别特征（图 7-3）：①体表有稠密鳞片；②鞘翅刻点沟中刻点甚大，且深而横向，将刻点沟横截成方形，紧紧相连；③沟间部狭窄突起成脊条。

图 7-3　南方海小蠹
Hylesinus despectus

丽江干小蠹 *Hylurgops likiangensis* **Tsai et Huang**
海小蠹亚科 **Hylesininae**　干小蠹属 *Hylurgops*

国内分布于云南；国外无分布。已记载寄主植物有高山松。昆明地区新纪录种。

主要识别特征（图 7-4）：①头部有短宽的喙；②鞘翅基缘并列成双弧突，基缘本身稍微隆起；③背板两侧弓曲不显著，前胸背板没有明显的横向缢裂；④鞘翅前半部的茸毛极少，近于光秃。

图 7-4　丽江干小蠹
Hylurgops likiangensis

冷杉肤小蠹 *Phloeosinus abietis* Tsai et Yin

海小蠹亚科 **Hylesininae**　肤小蠹属 *Phloeosinus*

国内分布于云南；国外无分布。已记载寄主植物有苍山冷杉。昆明地区新纪录种。

主要识别特征（图 7-5）：①前胸背板只有茸毛没有鳞片；②鞘翅沟间部有两种毛被：倒伏的鳞片和单生的竖毛；③鞘翅斜面的颗粒大小两性相同。

图 7-5　冷杉肤小蠹
Phloeosinus abietis

樟肤小蠹 *Phloeosinus cinamomi* Tsai et Yin

海小蠹亚科 **Hylesininae**　肤小蠹属 *Phloeosinus*

国内分布于云南、福建；国外无分布。已记载寄主植物有樟木。昆明地区新纪录种。

主要识别特征（图 7-6）：①前胸背板有茸毛，没有鳞片；②鞘翅只有黄褐色的鳞片；③鞘翅斜面第 1、3 沟间部隆起，第 2、4 沟间部低平；④斜面部分的颗粒雄虫较雌虫稍大。

图 7-6　樟肤小蠹
Phloeosinus cinamomi

云南四眼小蠹 *Polygraphus junnanicus* Sokanovskii
海小蠹亚科 **Hylesininae**　四眼小蠹属 *Polygraphus*

国内分布于云南、四川；国外无分布。已记载寄主植物有云南松、思茅松、高山松、华山松、丽江云杉等。昆明地区新纪录种。

主要识别特征（图7-7）：①前胸背板的刻点圆大深陷，十分清楚；②鞘翅斜面第1沟间部凸起甚高；③鞘翅沟间部中无颗瘤，生极小的颗粒；④鞘翅的鳞片齐倒向后方，鳞片倾斜度一样。

图7-7　云南四眼小蠹
Polygraphus junnanicus

南方四眼小蠹 *Polygraphus rudis* Eggers
海小蠹亚科 **Hylesininae**　四眼小蠹属 *Polygraphus*

国内分布于云南、四川；国外无分布。已记载寄主植物有华山松、丽江云杉、川西云杉、冷杉、红杉等。昆明地区新纪录种。

主要识别特征（图7-8）：①触角鞭节6节，锤状部长大，顶端钝圆或微尖；②雄虫额下部凹陷较深，口上片中央缺刻宽阔；③额心双瘤突起的上方有横向凹裂，额底面平滑光亮；④前胸背板只有鳞片。

图7-8　南方四眼小蠹
Polygraphus rudis

思茅四眼小蠹 *Polygraphus szemaoensis* Tsai et Yin

海小蠹亚科 **Hylesininae**   四眼小蠹属 *Polygraphus*

国内分布于云南、四川；国外无分布。已记载寄主植物有云南松、思茅松、高山松、云杉等。昆明地区为害云南松和华山松，成虫始见于7月中旬，9月份数量较多。华山松为新寄主植物。

主要识别特征（图7-9）：①眼分两半；②触角锤状部叶片状，没有节间和毛缝；③背板的毛被有鳞片和茸毛，两者交混均匀散布；④鞘翅的鳞片窄小，金黄色，鞘翅斜面翅缝第1沟间部凸起较高，斜面沟间部中各有1列小颗粒。

图7-9 思茅四眼小蠹
Polygraphus szemaoensis

短毛切梢小蠹 *Tomicus brevipilosus* Wood et Bright

海小蠹亚科 **Hylesininae**   切梢小蠹属 *Tomicus*

国内分布于云南、四川、贵州、福建；国外分布于日本、朝鲜、印度。已记载寄主植物有岛松、红松、日本五针松、云南松、思茅松。

主要识别特征（图7-10）：①触角棒节黑褐色，鞭节红褐色；②触角棒节4节，节间平直，第3节间有多列竖毛；③鞘翅斜面第2刻点沟间只有刻点，无颗粒及竖毛；④鞘翅翅面及斜面上竖毛长度一致，极短，仅为刻点沟间距0.5~1倍。

图7-10 短毛切梢小蠹
Tomicus brevipilosus

横坑切梢小蠹 *Tomicus minor* Hartig
海小蠹亚科 Hylesininae　切梢小蠹属 *Tomicus*

国内分布于云南、河南、陕西、江西、四川、贵州；国外分布于日本、俄罗斯、丹麦、法国等。已记载寄主植物有欧洲赤松、欧洲黑松、马尾松、油松、云南松等。

主要识别特征（图 7-11）：①触角棒节与鞭节均橙黄色；②触角棒节 4 节，节间平直，第 3 节间仅 1 列刚毛；③鞘翅沟间部刻点较稀疏，自翅中部起各沟间部有 1 列竖毛；④鞘翅斜面第 2 沟间部不凹陷，上面的颗粒和竖毛依然存在，直到翅端。

图 7-11　横坑切梢小蠹
Tomicus minor

云南切梢小蠹 *Tomicus yunnanensis* Kirkendall et Faccoli
海小蠹亚科 Hylesininae　切梢小蠹属 *Tomicus*

国内分布于云南、四川、贵州；国外无分布。已记载寄主植物有云南松。

主要识别特征（图 7-12）：①头部无喙，眼长椭圆形；②触角棒节与鞭节均橙黄色，棒节 4 节，节间平直，第 3 节间有多列刚毛；③两翅基单独向前突成弧形；④鞘翅沟间部刻点较稀疏，自翅中部起各沟间部有 1 列竖毛，鞘翅斜面第 2 沟间部凹陷，表面平坦，无颗粒和毛被。

图 7-12　云南切梢小蠹
Tomicus yunnanensis

粗胸小蠹 *Ambrosiodmus minor*（Stebbing）

齿小蠹亚科 Ipinae　粗胸小蠹属 *Ambrosiodmus*

国内分布于云南、江苏、浙江、四川、重庆、广西；国外分布于美国。已记载寄主植物有柳树 *Salix* sp.、肉桂 *Cinnamomum cassia*、漆树 *Toxicodendron* sp.、马尾松 *Pinus massoniana* 等。

主要识别特征（图7-13）：①鞘翅沟间部低平，高低一致；②沟间部颗粒大，沟间部各1列；③鞘翅斜面茸毛部贴伏，排成纵列，细长直立。

图 7-13　粗胸小蠹
Ambrosiodmus minor

端齿毛胸小蠹 *Anisandrus apicalis*（Blandford）

齿小蠹亚科 Ipinae　毛胸小蠹属 *Anisandrus*

也称端齿材小蠹，国内分布于云南（昆明）、安徽、山西、四川、广西、贵州、海南、台湾、西藏；国外分布于日本、不丹、朝鲜、韩国、印度、俄罗斯、缅甸等。已记载寄主植物为柳树、栲、栎、桢楠、木荷、猕猴桃、辽东桤木、日本桤木、苹果、冬青等。在昆明地区栎林和桤木林中有发生，5~6月发生数量较大。

主要识别特征（图7-14）：①体长约3mm，黑色至黑褐色，触角和足棕黄色，体表黄色茸毛细弱稠密，眼前缘中部角形缺刻凹陷较深；②额部平隆，底面有圆颗粒状细密条纹，光泽较强，额面刻点分布略疏大小相同，刻点从不突起成粒；③前胸背板刻点区中的刻点和茸毛密集在基缘中部的前面，小盾片基部有1丛长毛；④鞘翅沟中的刻点圆大深陷，沟间的刻点细小，两者同等疏密，鞘翅斜面第2沟间部有1齿，位于斜面上缘，第3沟间部有5~6枚颗粒，成1纵列。

图 7-14　端齿毛胸小蠹
Anisandrus apicalis

华山松梢小蠹 *Cryphalus lipingensis* Tsai et Li
齿小蠹亚科 Ipinae　梢小蠹属 *Cryphalus*

国内分布于云南（昆明）、四川、重庆、陕西；国外无分布。已记载寄主植物为华山松。云南省新纪录。在昆明地区为害云南松和华山松。成虫始见于 2 月下旬，8 月份数量较多。云南松为新寄主植物。

图 7-15　华山松梢小蠹
Cryphalus lipingensis

主要识别特征（图 7-15）：①体形较小，小于 2mm，触角锤状部椭圆形，锤状部外面靠近基部的两条横缝平直，靠近端部的一条向下凹陷成弧，锤状部里面的两条横缝向端部强烈弓突；②额部略平，表面遍布纵向针状条纹，细密均匀，条纹上部散放，下部集中，额下部有短小光滑的中隆线；③前胸背板长小于宽，背板前部狭窄尖圆，前缘上有 8~9 枚颗瘤，中间 4 个最大；④两性鞘翅均无鳞片。

肾点毛小蠹 *Dryocoetes autographus* Ratzeburg
齿小蠹亚科 Ipinae　毛小蠹属 *Dryocoetes*

国内分布于云南（昆明）、黑龙江、陕西；国外分布于日本、俄罗斯、欧洲。已记载寄主植物有云杉、红松、华山松等。

图 7-16　肾点毛小蠹
Dryocoetes autographus

主要识别特征（图 7-16）：①体长 3~4mm，眼狭窄，呈长肾形，前缘中部凹刻开口宽阔；②触角有短直的小毛，疏散在鞭节和锤状部的基节上；③鞘翅的刻点，沟中与沟间大小差距悬殊，鞘翅部分翅缝及各沟间部高低平匀；④斜面沟间部的刻点变成颗粒，体表茸毛短小疏少。

小圆胸小蠹 *Euwallacea fornicatus*（Eichhoff）
齿小蠹亚科 Ipinae　方胸小蠹属 *Euwallacea*

也称茶材小蠹或茶枝小蠹，广布种，全球性分布。寄主植物众多，以阔叶树为主。在昆明地区为害三角枫、悬铃木、杨树等。

主要识别特征（图7-17）：①体长约2.5mm，黑褐色，触角和足黄褐色；②触角棒后面观具1接合缝，前胸背板近方形，其后缘光滑；③额中部有大片光亮区，光亮区中没有刻点和茸毛；④背面观鞘翅两侧缘直线后伸，侧面观鞘翅从基部至端部均匀弓曲，没有明显的斜面，鞘翅上茸毛甚少，无特殊结构。

图7-17　小圆胸小蠹
Euwallacea fornicatus

核桃咪小蠹 *Hypothenemus erectus* LeConte
齿小蠹亚科 Ipinae　咪小蠹属 *Hypothenemus*

国内分布于云南、河北、山东、山西、河南、江苏、安徽、陕西、四川、贵州；国外无分布。已记载寄主植物有核桃、枣、刺槐、花椒、梧桐、葡萄、柿子、栗等。昆明地区新纪录种。

主要识别特征（图7-18）：①成虫体长2.0~2.5mm，触角锤状部卵圆形、上有两条基本横直的毛列；②前胸背板上有细密长毛，前胸背板后半部掺杂稀疏鳞片，自中部至前缘生有较尖锐的齿壮瘤突；③鞘翅刻点沟明显，沟间部除1列整齐的竖立鳞片外，还有贴伏于翅表的小毛，近端部的毛更密。

图7-18　核桃咪小蠹
Hypothenemus erectus

小粒绒盾小蠹 *Xyleborinus saxeseni*（Ratzeburg）

齿小蠹亚科 **Ipinae**　绒盾小蠹属 ***Xyleborinus***

广布种，世界性分布。为害多种针叶树和阔叶树种。在昆明地区为害的寄主有樟树和云南松，桤木林、华山松林和栎林内发生数量较大，云南松林和柏树林发生数量较小。全年可见成虫，4月、9月和11月成虫发生量大。

主要识别特征（图7-19）：①体长不足2.5mm，深褐色，触角黄色，触角锤状部端部有如经过切削而成的圆形削面，其上具圆形毛缝；②小盾片三角形，深陷翅面之下，其两侧翅缘生有浓密绒毛；③自斜面前缘开始，沟间部具突起的颗粒，由前向后略许加大，成为纵列；④第2沟间部凹陷，无颗粒和绒毛。

图7-19　小粒绒盾小蠹
Xyleborinus saxeseni

窝背材小蠹 *Xyleborus armiger* Schedl

齿小蠹亚科 **Ipinae**　材小蠹属 ***Xyleborus***

国内分布于云南、福建；国外无分布。已记载寄主植物有栲、柯等。昆明地区新纪录种。

主要识别特征（图7-20）：①体长约3mm，黄褐色，眼肾形，前缘的角形凹刻深；②额面的刻点下部稠密圆小，突起成粒，上部形大疏散，下陷成点，额毛黄色，细柔舒展，全面散布；③侧视虫体背方前后突起，中部下陷，形如驼峰；④鞘翅比例较短，鞘翅前背方的刻点圆小，均匀分布，不分沟中与沟间，鞘翅前背方的茸毛，排成纵列。

图7-20　窝背材小蠹
Xyleborus armiger

毛列材小蠹 *Xyleborus seriatus* Blandford

齿小蠹亚科 **Ipinae**　材小蠹属 *Xyleborus*

国内分布于云南（昆明）、陕西、四川；国外分布于日本。已记载寄主植物有栲、栎、木荷、华山松、油松等。云南省新纪录种。昆明地区新纪录种。

主要识别特征（图 7-21）：①体长约 2.5mm，褐色，前胸背板较鞘翅色深，有光泽，体表有规则的茸毛；②眼较宽阔，前缘有角形缺刻；③前胸背板侧面观顶部突起较高，小盾片两侧鞘翅边缘上有凹沟，将小盾片围绕起来；④鞘翅斜面平直，上面沟间部中的刻点全部突起成粒，鞘翅的茸毛起自刻点沟和沟间部的刻点中心，成为长短两种毛列，交错地排列在翅面上。

图 7-21　毛列材小蠹
Xyleborus seriatus

暗翅足距小蠹 *Xylosandrus crassiusculus*（Motschulsky）

齿小蠹亚科 **Ipinae**　足距小蠹属 *Xylosandrus*

也称暗色材小蠹、暗翅材小蠹，广布种，世界性分布。寄主植物众多。云南省新纪录种。昆明地区新纪录种。

主要识别特征（图 7-22）：①体长不足 3mm，短阔粗壮，红褐色；②前胸背板短盾形，背板基缘前有稠密的刻点；③鞘翅前后部截然不同，前半部光亮，散布刻点，后半部晦暗，散布颗粒；④鞘翅斜面上散布大小相同的颗粒，粗糙稠密。

图 7-22　暗翅足距小蠹
Xylosandrus crassiusculus

悬铃木足距小蠹 *Xylosandrus* sp.
齿小蠹亚科 Ipinae　足距小蠹属 *Xylosandrus* 待定种

在昆明地区为害川梨 *Pyrus pashia*、白玉兰 *Magnolia denudata*，杜鹃 *Rhododendron* spp.、大花野茉莉 *Styrax japonicus* 等。

主要识别特征（图 7-23）：①体长 2.1~2.9mm，身体粗壮，体色不均一，前胸背板及鞘翅前半部暗红棕色，鞘翅后半部呈深棕色；②前胸背板长略大于宽，侧面具脊；③鞘翅斜面具 5 条行纹，行纹 4 和 5 形成环；④鞘翅斜面陡峭，具脊边，脊止于第 7 行间末端，斜面行间具 1 列长而直立的毛状刚毛，伴有密集的短而平伏的刚毛。

图 7-23　悬铃木足距小蠹
Xylosandrus sp.

毛刺锉小蠹 *Scolytoplatypus raja* Blandford
锉小蠹亚科 Scolytoplatypodinae　锉小蠹属 *Scolytoplatypus*

国内分布于云南、西藏、台湾；国外分布于印度、尼泊尔、巴基斯坦、泰国、越南、马来西亚。既为害针叶树也为害阔叶树种，已记载寄主植物有大叶桂 *Cinnamomum iners*。在昆明地区栎林和桤木林中发生数量较大，华山松林、云南松林、柏树林中发生数量较小；成虫 3 月和 9 月发生量大。

主要识别特征（图 7-24）：①体长约 3mm，前足胫节外缘有齿列，及一向外面弯曲的端距，胫节后面有瘤齿，腿节端部无齿；②前胸背板有藏菌器，基角呈三角形尖锐状；③第 2 沟间部延伸至鞘翅斜面底部；

图 7-24　毛刺锉小蠹
Scolytoplatypus raja

④雌虫有背孔，鞘翅基半部具明显的刻点沟和沟间部，鞘翅斜面顶点行间刺显著，刺具长毛丛。

红尾锉小蠹 *Scolytoplatypus ruficauda* Eggers
锉小蠹亚科 Scolytoplatypodinae　锉小蠹属 *Scolytoplatypus*

国内分布于云南；国外分布于尼泊尔、泰国、缅甸。寄主植物信息不详。在昆明地区 2 月左右是成虫发生高峰期，华山松林、桤木林、柏树林成虫数量较大，栎林次之，云南松林发生数量较小。

主要识别特征（图 7-25）：①体长 2.8~3.0mm，前足腿节端部无齿；②前胸背板有藏菌器，无背孔，基角钝圆；③鞘翅第 1 和第 3 行间强烈抬升，行间具大瘤突；④鞘翅斜面顶点行间无齿。

图 7-25　红尾锉小蠹
Scolytoplatypus ruficauda

二、常见小蠹分种检索

根据小蠹成虫形态特征，编制了昆明地区园林常见小蠹的成虫检索表。

昆明地区园林常见小蠹成虫检索表

1. 前足胫节外缘有向外弯曲的端距；前足胫节后面有形如锉刀的瘤齿·········· 2
1. 前足胫节外缘无端距；前足胫节后面平滑··································· 3
2. 前胸背板基角尖锐呈三角形；鞘翅第 2 行间在鞘翅斜面底部抬升···········
·· 毛刺锉小蠹 *Scolytoplatypus raja*
2. 前胸背板基角圆钝；鞘翅第 2 行间在鞘翅斜面底部不太升或消失···········
··· 红尾锉小蠹 *Scolytoplatypus ruficauda*
3. 前胸背板平坦，无鳞状瘤区；从背面可见头部······················· 4
3. 前胸背板前半部有瘤状鳞区；从背面看不见头部····················· 14
4. 复眼完全分两半；体表有稠密鳞片······························· 5
4. 复眼完整，椭圆形或肾形，体表有或无鳞片························· 7
5. 鞘翅刻点沟不深陷，沟中刻点与沟间大小相同······················ 6
5. 鞘翅刻点沟深陷，沟中刻点大于沟间·········云南四眼小蠹 *Polygraphus junnanicus*
6. 前胸背板鳞片和茸毛相间而生·············· 思茅四眼小蠹 *Polygraphus szemaoensis*
6. 前胸背板只生鳞片···························· 南方四眼小蠹 *Polygraphus rudis*
7. 触角锤状部 3 节，各节相互紧密愈合，呈长饼状······················ 8

7. 触角锤状 3~5 节部触角，呈椭圆形 ………………………………………… 9

8. 前胸背板只有绒毛；鞘翅只有黄色的鳞片 ……………… 樟肤小蠹 *Phloeosinus cinamomi*

8. 前胸背板有稠密鳞片；鞘翅有鳞片和茸毛……………… 冷杉肤小蠹 *Phloeosinus abietis*

9. 前足基节窝分离；体表有稠密的鳞片 ………………………………………… 10

9. 前足基节窝相连；体表鳞片无或较少 ………………………………………… 11

10. 鞘翅刻点沟中刻点甚大，且深而横向，将刻点沟横截成方形；鞘翅沟间无鳞片少有刚毛……………………………………………………… 长海小蠹 *Hylesinus cholodkovskyi*

10. 鞘翅刻点沟中刻点中等大，深但不横向；鞘翅沟间部上有两种毛被：鳞片和刚毛 …………………………………………………………… 南方海小蠹 *Hylesinus despectus*

11. 头部无喙；鞘翅基缘隆起很高且有显著锯齿；无鳞片 ……………………… 12

11. 头部有喙；鞘翅基缘不隆起，无锯齿，或仅稍微隆起，上有低平锯齿；体表有短刚毛或鳞片………………………………………………………………… 15

12. 鞘翅斜面第 2 沟间凹陷，表面平坦，无颗粒和竖毛 …………………………………………………………………………… 云南切梢小蠹 *Tomicus yunnanensis*

12. 鞘翅斜面第 2 沟间不凹陷，有或无颗粒和竖毛 ……………………………… 13

13. 鞘翅斜面第 2 沟间有刻点，无颗粒和竖毛 ………………… 横坑切梢小蠹 *Tomicus minor*

13. 鞘翅斜面第 2 沟间光滑，无颗粒和竖毛 ………… 短毛切梢小蠹 *Tomicus brevipilosus*

14. 鞘翅基缘横直低平，基缘上无锯齿；体表一般只有短刚毛，有时在鞘翅斜面上有狭窄的鳞片……………………………………………… 德昌根小蠹 *Hylastes techangensis*

14. 鞘翅基缘本身稍微突起，有低平锯齿；体表刚毛在鞘翅后半部变成显著的鳞片 ……………………………………………………………… 丽江干小蠹 *Hylurgops likiangensis*

15. 触角锤状部侧面扁平，正面椭圆形 ………………………………………… 16

15. 触角锤状部椭圆，侧面不斜切 ………………… 核桃咪小蠹 *Hypothenemus erectus*

16. 前胸背板不强烈突起，侧面观不呈风帽状 …………………………………… 17

16. 前胸背板观强烈突起，侧面观呈风帽状，前胸背板前半部为鳞状瘤区，前胸背板前缘上的颗粒较小，背板后缘有缘边………………………… 华山松梢小蠹 *Cryphalus lipingensis*

17. 前胸背板前缘 1/3 处形成折角，急剧向下倾斜 ……………………………… 18

17. 前胸背板前缘 1//3 处不形成折角，缓缓向下倾斜；触角锤状部侧面扁平，正面圆形，分 3 节，有 1 向后弯曲的缝……………………………… 肾点毛小蠹 *Dryocoetes autographus*

18. 鞘翅基缘在小盾片区不形成缺刻，其表面与鞘翅翅面相平…………………… 19

18. 鞘翅基缘在小盾片区形成缺刻，缺刻中生密毛，小盾片稍向前移，变成塔锥突起 ……………………………………………………… 小粒绒盾小蠹 *Xyleborinus saxesenii*

19. 前胸背板瘤区局限于背板中部后一点 …………………………………………… 20

19. 前胸背板瘤区向后扩展延伸，直至背板基缘 ·········· 粗胸小蠹 *Ambrosiodmus minor*

20. 中足基节窝长常略相连，其宽度小于触角柄节厚度 ·······························21

20. 中足基节窝宽阔分开，其间隔宽度大于触角柄节厚度；前胸背板背面观呈正方形，背板前缘无齿列·············· 小圆胸小蠹 *Euwallacea fornicatus*

21. 前足基节窝正常或宽阔分开，其节间隔连续，不成纵向尖角形 ··············22

21. 前足基节窝相连，基节前纵片纵尖角形 ·······························23

22. 鞘翅前后部光亮不同，前后部光亮，后半部晦暗；斜面上全面散布大小相同的颗粒，粗糙稠密··············· 暗翅足距小蠹 *Xylosandrus crassiusculus*

22. 鞘翅斜面边缘具脊不超过第 7 行间；鞘翅斜面具 5 条行纹；前胸背板侧面具脊 ······
··············· 悬铃木足距小蠹 *Xylosandrus* sp.

23. 前胸背板背面观不呈方形，前缘无锯齿；鞘翅斜面有或无瘤齿 ··············24

23. 前胸背板背面观不呈方形，它的前缘常常向前弓凸，并且前缘生有一排锯齿；鞘翅斜面侧缘弧圆，鞘翅上的刻点分布常混乱，鞘翅上的毛被多而浓密··············
··············· 端齿毛胸小蠹 *Anisandrus apicalis*

24. 侧视虫体背方前后凸起，中部下陷，形如驼峰；鞘翅比例较短，鞘翅前背方的刻点圆小，均匀分布，不分沟中与沟间··············· 窝背材小蠹 *Xyleborus armiger*

24. 侧视虫体背方前后不凸起，平直；鞘翅的茸毛起自刻点沟和沟间部的刻点中心，翅面排列长短两种毛列··············· 毛列材小蠹 *Xyleborus seriatus*

第三节 园林主要小蠹发生规律

一、小圆胸小蠹 *Euwallacea fornicatus*

小圆胸小蠹也称为茶材小蠹或茶枝小蠹，Eichhoff 于 1868 年命名，当时是小蠹科 Scolytidae 齿小蠹亚科 Ipinae 材小蠹族 Xyleborini 材小蠹属 *Xyleborus* 的 1 个种，Beaver 于 1991 年将其移至材小蠹族的方胸小蠹属 *Euwallacea*，最早在斯里兰卡为害茶树 *Camellia sinensis* 发现，是东南亚的本地种，现已广泛分布于非洲、美洲、大洋洲、亚洲等国家和地区；在我国广东、福建、海南、浙江、重庆、四川、云南、贵州、西藏、台湾等省份均有该虫分布。该小蠹属于食菌小蠹，寄主植物众多，在亚洲的寄主已经有 39 科 100 余种，不仅为害众多的阔叶树种，还能为害松科植物；全球范围内，该小蠹的寄主多达 63 科 342 种。该小蠹在国外严重为害柑橘 *Citrus* spp.、可可 *Theobroma cacao*、鳄梨 *Persea americana*、黄心树 *Persea bombycina*、马占相思 *Acacia mangium* 等，在我国严重为害荔枝 *Litchi chinensis*、悬铃木 *Platanus acerifolia*（图 7-26）、杨树 *Populus* spp. 等重要经济

树种。和其他多为害衰弱寄主的食菌小蠹不同，该小蠹多为害健康或外观健康的树木。该小蠹对寄主植物的伤害包括直接伤害和间接伤害两方面，当小蠹在枝干上修筑坑道时（图7-27），枝梢常会在受害处折断，引起直接的机械损伤，导致经济林果的产量下降；小蠹侵入后，其携带的真菌孢子萌发，产生间接伤害，即小蠹伴生菌引起枝干枯死和木材腐烂，最终导致树木衰弱。2015年该小蠹被国家林业局定性为国际重大林木害虫，其经济重要性和危险性可见一斑。

为害荔枝的小圆胸小蠹在广东有中山市每年发生6代，在日平均温度22~30℃下，田间世代历期约为36天，室内饲养50天左右，各虫态历期分别为：卵6.1±0.87天、幼虫32.3±0.89天、蛹4.6±0.52天、产卵前期8.9±0.62天。而为害三角枫的小圆胸小蠹在昆明地区1年发生2~3代，以成虫或幼虫在坑道中越冬，幼虫有5龄，各虫态历期未见报道。

小圆胸小蠹寄主植物众多，当它为害荔枝时，喜欢选择直径约1.5~3cm的枝干；而为害鳄梨时，1年生到30年生的寄主都能被害，受害主干或枝条的直径范围从2cm到超过30cm；为害三角枫时，树龄不足10年和超过50年的三角枫都能被害，而受害枝条直径变动在1.5~8.0cm之间，受害主干直径变幅为10~50cm。可见不同树龄的寄主植物都能受到小圆胸小蠹为害，而在一株寄主植物上，除枝梢外的部分几乎都能受到小圆胸小蠹为害。这种特点加剧了防治的难度，当寄主植物比较高大时，实施修剪、喷药、涂干和包扎的难度相当大。最终导致小圆胸小蠹的为害不断加剧。

图7-26　遭受小圆胸小蠹为害的悬铃木　　　　图7-27　小圆胸小蠹坑道
（被截断的侧枝及主干上密布的虫孔）　　　（坑道中的幼虫及白色的新鲜菌丝）

二、悬铃木足距小蠹 *Xylosandrus* sp.

悬铃木足距小蠹 *Xylosandrus* sp. 是鞘翅目 Coleoptera 小蠹科 Scolytidae 齿小蠹亚科 Ipinae 材小蠹族 Xyleborini 足距小蠹属 *Xylosandrus* 的一个待定种，在昆明地区为害蔷薇目悬铃木科 Platanaceae 植物二球悬铃木 *Platanus acerifolia* 枝梢，枝梢被蛀后蛀孔以上部分枯死（图 7-28a）。目前，昆明市最具影响力的公园昆明世博园及翠湖公园均发现该虫为害，人民路、环城路等主干道上也有发生。后续的调查发现昆明地区蔷薇科 Rosaceae 的川梨 *Pyrus pashia*，木兰科 Magnoliaceae 的白玉兰 *Magnolia denudata*，杜鹃花科 Ericaceae 的杜鹃 *Rhododendron* spp.，以及野茉莉科 Styracaceae 的大花野茉莉 *Styrax japonicus* 等都受到该虫的为害。

足距小蠹属是一个从热带到温带均有分布的大属，该属因同时具有身体粗壮、鞘翅斜面截形、前足基节彼此分离等特征而与其近缘属如材小蠹属 *Xyleborus*、绒盾小蠹属 *Xyleborinus*、粗胸小蠹属 *Ambrosiodmus* 等区别开来。该属昆虫雌雄异型，性比偏斜，实行一夫多妻制，多为害嫩枝、枝梢及细小枝条，仅极个别种类如光滑足距小蠹 *X. germanus* 为害大径材。该属中有多个臭名昭著的全球性入侵种如暗翅足距小蠹 *X. crassiusculus*、光滑足距小蠹以及小滑足距小蠹 *X. compactus*，在北美造成巨大的经济损失。该属小蠹与其他食菌小蠹一样，寄主植物众多，例如暗翅足距小蠹的寄主植物多达 46 科 124 种；光滑足距小蠹的寄主则多达 156 种。足距小蠹已经成为城市生态系统的潜在害虫，对园林植物构成了严重威胁。

悬铃木足距小蠹 *Xylosandrus* sp. 直接钻蛀悬铃木的健康枝梢，母虫在直径 0.3~2.3cm（平均 0.84cm，n=310）的嫩枝上蛀出 1 个圆孔（图 7-28b），钻入后即修筑坑道并繁殖后代（图 7-28c）。坑道细长，直径 1~2mm，坑道长度 0.2~7.2cm（平均 2.53cm，n=100）不等。蛀孔枝段以上部分叶片会逐渐枯死，蛀孔枝段以下及主干部分则不受影响。跟踪调查发现，细枝梢被蛀害后小蠹有向较粗枝条扩散为害的趋势。

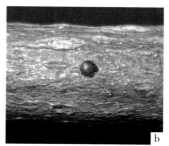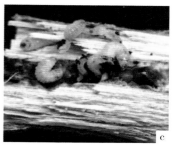

图 7-28　悬铃木足距小蠹 *Xylosandrus* sp. 为害的二球悬铃木枝条
a. 寄主受害状；b. 枝条表面的蛀孔；c. 坑道中的幼虫

对悬铃木枝条的解剖发现，新鲜无孔枝条有虫率最低，仅为 2.86%，其次为干枯无孔枝条，而新鲜有孔枝条的有虫率高达 57.14%。从平均虫量来看，新鲜有孔、干枯无孔以及干枯有孔枝条的悬铃木足距小蠹平均数量很接近（表 7-1）。显然，新鲜有孔和干枯有孔枝条是研究足距小蠹生活史及种群动态的合适枝条类型。

表 7-1　悬铃木足距小蠹为害二球悬铃木枝条情况

枝条类型	解剖数量	有虫枝条数	总虫量	有虫率（%）	平均虫量（头）
新鲜无孔	35	1	5	2.86	5.0
新鲜有孔	35	20	184	57.14	9.2
干枯无孔	35	5	39	14.29	7.8
干枯有孔	35	12	103	34.29	8.6

悬铃木足距小蠹雌雄异型，雌成虫体长 2.1~2.9mm，身体粗壮，体色不均一，前胸背板及鞘翅前半部暗红棕色，鞘翅后半部呈深棕色。主要识别特征有：前胸背板长略大于宽，长宽比值约为 1.02；前胸略长于鞘翅，比值约为 1.05；前胸背板侧面隆起，具脊边；鞘翅斜面陡峭，具脊边，脊止于第 7 行间末端；斜面行纹具颗粒，斜面可见 5 条行纹，行纹 4 和 5 形成环；斜面行间具 1 列长而直立的毛状刚毛，伴有密集的短而平伏的刚毛。雄虫体型较小，仅 1.5~2.1mm，前胸背板急剧变小，外观呈现"驼背"状（图 7-29a）。卵长约 0.5mm，宽约 0.2mm，白色，长椭圆形，略有透明感（图 7-29b）。幼虫白色，无足，"C"字形，并且有发育良好的头壳。老熟幼虫体长约 2.6mm，宽约 1mm（图 7-29c）。蛹乳白色，体长约 2.6 mm，宽约 1.2mm（图 7-29d）。

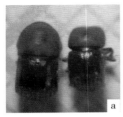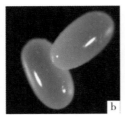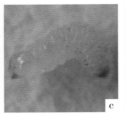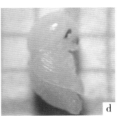

图 7-29 悬铃木足距小蠹 *Xylosandrus* sp. 各虫态
a. 成虫，左雌，右雄；b. 卵；c. 幼虫；d. 蛹

悬铃木足距小蠹是一种新发现的为害园林行道树的蛀干害虫，具有暴发的潜在风险。7~9 月是调查其为害的适宜季节，此期悬铃木长势正旺，受到足距小蠹为害的枝条已出现枯死症状，容易发现是否被害。一旦进入落叶期，所有叶片均枯黄，不易发现是否有枝条受到蛀害。该小蠹种群动态监测可以通过乙醇诱集配合受害枝条解剖实现，布设以乙醇作为诱芯的陷阱或是诱捕器，每周或每 10 天检查诱集的足距小蠹数量，配合受害枝条定期解剖及虫口数统计，来揭示足距小蠹季节及年动态的数量变化规律。

目前已发现悬铃木足距小蠹为害 5 个科的健康寄主植物，随着该虫种群数量进一步扩大，可能会发现更多阔叶树种受害。悬铃木在我国多个城市中均有分布，由于其树体高大，受害枝梢尽管易于发现，但实施防治相对困难；加之悬铃木足距小蠹繁殖力强，暴发为害的风险极高，各地园林植保工作者应高度重视，尽早开展调查，一旦发现，及时实施防治；同时进行害虫监测，以防止其扩散蔓延，暴发为害。

第四节　园林小蠹的监测及防控

由于城市的生态环境相对脆弱，园林植物的生长状况不佳，长势衰弱的寄主植物大量存在，小蠹暴发为害的风险极高。开展科学的虫情监测，制定合理的防控方案，是遏制园林小蠹爆发的有效途径。

一、小蠹的监测

在园林小蠹中，极具威胁的小圆胸小蠹是国际重大林木害虫，在我国多个省份均有分布。在我国生物资源种类最丰富的云南省，由于经济相对落后，社会发展与生态环境保护的冲突比较尖锐，生态环境保护投入不足，害虫监测及上报环节不畅，小圆胸小蠹种群在多年积累后终形成暴发为害。由于防治困难，

该小蠹可能对我国更多地区城市阔叶树种构成威胁，对针叶树也可能构成潜在威胁。正在蔓延的足距小蠹也可能形成暴发为害的态势。开展园林小蠹虫情监测，实时掌握园林生态系统中小蠹的发生及为害状况，为有效进行园林小蠹防控提供科学依据。

1. 监测内容

园林小蠹监测分为常规监测和重点监测。常规监测的内容包括园林小蠹新鲜为害调查及雌成虫诱捕数量调查；重点监测的内容包括新寄主确认、受害寄主标记及受害程度调查等。

2. 监测方案

在辖区内实行 1~2 个月一次的常规监测，春夏季 1 个月一次，秋冬季 2 个月一次，监测方法包括踏查法及诱捕法。踏查法适宜用于面积相对较小的区域，如城市公园、绿地等，其具体操作是：在监测区域内，2~3 名调查人员沿选择好的调查路线，观察并记录每株乔木及灌木是否出现小蠹新鲜为害状、蛀孔处是否出现排泄物，若出现新鲜为害或排泄物，则记录受害寄主上的新蛀孔数量或排泄物量。诱捕法适宜用于面积相对较大的区域，如森林公园，其具体操作是：在监测区域内每隔 50 米设置 1 个诱捕器，定期收集并记录每个诱捕器内诱集到的小蠹雌成虫数量。诱捕器包括粘虫板诱捕器和碰撞诱捕器，每个诱捕器内需配备有效的小蠹聚集信息素制剂。

根据常规监测的结果确定是否需要进行重点监测。在常规监测时，若发现未见报道的新寄主受害，或单个诱捕器诱集到的小蠹雌成虫数量超过 50 头时，则需要进行重点监测。对于疑似新寄主，需采集并解剖受害枝干，获得雌成虫，对其进行种类鉴定，形成监测报告。对于单个诱捕器诱集到的小蠹雌成虫数量大的，在其监测区域内进行逐株排查，记录并标记新鲜受害、受害严重的寄主（根据表 7-2 进行受害程度判断）。

表 7-2　小圆胸小蠹为害程度划分标准

蠹害等级	蠹害木特征
0	无蠹害，主干上无虫孔
I	轻度蠹害木，主干上虫孔数少，虫孔密度低于 10 个 /100cm²，尚无枝条死亡
II	中度蠹害木，主干上虫孔数较多，虫孔密度在（11~40）个 /100cm²，尚无枝条死亡
III	重度蠹害木，主干上虫口数较多，虫孔密度高于 41 个 /100cm²，部分枝条死亡

3. 监测报告

监测完成后需形成监测报告（表7-3），内容包括监测时间、地点、人员及分工、监测结果，并明确此次监测是否发现新受害寄主、是否应采取防治，建议如何防治等。若发现当前的监测方案需要调整，应提出调整建议。

表7-3　小圆胸小蠹常规监测调查表

调查时间	
调查人员及分工	
调查地点	
踏查线路 1	
踏查线路 2	
…	
受到新鲜为害的寄主编号及新蛀入孔数量	
出现牙签状物的寄主编号及其蛀入孔数量	
处置建议	
调查结论	
备注	

4. 园林小蠹监测所需材料及信息

在进行园林小蠹监测前，需要明确监测对象的基本生物学及生态学特性，为害特征及为害进程的表现。下面以小圆胸小蠹为例进行介绍。

（1）小蠹为害特征及为害进程。小圆胸小蠹在繁殖季节其雌成虫通常会群集钻蛀寄主主干或侧枝，从树皮外向内钻蛀时，树皮表面会渗出棕黄色液滴，因而新蛀入孔周围往往较湿润（图7-30），2~3周后逐渐干燥（图7-31）。小蠹成功钻蛀后即开始挖掘坑道，木屑从蛀入孔口排出形成牙签状物（图7-32和图7-33）。随后即进行产卵、幼虫发育阶段，历时约1~2个月，期间从外部观察不到任何现象，即能在天气晴朗时，看到雌成虫爬出蛀入孔活动。新成虫发育成熟后钻蛀新孔即羽化孔，羽化孔圆形，周围平整干燥，极易与蛀入孔区分。新成虫从羽化孔出来后即意味着该轮为害结束，而新一轮的为害即将开始。

图7-30 受小圆胸小蠹为害的三角枫树皮
表面的新蛀入孔及新鲜为害状（为害开始）

图7-31 受小圆胸小蠹为害的三角枫
树皮表面的蛀入孔（为害进行中）

图7-32 湿润的树皮及木屑排出
形成的细长的牙签状物（为害进行中）

图7-33 逐渐干燥的树皮及木屑排出
形成的牙签状物（为害进行中）

（2）小蠹雌成虫形态特征。根据以下特征进行小圆胸小蠹种类鉴定。雌成虫需具备的形态特征有：①触角棒节后面观具1接合缝，前胸背板近方形，其后缘光滑；②背面观前胸一般近方形，背板前缘几乎总无齿列，鞘翅斜面后侧缘有较锐利的缘边，从尾端翅缝处开始向两侧伸展到第7沟间部为止，沟中与沟间刻点一般纵列成行，鞘翅上的茸毛略疏少，局限在沟中与沟间纵列中；③体长约为2.5mm，宽约1.0mm，黑褐色，触角和足黄褐色，具金属光泽，侧面观背板前半部弓曲，后半部平直下倾，背顶部圆弓不突出，背面观鞘翅两侧缘直线后伸，侧面观鞘翅从基部至端部均匀弓曲，没有明显的斜面（图7-34和图7-35）。

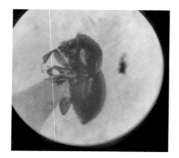 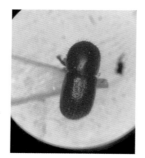

图 7-34　小圆胸小蠹雌虫侧面观　　　　图 7-35　小圆胸小蠹雌虫背面观

（3）小蠹诱捕器及聚集信息素制剂。小圆胸小蠹诱捕器有粘虫板诱捕器（图 7-36）和碰撞诱捕器（图 7-37），其聚集信息素制剂由加拿大一家公司生产（Synergy Semiochemicals Corporation，http://semiochemical.com），是对位盖烯醇（#3402，p-menthenols (quercivorol)，详见 http://semiochemical.com/ambrosia-beetles/），目前该产品的有效期能持续 9 周。

图 7-36　粘虫板诱捕器　　　　图 7-37　碰撞诱捕器（漏斗式）

（4）受小蠹为害的蠹害木分级。根据蛀干害虫为害等级划分的常用方法，结合三角枫蠹害木的特征，划分出轻度受害、中度受害、重度受害等 3 个蠹害等级，具体见表 7-2。

（5）小蠹常规监测调查表。

二、小蠹的防控

随着全球范围内商业贸易的加剧以及人与货物的远距离流通，寄主域广泛

的食菌小蠹从原栖息地迅速扩散蔓延，一些在原栖息地仅为害濒死木或死树的种类，扩散后成为入侵种，直接攻击健康的寄主，在入侵地爆发为害。园林生态系统相较于森林生态系统脆弱得多，多种食菌小蠹猖獗为害，成为城市生态系统健康的重要杀手。由于小蠹身体微小，生活隐蔽，虫口密度小时很难被发现，而等到发现其蔓延为害再进行防治时，往往错过了最佳防治时间，降低了防治效果或增加了防治成本，甚至因蠹害严重导致寄主树木的死亡，造成无法挽回的损失。

1. 园林小蠹的治理思路

园林小蠹的爆发是由异常的气候以及不合理人为活动造成生态系统失衡引起的，控制蠹害应从改善环境入手，以促进和恢复生态平衡为中心，以虫情监测为依据，本着"早发现、早处置""精细管理、精准防治"的指导思想，多种防治措施并举，减轻为害，逐步实现生态控制。

2. 改造虫源地，提高寄主抗性

对虫源地要进行改造，伐除受害严重的蠹害木，适时补植补造。改善园林树木生长环境，加强水肥管理，增强树体抗虫能力。合理修剪，剪除蠹害严重的枝条，集中焚烧处理以减少虫源。

3. 加强检疫工作

调运和移栽苗木时做好检疫工作，一旦发现小蠹为害，及时进行检疫除害处理，防治扩散。

4. 监测与防治并重，根据监测结果实施防治

在小蠹发生区进行虫情监测，若发现新鲜为害或排泄物出现，监测结束后即采取防治措施。不同情况区别对待。第一，在新蛀孔数量少，受害枝条或主干适于进行包扎处理情况下，进行药剂包扎防治；第二，在新蛀孔数量多、且受害枝条不便于包扎情况下，直接剪除受害枝条并进行灭虫处理；第三，在监测中一旦发现蠹害严重的大枝或主干，应伐除并进行灭虫处理；第四，在有小蠹发生的区域，常年进行诱杀。

5. 多种防治手段并用

包扎防治：选择吸水性较强的材料作为药液载体，用内吸性杀虫剂配合杀菌剂共同作用，可选用 80 倍液钻蛀螟尽水乳剂（0.57% 甲氨基阿维菌素和苯甲酸盐混合药剂）和 250 倍液杀菌剂秀特（25% 丙环唑）等药剂。根据受害枝干大小确定药液用量，作为药液载体的吸水材料浸透药液后裹在受害枝干外，再用塑料布包紧扎好。

剪除受害枝条及灭虫处理：需要剪除或伐除受害枝干的，剪除后伤口处应

立即涂抹树木封口胶；剪除或伐除下来的受害枝条或枝干必须进行灭虫处理，可根据情况选择焚烧处理、使用熏蒸剂熏蒸处理、粉碎处理等。

诱杀：可根据情况选择不同诱杀方式。第一，饵木或饵料诱杀，用受害较重的寄主树木作为饵木，将乙醇或信息素制剂作为引诱剂置于饵木上来加强引诱效果，在其严重受害后伐除。饵料诱杀是新鲜寄主植物枝条切片作为饵料，在下午至傍晚前置于受害的寄主旁边进行引诱；第二，乙醇或糖醋液诱杀，利用小蠹对乙醇和糖醋液有明显的趋向性，以乙醇或糖醋液作为诱芯配合粘虫板诱捕器或碰撞诱捕器进行诱杀；第三，信息素制剂诱杀，使用有效的小蠹聚集信息素制剂例如对位孟烯醇等作为诱芯配合粘虫板诱捕器或碰撞诱捕器进行诱杀。

除了上述的防治措施外，还可结合实际情况选择使用以下办法：在成虫扬飞期及繁殖早期喷施拟除虫菊酯进行处理；对受害寄主进行涂干防治；利用生防菌例如哈茨木霉进行生物防治等等。

6. 常见园林小蠹防治建议

（1）小圆胸小蠹防治。加强虫情监测，提高树木抗性，及时剪除受害枝条，伐除严重受害的主干，尽可能消灭虫源，必要时采取化学防治。具体防治措施建议如下：

1~2月防治要点：增施氮肥，促进树木健康；进行适当的修剪，剪去受害弱枝，重点修剪受害严重的枝条；清除重度受害的蠹害木，减少虫源，尽可能降低小圆胸小蠹爆发的风险。一定要注意及时将修剪的枝条和伐除的蠹害木运出公园外进行销毁，以免小蠹扩散。

3~5月防治要点：对受小圆胸小蠹为害的三角枫进行包扎用药防治，即采用具有吸水性的材料包裹树干，其外再用塑料薄膜包裹，使用具内吸性和熏蒸性的药剂如氧化乐果和敌敌畏作为防治药剂。包扎部位以三角枫主干为主，若侧枝出现小蠹蛀孔，亦要包扎。重度受害三角枫一定要及时清除，并运出公园外进行销毁。包扎用药防治一定要将有虫孔的部位包扎进去。

6~8月防治要点：此时正值雨季来临，小圆胸小蠹在树体外的活动减少，但其成虫和幼虫在树干坑道内很活跃，需要对园内小圆胸小蠹寄主植物三角枫和法国梧桐进行涂干防治。可供选用的药剂有40%高斯本乳油、25%喹硫磷或52.5%农地乐、50%甲胺磷乳油。40%高斯本乳油兑防水涂料5~10倍直接涂干，25%喹硫磷或52.5%农地乐兑水制成100倍液后再与黄土拌制成药浆涂干，50%甲胺磷乳油的10倍水溶液拌黄泥涂干。涂干时注意涂刷均匀，药浆须能堵住小蠹的蛀孔孔口，涂干完成后包以塑料薄膜。

9~10 月防治要点：9 月份是小圆胸小蠹活动高峰期，尽管处于雨季，但雨水相对较少，因此 9~10 月需要进行每隔两周 1 次的药剂防治，即使用树虫净 2000 倍液、或 48% 乐斯本乳油（氯吡硫磷）1000 倍液，或 50% 甲胺磷乳油 1000~1500 倍液对所有三角枫枝干进行喷药。注意除受害三角枫外，健康三角枫也要进行喷药，以防止其受害。

11~12 月防治要点：此时小圆胸小蠹进入越冬期，基本不活动。对树干进行涂白，由于该小蠹主要侵害 2m 以下的枝干，建议涂刷 2m 以下的枝干。适当施肥和修剪。这个阶段还应注意监测小蠹虫孔变化及活动情况，当天气晴朗时，小圆胸小蠹可能比较活跃，需要进行药剂防治；一旦出现较多虫孔，及时清理受害枝干。

需要说明是，害虫发生具有一定的突发性，因此，一旦发现成虫活动较频繁，立即进行喷药防治或涂干防治，压低虫口密度。施药时一定注意安全操作，避免人员中毒，尤其注意避免污染水体。

（2）足距小蠹防治。悬铃木足距小蠹是一种新发现的为害多种园林植物的蛀干害虫，具有暴发的潜在风险。及时发现受害枝条并剪除是当前控制该小蠹最为直接有效的办法。

此外，改善寄主植物的生长环境，避免其受胁迫，发现为害后迅速砍伐受害的枝干，焚烧或粉碎处理；在成虫扬飞期及繁殖早期喷施拟除虫菊酯进行处理；设置饵木并配合推—拉战术，将受害的寄主移到健康林木的外围，作为饵木吸引小蠹，避免或减轻其为害其他健康林木，3~4 周后烧掉所有受害树木；还可将乙醇及 conophthorin 或信息素制剂作为引诱剂置于饵木上，将马鞭草烯酮作为阻碍素（驱避剂）置于保护对象上；利用生防菌例如哈茨木霉来作用于食菌小蠹及其伴生菌，哈茨木霉或者直接杀死母虫减少后代虫口数，或者通过抑制伴生菌在坑道中生长间接作用于小蠹；开发高效的悬铃木足距小蠹信息素制剂用于该小蠹的防控，实现对其有效控制。

第八章　天牛类

　　天牛属鞘翅目天牛科 Cerambydae，是我国目前发生面积最大的蛀干害虫。其中为害杨树并持续发生 20 多年的黄斑星天牛、光肩星天牛、桑天牛、云斑天牛等，已使以杨树为主的第一代三北防护林林网遭到了毁灭性破坏；长江下游杉木速生丰产林遭到粗鞘双条杉天牛等的毁灭性破坏；由松墨天牛传播的松材线虫病已蔓延至数十省、自治区；星天牛、光肩星天牛、云斑白条天牛等在许多城市的园林生态系统普遍存在。天牛主要为害树木，少数种类为害草本植物。为害部位具有种间或属间的特异性，如土天牛属 Dorysthenes 为害树干、干基和根部，白条天牛属 Batocera 主要为害树干下部，星天牛属 Anoplopora 为害整个树木，筒天牛属 Oberea、楔天牛属 Saperda 主要为害枝条，并脊天牛属 Glenea 则主要为害伐倒木和干材。

　　天牛的生活史有 1 年 1~2 代、2~3 年或 4~5 年 1 代等众多类型，而寄主植物的健康状况和抗性能力等对天牛的生长发育有较大的影响，不良条件常引起其滞育而使生活周期延长。

　　该类害虫在树木上对取食部位的选择性和食性与其消化酶有关。一是幼虫消化道没有砂囊，不分泌纤维素酶，不能消化纤维，如合欢双条天牛 Xystrocera globosa 等，因而只为害韧皮部，蛀道很长，排泄物呈木丝状。二是幼虫消化道有砂囊，能分泌纤维素酶，可以充分消化纤维素，如密齿锯天牛 Macrotoma fisheri 等，所以主要在木质部内取食为害，蛀道较短，排出物呈细粉状。

第一节　昆明地区天牛名录

　　通过查阅文献及专著以及野外采集和调查，整理出昆明地区分布的天牛有 64 种，涉及 5 亚科 43 属，其中锯天牛亚科 Prioninae 3 属 6 种，幽天牛亚科 Aseminae 3 属 4 种，花天牛亚科 Lepturinae 3 属 3 种，天牛亚科 Cerambycinae17 属 24 种，沟胫天牛亚科 Lamiinae17 属 27 种。昆明地区新纪录种 2 种（在名录中以"*"标出），分别是沟翅土天牛 Dorysthenes (Prionomimus) fossatus (Pascoe)

和黄腹脊筒天牛 *Nupserha testaceipes* Pic。具体名录如下。

1. 锯天牛亚科 Prioninae

（1）毛角天牛 *Aegolipton marginale* (Fabricius)

（2）本天牛 *Bandar pascoei* (Lansberge)

（3）钩突土天牛 *Dorysthenes* (*Baladeva*) *sternalis* (Fairmaire)

（4）竹土天牛 *Dorysthenes* (*Lophosternus*) *buquetii* (Guérin-Méneville)

（5）云南土天牛 *Dorysthenes* (*Lophosternus*) *dentipes* (Fairmaire)

（6）沟翅土天牛 *Dorysthenes* (*Prionomimus*) *fossatus* (Pascoe)*

2. 幽天牛亚科 Aseminae

（7）褐幽天牛 *Arhopalus rusticus* (L.)

（8）赤短梗天牛 *Arhopalus unicolor* (Gahan)

（9）原幽天牛 *Proatimia pinirvora* Gressitt

（10）短角幽天牛 *Spondylis buprestoides* (L.)

3. 花天牛亚科 Lepturinae

（11）北亚伪花天牛 *Anastrangalia sequensi* (Reitter)

（12）带花天牛 *Leptura zonifera* (Blanchard)

（13）黑胸驼花天牛 *Pidonia gibbicollis* (Blessig)

4. 天牛亚科 Cerambycinae

（14）皱绿柄天牛 *Aphrodisium gibbcolle* (White)

（15）红翅拟柄天牛 *Cataphrodisium rubripenne* (Hope)

（16）栗拟柄天牛 *Cataphrodisium castaneae* Gressiitt

（17）四斑蜡天牛 *Ceresium quadrimaculatum* Gahan

（18）中华蜡天牛 *Ceresium sinicum* White

（19）昆明绿天牛 *Chelidonium buddleiae* Gressitt et Rondon

（20）散斑绿虎天牛 *Chlorophorus notabilis cuneatus* (Fairmaire)

（21）绿虎天牛 *Chlorophorus* sp.

（22）白尾刺虎天牛 *Demonax mali* Gressitt

（23）眉天牛 *Epipedocera zona* Chevrolat

（24）蔷薇短鞘天牛 *Molorchus liui* Gressitt

（25）红足缨天牛 *Nysina grahami* (Gressitt)

（26）沟翅珠天牛 *Pachylocerus sulcatus* Bronginiart

（27）黑跗虎天牛 *Perissus mimicus* Gressitt & Rondon

（28）人纹跗虎天牛 *Perissus paulonotatus* (Pic)

（29）红肩虎天牛 *Plagionotus christophi* (Kraatz)

（30）葱绿多带天牛 *Polyzonus (Parapolyzonus) prasinus* (White)

（31）昆明多带天牛 *Polyzonus cupriarius* Fairmaire

（32）茶丽天牛 *Rosalia lameerei* Brongniart

（33）复纹狭天牛 *Stenhomalus complicatus* Gressitt

（34）拟蜡天牛 *Stenygrinum quadrinotatum* Bates

（35）咖啡脊虎天牛 *Xylotrechus grayii* (White)

（36）核桃脊虎天牛 *Xylotrechus incurvatus contortus* Gahan

（37）白蜡脊虎天牛 *Xylotrechus rufilius* Bates

5. 沟胫天牛亚科 Lamiinae

（38）绿绒星天牛 *Anoplophora beryllina* (Hope)

（39）星天牛 *Anoplophora chinensis* (Forster)

（40）光肩星天牛 *Anoplophora glabripennis* (Motschulsky)

（41）灰星天牛 *Anoplophora versteegi* (Ritsema)

（42）桑天牛 *Apriona germari* (Hope)

（43）毛簇天牛 *Aristobia horridula* (Hope)

（44）黄蓝眼天牛 *Bacchisa guerryi* (Pic)

（45）橙斑白条天牛 *Batocera davidis* Deyrolle

（46）云斑白条天牛 *Batocera horsfieldi* (Hope)

（47）榄仁象天牛 *Coptops lichenea* Pascoe

（48）麻点豹天牛 *Coscinesthes salicis* Gressitt

（49）簇毛瘤筒天牛 *Linda (Dasylinda) fasciculata* Pic

（50）赤瘤筒天牛 *Linda nigroscutata* (Fairmaire)

（51）黑肩瘤筒天牛 *Linda semivittata* (Fairmaire)

（52）樟密缨天牛 *Mimothestus annulicornis* Pic

（53）松墨天牛 *Monochamus alternatus* Hope

（54）蓝墨天牛 *Monochamus guerryi* Pic

（55）东亚花墨天牛 *Monochamus subfasciatus* Bates

（56）黄腹脊筒天牛 *Nupserha testaceipes* Pic*

（57）菊脊筒天牛 *Nupserha ventralis* Gahan

（58）粉天牛 *Olenecamptus* sp.

（59）二点小筒天牛 *Phytoecia (Cinctophytoecia) guilleti* Pic

（60）黄斑竿天牛 *Pseudocalamobius luteonotatus* Pic

（61）桑坡天牛 *Pterolophia* (*Hylobrotus*) *annulata* (Chevrolat)

（62）云南突尾天牛 *Sthenias yunnanus* Breuning

（63）二斑突尾天牛 *Sthenias gracilicornis* Gressitt

（64）梨突天牛 *Zotalemimon malinum* (Gressitt)

第二节　昆明地区园林常见天牛种类

一、常见种类

昆明地区园林常见天牛种类有 5 亚科 18 属 24 种。锯天牛亚科 1 属 2 种，幽天牛亚科 2 属 2 种，花天牛亚科 2 属 2 种，天牛亚科 6 属 9 种，沟胫天牛亚科 7 属 9 种。常见 24 种天牛的形态描述如下。

钩突土天牛 *Dorysthenes* (*Baladeva*) *sternalis* (Fairmaire)

锯天牛亚科 **Prioninae**　土天牛属 *Dorysthenes*

国内分布于云南、四川；国外分布于越南、尼泊尔。在昆明地区华山松林偶有发生，成虫 9 月可见。

主要识别特征：①体中到大型，黑褐至黑色，有光泽，触角第 4 节至 11 节棕红至黑褐色；②头部向前突出，中部有一浅纵沟，口器向下，上颚中等长，基部密生刻点，下颚须、下唇须端节呈喇叭状，额部有粗刻点，触角基瘤远离，第 3~10 节外端较狭；③前胸背板短阔，中区稍凹，胸面密布刻点，两侧粗，侧缘具 2 齿，中齿尖锐，稍向后弯，前胸腹板凸片向上成角状横突，小盾片密布刻点；④鞘翅两侧基本平行，肩部圆形，后端稍狭窄，翅面全布革状皱纹，基部刻点及皱纹显著，每翅隐现两条不完整纵隆线。

沟翅土天牛 *Dorysthenes* (*Prionomimus*) *fossatus* (Pascoe)

锯天牛亚科 **Prioninae**　土天牛属 *Dorysthenes*

国内分布于云南、河南、陕西、青海、浙江、湖北、江西、湖南、福建、海南、四川、贵州；国外无分布。昆明地区新纪录种。

主要识别特征：①体棕黑色至黑褐色，触角较短，伸至鞘翅中部之后；②

前胸背板短阔，每侧缘具 2 个齿，分别位于前端及中部，前齿较宽，后角突出，表面布有细小刻点，两侧刻点较粗糙，中区光亮，前胸腹板凸片不向上拱突，小盾片中部有稀疏刻点；③鞘翅两侧近平行，端部稍狭，缝角明显，外端角圆形，翅表面密布刻点，较前胸背板上的刻点粗大，每翅有 2~3 条纵脊纹，中部纵沟明显；④足第 3 跗节两叶端部较圆。

褐幽天牛 *Arhopalus rusticus*（L.）
幽天牛亚科 Aseminae　短梗天牛属 *Arhopalus*

　　也称褐梗天牛，国内分布于云南、内蒙古、东北、陕西；国外分布于欧洲、西伯利亚、库页岛、朝鲜、日本等。有记载的寄主植物包括日本赤松、柳杉、日本扁柏、桧、冷杉、柏属。在昆明地区的桤木林、华山松林、栎林、云南松林中均有发生。成虫始见于 5 月初，5 月下旬至 6 月中旬为成虫发生高峰期。

　　主要识别特征：①触角着生于额的前方，紧靠上颚基根，前胸侧面不具边缘，前胸背板两侧无侧刺突；②触角较长，各节长胜于阔，复眼面较粗；③体较扁平，前胸背板宽胜于长，中区有 3 条纵凹纹，两侧有少许瘤突；④前足基节无棘状突起。

短角幽天牛 *Spondylis buprestoides*（L.）
幽天牛亚科 Aseminae　椎天牛属 *Spondylis*

　　国内分布于云南、内蒙古、东北、北京、江苏、安徽、浙江、福建、广东、台湾等；国外分布于俄罗斯、伊朗、欧洲等国。已记载的寄主植物有马尾松、日本赤松、柳杉、日本扁柏、冷杉及云杉等。昆明地区成虫始见于 5 月下旬，6 月中下旬出现的数量较多。

　　主要识别特征：①触角着生于额的前方，紧靠上颚基根；②前胸两侧无侧刺突，前足基节横阔，鞘翅刻点细小；③触角各节短，呈念珠状，扁阔；④上颚较长，向前伸出。

北亚伪花天牛 *Anastrangalia sequensi*（Reitter）

花天牛亚科 Lepturinae　伪花天牛属 *Anastrangalia*

国内分布于云南、黑龙江、吉林、内蒙古；国外分布于日本、韩国、蒙古、俄罗斯。

主要识别特征：①体较小，稍狭长，黑色，鞘翅棕黄色，边缘黑色，全体被灰黄和灰白色细绒毛；②额横宽，散布较密细刻点，顶部宽凹，前端横陷，复眼内缘凹陷，下叶长为其下颊部的 2 倍；③触角基瘤左右分开，触角长达鞘翅中部以后；④前胸背板密布粗刻点，前、后横沟较浅，背面隆起，有浅中纵沟，小盾片狭长三角形，端部狭圆；⑤腹部末节末端尖狭，后足腿节达鞘翅末端，第 1 跗节与其余各节之和等长。

带花天牛 *Leptura zonifera*（Blanchard）

花天牛亚科 Lepturinae　花天牛属 *Leptura*

国内分布于云南、福建、四川、贵州；国外无分布。

主要识别特征：①体黄棕色至红棕色，前胸背板色较深；②头部上颚、额中线、头顶、后头颈部后半部黑色，复眼褐色至黑色，触角第 6 节以后黄褐色、黑褐色或黑色；③前胸背板前横沟后壁边缘黑色，背中线前部黑色，鞘翅基缘内侧小盾片两边及中缝基部黑色，翅面黄、黑横斑相间各有 4 斑，肩角与翅端黄褐色至红棕色；④足红棕色，第 1~4 腹板基半部黑色。

四斑蜡天牛 *Ceresium quadrimaculatum* Gahan

天牛亚科 Cerambycinae　蜡天牛属 *Ceresium*

国内分布于云南；国外分布于老挝、圣诞岛。

主要识别特征：①体小型，狭窄；②前胸背板长胜于宽，头和前胸背板红褐色或黄褐色；③前胸背板刻点较粗，在其前、后端的 4 个角上，各有 1 淡黄色毛斑，小盾片密被淡黄色绒毛；④鞘翅刻点较细。

中华蜡天牛 *Ceresium sinicum* White
天牛亚科 Cerambycinae　蜡天牛属 *Ceresium*

国内分布于云南、河北、北京、湖南、湖北、江苏、上海、浙江、四川、台湾、广东、西藏等；国外分布于日本、泰国。已记载的寄主植物有水杉、池杉、杉木、柳杉、苦楝、刺槐、梧桐、枫杨、桑杨、柳等。在昆明地区栎林、桤木林、华山松林中有发生，成虫7~9月可见。

主要识别特征：①体小型，褐色到黑褐色，头部、前胸色较暗，鞘翅和足黄褐色或深褐色；②前胸背板狭长，两侧呈圆形，刻点粗大，密被黄色绒毛，中央有1条平滑的间断纵纹，近前后缘两侧各有1圆形淡黄色斑纹，后缘斑纹较短，小盾片圆形，密被黄色绒毛；③鞘翅基部刻点较深，每1刻点长1绒毛，翅面另有少数竖毛，端角圆形；④中后足腿节之棒状部分超过腿节之半。

散斑绿虎天牛 *Chlorophorus notabilis cuneatus*（Fairmaire）
天牛亚科 Cerambycinae　绿虎天牛属 *Chlorophorus*

国内分布于云南、陕西、四川；国外无分布。寄主植物记载的有核桃。昆明地区在桤木林、栎林和松林等有发生，成虫6~9月可见。

主要识别特征：①体黑色，触角黑褐色，前胸背板中央两侧有两个黑色小圆点；②触角着生较后，与上颚基根有相当的距离，头部不伸长，向前倾斜，口器向前；③前、中足胫节不具斜沟，中足基节窝对后侧片开放，后足跗节第1节长度不到第2、3节之和的2倍；④鞘翅背板小盾片后方两侧有1对呈方括形的黑斑，每鞘翅中段有3个黑短纵条，鞘翅后端1/4处各有1黑斑，鞘翅外侧纵列3条黑短纵条。

黑跗虎天牛 *Perissus mimicus* Gressitt & Rondon
天牛亚科 Cerambycinae　跗虎天牛属 *Perissus*

国内分布于云南、广东；国外分布于老挝。昆明地区成虫6~8月可见。
主要识别特征：①体狭长，圆筒形，黑色，足跗节及胫节端部和腹节端部

暗红棕色，体被灰白色或棕毛色；②头部不宽于前胸，额中部略窄，中央具1条纵脊，触角被短毛，第1~5节内侧具若干倾斜的长毛；③前胸背板被细而稀疏的毛，在后缘两侧及下侧缘白色绒毛较密，小盾片密被白毛，后方圆形；④鞘翅在小盾片两侧各具1个深棕色斑，被淡棕色毛，翅面各具3条白色带纹：第1条始于小盾片后面在翅基1/3处，向外弯曲成横形，但不达外缘；第2条横形，位于翅中央之后稍远处，在中缝处较宽；第3条位于缝角，为1个倾斜的端斑，毛较稀疏。

人纹蚵虎天牛 *Perissus paulonotatus*（Pic）

天牛亚科 Cerambycinae　蚵虎天牛属 *Perissus*

国内分布于云南，国外无分布。昆明地区在桤木林、栎林、华山松林中有发生，成虫5~9月可见。

主要识别特征：①体小型，细长，体黑色，密被灰色毛，头部、复眼周围、额部毛灰白色，触角第3~5节内侧有长毛；②鞘翅从小盾片后方中缝处起至外缘各有1条黄白色"人"字斜条纹斑，中部中缝起各有1白色横纹略斜向外缘，其长度仅达翅中央，不达翅侧折缘，外端尖锐；③腹面密被灰白色毛，中、后胸前侧片、后侧片密生银白色毛；④足黑色，具稀疏灰白色毛，前、中足胫节内侧毛较长。

红肩虎天牛 *Plagionotus christophi*（Kraatz）

天牛亚科 Cerambycinae　丽虎天牛属 *Plagionotus*

国内分布于云南、东北、河北、安徽等；国外分布于西伯利亚东南部、朝鲜、日本、蒙古国等。已记载的寄主植物是栎属。昆明地区2月份可见成虫。

主要识别特征：①体赤褐色，头、胸黑色，触角和足棕红色，腿节中部色深；②头顶有1条黄色长横带，唇基有少许黄色毛；③前胸背板宽稍大于长，略呈圆形，表面密布粗糙刻点，前缘稍后有1条黄色毛横纹，小盾片光亮，末端圆形；④鞘翅基部深红色，稍后有1条黄色绒毛组成的倾斜向横斑，翅中央稍后各有1条黄色横纹，翅末端有1个黄色斑，后缘呈圆形。

拟蜡天牛 *Stenygrinum quadrinotatum* Bates

天牛亚科 Cerambycinae　　拟蜡天牛属 *Stenygrinum*

也称四星栗天牛，国内分布于云南、东北、河北、江西、江苏、浙江、四川、广西、台湾；国外分布于马来西亚、缅甸、俄罗斯、越南、菲律宾、韩国、日本、印度、印度尼西亚、蒙古国等。已记载的寄主植物有栎属、栗属。昆明地区成虫 7~9 月可见。

主要识别特征：①体深红色或赤褐色，头与前胸深暗；②额具粗刻点，正中具 1 纵纹，头顶密布细而强的刻点；③前胸略呈圆筒形，中间稍宽，背面与两侧刻点浅密，腹部除近前缘部分外，刻点粗密，中域中央具短而微突的平滑纵纹，小盾片密被灰色绒毛；④鞘翅有光泽，中间 1/3 呈黑色或棕黑色，此深色区域各有前后 2 个椭圆形斑纹。

核桃脊虎天牛 *Xylotrechus incurvatus contortus* Gahan

天牛亚科 Cerambycinae　　脊虎天牛属 *Xylotrechus*

国内分布于云南、福建、台湾、广西、四川；国外分布于尼泊尔、印度、缅甸、不丹等。已记载的寄主植物有胡桃、杜鹃花属。昆明地区成虫 6~7 月可见。

主要识别特征：①体小型，黑色，全体被黄色密绒毛，体背面不着生黄色绒毛处，形成黑色斑纹；②前胸背板中央有 1 隆起的黑纵斑，两侧各有 1 黑斑，侧缘中部各有 1 小黑点，小盾片半圆形；③每个鞘翅有 4 条黑色横带，前 2 条弯曲，第 2 条向下深弯曲，第 4 条横带在外端处，沿侧缘向下延伸，体腹面绒毛淡黄色或黄绿色，足、鞘翅基部黄褐色，腿节大部分黑褐色；④后足腿节超过鞘翅末端，后足第 1 跗节稍长与 2、3 跗节之和。

白蜡脊虎天牛 *Xylotrechus rufilius* Bates

天牛亚科 Cerambycinae　　脊虎天牛属 *Xylotrechus*

国内分布于云南、黑龙江、北京、河北、山东、河南、陕西、浙江、湖北、江西、湖南、福建、台湾、广东、海南、香港、广西、四川；国外分布于俄罗

斯、朝鲜、韩国、日本、印度、缅甸、老挝。已记载的寄主植物有国槐、印度橡树、枪弹木、柿属、栎属、柞树、白蜡、枫树、核桃等。昆明地区成虫6~7月可见。

主要识别特征：①体小型，较窄长，黑色，前胸背板除前缘外，全为红色，鞘翅有淡黄色绒毛斑纹，每翅基缘及基部1/3处，各有1横带，沿中缝彼此相连接，端部1/3处有1横斑，端缘有淡黄色绒毛；②前胸背板较大，前端稍窄，后端较宽，两侧缘弧形，表面粗糙，具有短横脊，小盾片半圆形，端缘被白色绒毛；③鞘翅肩宽，端部窄，端缘微斜切，雄虫后足腿节超过鞘翅端部较长，雌虫则略超过鞘翅端部，后足第1跗节1倍半长于其余跗节的总长度。

星天牛 *Anoplophora chinensis*（Forstor）
沟胫天牛亚科 Lamiinae　星天牛属 *Anoplophora*

国内分布于云南、吉林、辽宁、河北、山东、江苏、浙江、山西、陕西、甘肃、湖北、湖南、安徽、江西、台湾、四川、贵州、福建、广东、海南、广西等；国外分布于日本、韩国、阿富汗、意大利、法国、澳大利亚等。已记载的寄主植物有杨树、柳树、榆树、法国梧桐、枣树、板栗、紫薇、悬铃木、柑橘等。昆明地区成虫7~8月可见。

主要识别特征：①体中到大型，黑色略有光泽，全身分布白色斑点，斑点变化很大；②头部和体腹面被灰色或灰蓝色细毛，触角粗长，第3~11节基部1/3处有淡蓝色毛环；③前胸背板中区有1大瘤突，两侧有小瘤突，侧刺突明显，粗壮；④鞘翅基部1/4处颗粒明显，其余翅面光滑、刻点疏细，每鞘翅有15~20个白色毛斑，不规则排成5行。

光肩星天牛 *Anoplophora glabripennis*（Motschulsky）
沟胫天牛亚科 Lamiinae　星天牛属 *Anoplophora*

国内分布于云南、辽宁、河北、北京、天津、内蒙古、宁夏、陕西、甘肃、河南、山西、山东、江苏、安徽、江西、湖北、湖南、四川、上海、浙江、福建、广东、广西、贵州等；国外分布于日本、朝鲜、蒙古国、澳大利亚等。已记载的寄主植物有悬铃木、加杨、美杨、小叶杨、旱柳和垂柳等。昆明地区成

虫 6 月可见。

主要识别特征：①体中至大型，体形稍狭，黑色带紫铜色或绿色，有白色毛斑；②前胸背板侧刺突发达尖锐，不向后弯曲；③鞘翅基部光滑无颗粒，表面有细微皱纹及刻点，无竖毛，鞘翅毛斑成规则排列，略成 6 横排，基部 1/3 处两毛斑较大，其余毛斑小。

橙斑白条天牛 *Batocera davidis* Deyrolle
沟胫天牛亚科 Lamiinae　白条天牛属 *Batocera*

国内分布于云南、陕西、河南、浙江、江西、湖南、福建、台湾、广东、四川、重庆；国外分布于印度、老挝、越南、夏威夷。已记载的寄主植物有杨、柳、桑、悬铃木、桉树、板栗、枫杨、油桐、栎及苹果等。在昆明地区为害柳树，垂柳的受害十分严重，成虫 4~7 月可见，6 月为高峰期。

主要识别特征：①体大型，黑褐色至黑色；②头部具细密刻点，额部刻点粗糙，两侧触角粗长；③前胸背板侧突发达，中央有 1 对橙黄色肾形斑点，小盾片密被白毛，体腹面自复眼后至翅端有 1 白色宽纵带；④鞘翅被青棕色细毛，每个鞘翅有 5~6 个大小不一的长圆形橙黄色斑纹（有时变白），鞘翅基部 1/4 处有颗粒分布，其余部分有细刻点，肩部有短刺，端部缝角呈短刺状，外端角钝圆。

赤瘤筒天牛 *Linda nigroscutata*（Fairmaire）
沟胫天牛亚科 Lamiinae　筒天牛属 *Linda*

国内分布于云南、湖南、四川、贵州、西藏；国外无分布。已记载的寄主植物有梨、枇杷、苹果、花椒、板栗等。昆明地区成虫 6 月可见。

主要识别特征：①体中型，长圆筒形，体、翅橙黄色或赤色，被白色细毛，触角、后胸腹板、腹部及足黑色；②前胸背板中区有 4 个圆形黑斑，呈"八"字形排列，两侧刺突下方各有 1 黑色圆斑；③鞘翅在小盾片后有 1 个倒三角长黑斑，长度约为翅长的 1/5，两鞘翅肩部各有 1 小黑点；④体腹面中胸腹板横列 4 个黑斑，腹部末端节棕黄色。

黄腹脊筒天牛 *Nupserha testaceipes* Pic

沟胫天牛亚科 Lamiinae　脊筒天牛属 *Nupserha*

国内分布于云南、山东、河南、江苏、湖北、江西、湖南、广东、广西、甘肃、贵州、福建、海南；国外无分布。昆明地区新纪录种。

主要识别特征：①体小，大部分黄褐色，头黑色，鞘翅肩以下侧缘及端部，有时在翅中部之后为深棕至黑褐色，触角2节或柄节及第3节或第4节起以下各节端部和末端两节的大部分为黑褐色；②前胸背板宽大于长，两侧微弧形，两侧近前、后缘微凹，小盾片呈梯形；③鞘翅较短，肩部稍宽，几两侧平行至端部1/4处，末端近于横截，外端角钝圆，鞘翅刻点行列较规则，中部刻点约为6行列，刻点粗深，端部刻点较弱；④后胸腹板端末中央有1对小乳突。

松墨天牛 *Monochamus alternatus* Hope

沟胫天牛亚科 Lamiinae　墨天牛属 *Monochamus*

也称松褐天牛，国内分布于云南、北京、河北、吉林、山东、河南、陕西、江苏、安徽、浙江、湖北、江西、湖南、福建、台湾、广东、香港、广西、四川、贵州、西藏等；国外分布于澳大利亚、日本、韩国、老挝等。已记载寄主植物有马尾松、冷杉、云杉、鸡眼藤、雪松、桧属、落叶松、云南松等。昆明地区5~11月可见成虫，在华山松林、云南松林、桤木林、柏树林均有发生。

主要识别特征有：①触角着生处较后，和上颚基根有相当距离；②头额与体纵轴近于垂直，口器向下，前足胫节内沿具斜沟，中足胫节外沿具斜沟；③触角柄节端疤关闭式，第3节显著长于第4节，前胸背板宽胜于长，具侧刺突；④前胸背板无粒状刻点，中区有两条相当宽的棕黄色或橘色纵斑；⑤鞘翅棕红色，每翅有5条直纹，由方形或长方形的褐色和灰白色斑纹相间组成。

东亚花墨天牛 *Monochamus subfasciatus* Bates
沟胫天牛亚科 Lamiinae　墨天牛属 *Monochamus*

国内分布于云南、吉林等；国外分布于日本。昆明地区成虫 6~7 月可见，松林发生。

主要识别特征：①头、额黑色，有中缝，头顶瘤状刻点较大，有黄白绒毛分布，额平坦，刻点细密，有白色短绒毛分布；②前胸背板黑色，上下横沟有长皱纹分布，前排有几个黄点分布，侧突较大；③鞘翅黑色，基部瘤状，刻点较大，布有短黄色绒毛和白色及黄色游离斑点，有的形成宽斑带，以中偏下带为最宽，小盾片半圆形，深黄色绒斑，内有中缝；④腹面黑色，布满灰白色绒毛，以两侧及胸部为重，各足特别是各跗节背面有白色短绒毛分布。

桑坡天牛 *Pterolophia (Hylobrotus) annulata* (Chevrolat)
沟胫天牛亚科 Lamiinae　坡天牛属 *Pterolophia*

也称坡翅桑天牛，国内分布于云南、黑龙江、吉林、辽宁、河北、河南、山西、江苏、浙江、江西、湖北、湖南、四川、台湾、福建、广东、香港；国外分布于日本、韩国、越南、缅甸等。已记载的寄主植物有桑、苹果、木菠萝、胡椒、木薯、四棱豆、蓖麻等。昆明地区成虫始见于 5 月上旬。

主要识别特征：①触角着生处较后，和上颚基根有相当距离；②头额与体纵轴近于垂直，口器向下，前足胫节内沿具斜沟；③头、胸近等宽，触角柄节无端疤，鞘翅末端圆形或略斜截，中足胫节无斜沟；④每鞘翅中部有 1 极宽的淡色横带，此带在中缝区较狭，两侧较宽，复眼下叶同颊近于等长。

二斑突尾天牛 *Sthenias gracilicornis* Gressitt
沟胫天牛亚科 Lamiinae　突尾天牛属 *Sthenias*

国内分布于云南、江西、广东；国外无分布。昆明地区成虫在 5~9 月发生于栎林、桤木林、云南松林中。

主要识别特征：①触角着生处较后，和上颚基根有相当距离，头一般不长，

眼后不显著收狭；②头额与体纵轴近于垂直，口器向下，前足胫节内沿具斜沟；③复眼上、下叶近于分离，触角下沿有缨毛，柄节无端疣，鞘翅末端延展成叶状突，近中缝处微凹，中足胫节无斜沟；④鞘翅中部后方有1条不规则白色横带，靠近中缝处与1椭圆形黑斑相连。

二、常见天牛分种检索

根据成虫的形态特征，用两项式检索表的编制方法编制昆明地区园林常见24种天牛的成虫分种检索表。

昆明地区园林常见天牛成虫检索表

行列 ·· 黄腹脊筒天牛 *Nupserha testaceipes*

18. 触角柄节末端有细脊围成近半圆形的端疤 ······································19

18. 触角柄节末端无细脊围成的端疤，光滑或背方具粗糙颗粒 ················22

19. 中胸腹板凸片无瘤突，触角第3节显著长于第4节；鞘翅末端圆形 ·······20

19. 中胸腹板凸片有瘤突，触角柄节粗壮，第3节长于第4节；中足胫节斜沟很深 ···21

20. 每鞘翅具5条由黑色与灰白色绒毛斑纹组成的纵条纹 ·····················

······································松墨天牛 *Monochamus alternatus*

20. 鞘翅黑色，基部瘤状，刻点较大，布有短黄色绒毛和白色及黄色游离斑点，有的形成宽斑带，以中偏下带为最宽·················东亚花墨天牛 *Monochamus subfasciatus*

21. 鞘翅基部有颗粒，每鞘翅有15~20个白色毛斑 ·········星天牛 *Anoplophora chinensis*

21. 鞘翅基部无颗粒，表面有细微皱纹及刻点 ·········光肩星天牛 *Anoplophora glabripennis*

22. 触角柄节端部背方有粗糙颗粒，触角节下侧常有密短毛或粗糙棘突；前胸背板中央有1对橙黄色肾形斑点，小盾片密被白毛。体腹面自复眼后至翅端有1条白色宽纵带········

······································ 橙斑白条天牛 *Batocera davidis*

22. 触角柄节端部光滑，无端疤或粗糙颗粒 ·······································23

23. 鞘翅末端圆形或略斜截，翅端部1/3区域向下倾斜，坡度很深，每鞘翅基部1/4区的中央较近中缝处有1脊纹隆起，上生1小丛较长的黑毛；每翅中部以下有2条较显著的隆起条纹，其中较近中缝的1条和基部隆起处于同一直线，外面的1条稍长，伸展到端坡中央···

······································ 桑坡天牛 *Pterolophia (Hylobrotus) annulata*

23. 鞘翅末端延展成叶状突，近中缝处微凹，鞘翅从基部起至3/5处密被棕灰色毛，翅端部棕黄色，布黑色小点；后半部分中缝有小黑点；缘角有黑点·····························

······································ 二斑突尾天牛 *Sthenias gracilicornis*

第三节 园林主要天牛发生规律

一、橙斑白条天牛

橙斑白条天牛是鞘翅目天牛科沟胫天牛亚科白条天牛属中体型最大的种类，国内外均有分布，寄主范围较广，常见的有杨 *Populus* spp.、柳 *Salix* spp.、桑 *Morus alba*、板栗 *Castanea mollissima*、油桐 *Vernicia fordii*、核桃 *Juglans regia* 等。在昆明地区主要为害柳树，不同柳树品种受害情况不一致，垂柳 *Salix babylonica* 受害严重，而旱柳 *Salix matsudana* 及其变种龙爪柳 *Salix matsudana* var. *matsudana* f. *tortuosa* 受害较轻。天牛幼虫钻蛀柳树木质部，造成枝枯，严重时致树死亡。

白条天牛属的昆虫是蛀干害虫，在我国目前有7种，均为害多种阔叶树，且在云南省均有分布。这些天牛在形态上彼此接近，且有些在同种寄主上同时发生，给园林生产上的害虫识别带来困难。橙斑白条天牛与其他白条天牛显著不同的特征是雄虫触角第3~9节端部内侧显著膨大；前胸背板的1对肾形斑及鞘翅上的斑纹均为乳黄色或橘黄色，有时鞘翅上斑纹为白色；体背被稀疏青棕灰色绒毛。

橙斑白条天牛在昆明地区2年发生1代，以幼虫和成虫在寄主蛀道内越冬。越冬成虫4月份在树上钻出直径约2cm的圆形孔洞，出树活动，爬上树啃食1~2年生枝条皮层以补充营养。成虫4~7月可见，6月份为发生高峰期。5月份即可见雌雄虫交配，雌虫交配后即可产卵，产卵前在主干上咬出弧形刻槽，再用产卵管在刻槽中央钻孔产卵，1次1粒，每天产数粒，持续1~2周。卵初产时乳白色，卵期10天左右；幼虫孵化后开始在树皮下取食韧皮部和边材，不久便蛀入树体内，在树皮上留下扁圆形的蛀入孔，大量虫粪和木屑从孔口排出，是天牛幼虫正在为害寄主的表现。天牛幼虫蛀入木质部后，在树体内留下纵横交错的不规则蛀道，整个幼虫期历时400多天，幼虫老熟后在蛀道末端造蛹室化蛹，8月是蛹发生高峰期，蛹期约1个月。成虫羽化后潜伏于蛹室内直至越冬结束。

二、松墨天牛

松墨天牛又名松褐天牛、松斑天牛，隶属于鞘翅目天牛科沟胫天牛亚科墨天牛属，国内外均有分布，寄主植物众多，主要为害马尾松、黑松、雪松、落叶松、油松、华山松、云南松、思茅松、冷杉、云杉、桧、栎、鸡眼藤、苹果、花红等生长衰弱的树木或新伐倒树。松墨天牛是为害松树的主要蛀干害虫之一，也是传播毁灭性病害——松材线虫病的媒介昆虫，被列为国际检疫性害虫。成虫补充营养，啃食嫩枝皮，造成寄主衰弱，幼虫蛀食树干及大枝条的木质部、韧皮部，严重发生时，常造成松树成片枯死，直接破坏了森林资源，带来严重经济损失。近年来，该虫害已在我国江苏、安徽、广东等省的部分地区发生为害和蔓延扩散，对我国松林造成严重威胁。在昆明地区该虫为害云南松和华山松。

成虫体长15.0~28.0mm，体橙黄色到赤褐色，鞘翅上饰有黑色与灰白色斑点。前胸背板有2条相当阔的橙黄色条纹，与3条黑色纵纹相间；小盾片密被橙黄色绒毛。每一鞘翅具5条纵纹，由方形或长方形的黑色及灰白色绒毛斑点相间组成。触角棕栗色，雄虫第1、2节全部和第3节基部具有稀疏的灰白色绒

毛；雌虫除末端2、3节外，其余各节大部被灰白毛，只留出末端1小环是深色。触角雄虫超过体长1倍多，雌虫约超出1/3，第3节比柄节约长1倍，并略长于第4节；前胸侧刺突较大，圆锥形；鞘翅末端近平截。

松墨天牛在昆明地区1年发生1代，以老熟幼虫在蛀道内越冬。翌年4月越冬幼虫开始转移到靠近树皮部位，作一蛹室化蛹。新羽化的成虫自树皮下约6mm的圆形羽化孔内脱孔，5~9月均有成虫羽化，其中以5~7月份羽化数量最多。新羽化成虫在幼嫩枝条或针叶上取食以补充营养。交配后的雌成虫寻找长势衰弱的寄主树产卵，先在树干或粗壮枝干的树皮上咬一浅痕即卵槽，然后在其内产卵，数粒不等。初孵幼虫先在树皮下的内皮及边材处取食，蛀成宽阔而不规则的扁平坑道，幼虫在此部位生活约1~2月，长大的幼虫开始向树干木质部蛀食，幼虫在坑道内活动时，会将蛀屑推出坑道而堆积于树皮外，大量排出的新鲜蛀屑是幼虫正在为害的反映。幼虫在木质部坑道内越冬，来年春天后开始活动。

第四节　园林天牛的监测及防控

昆明市园林生态系统近年来爆发了小蠹、天牛、木蠹蛾等蛀干害虫的为害，而天牛发生的主要原因在于以下几方面：第一，苗木调运、大树移栽等园林生产活动常因病虫害检疫工作的缺失或疏忽导致蛀干害虫发生；第二，冬季的低温冻害、刺吸类害虫的发生加剧了寄主植物的衰弱；第三，水肥管理不当、树势衰弱、树龄老化等均是园林天牛爆发为害的因素。开展科学的虫情监测，制定合理的防控方案，是遏制园林天牛爆发的有效途径。在城市园林生态系统中实施有效的植物病虫害管理，需要建立巡园制度，定期进行病虫害调查，以及目标害虫的监测，根据调查和监测的结果实施科学管理及管护，才能保持园林植物的健康及良好的景观。

一、天牛的监测

在园林天牛中，橙斑白条天牛、松墨天牛等是在我国多个省区均有分布的天牛种类。天牛在高大乔木上的为害，初期难发现，防治困难，而天牛为害导致的枝枯在人居环境中是极其危险的安全隐患。开展园林天牛虫情监测，实时掌握园林生态系统中天牛的发生及为害状况，为有效进行园林天牛防控提供科学依据。

1. 监测内容

园林天牛监测分为常规监测和重点监测。常规监测的内容包括园林天牛新

鲜为害调查及成虫诱捕数量调查；重点监测的内容包括新寄主确认、受害寄主标记及受害程度调查等。

2. 监测方案

在辖区内实行 1~2 个月一次的常规监测，春夏季 1 个月一次，秋冬季 2 个月一次，监测方法包括踏查及诱捕法。踏查法适宜用于面积相对较小的区域，如城市公园、绿地等，其具体操作是：在监测区域内，2~3 名调查人员沿选择好的调查路线，观察并记录每株乔木及灌木是否出现天牛为害症状，有无天牛成虫、产卵刻槽或卵、幼虫蛀入孔、天牛排泄物等。诱捕法适宜用于面积相对较大的区域，如森林公园，其具体操作是：在监测区域内每隔 50 米设置 1 个诱捕器，定期收集并记录每个诱捕器内诱集到的天牛成虫数量。诱捕器载体建议使用挡板诱捕器，每个诱捕器内需配备有效的天牛诱芯。

根据常规监测的结果确定是否需要进行重点监测。在常规监测时，若发现未见报道的新寄主受害，或单个诱捕器诱集到的天牛成虫数量超过 5 头时，则需要进行重点监测。对于疑似新寄主，需采集并解剖受害枝干，获得成虫，对其进行种类鉴定，形成监测报告。对于单个诱捕器诱集到的天牛成虫数量较多的，在其监测区域内进行逐株排查，记录并标记新鲜受害、受害严重的寄主（根据表 8-1 进行受害程度判断）。

3. 监测报告

监测完成后需形成监测报告（表 8-2），内容包括监测时间、地点、人员及分工、监测结果，并明确此次监测是否发现新受害寄主、是否应采取防治，建议如何防治等。若发现当前的监测方案需要调整，应提出调整建议。

表 8-1 园林天牛为害程度划分标准

受害等级	受害木特征（限于在寄主主干和大枝上同时发生的天牛种类）
0	健康木，主干或大枝上均无虫孔
I	轻度受害木，主干健康，大枝受害，受害大枝不多于 2 枝或受害率低于 10%
II	中度受害木，主干健康，大枝受害，受害大枝多于 2 枝或受害率 10%~20%
III	重度受害木，主干和大枝均受害，大枝受害率高于 20%

表 8-2　园林天牛常规监测调查表

调查时间	
调查人员及分工	
调查地点	
踏查线路 1	
踏查线路 2	
…	
天牛成虫、产卵刻槽或卵、幼虫蛀入孔、天牛排泄物等	
处置建议	
调查结论	
备注	

二、天牛的防控

1. 园林天牛的治理思路

园林天牛的爆发与寄主植物长势衰弱和树龄老化关系密切，控制天牛为害应从改善环境及提高寄主植物抗性入手，以虫情监测为依据，本着"早发现、早处置""精细管理、精准防治"的指导思想，多种防治措施并举，减轻为害，逐步实现生态控制。

2. 以园林技术措施为根本

及时发现并清除枯枝、朽木，杜绝枯枝朽木伤人事件。对虫源地要进行改造，伐除受害严重的虫害木，适时补植补造抗虫树种；减少外来树种的使用，充分发挥乡土树种在园林绿化中的作用。改善园林树木生长环境，加强水肥管理，增强树体抗虫能力；合理修剪，及时清除老枝、弱枝及虫害严重的枝条，集中焚烧处理以减少虫源。

3. 加强检疫工作

调运和移栽苗木时做好检疫工作，一旦发现天牛为害，及时进行检疫除害处理，防治扩散。

4. 监测与防治并行并重

监测与防治并行，在天牛发生区进行虫情监测，若发现天牛成虫、产卵刻槽或卵、幼虫蛀入孔、天牛排泄物等现象，一一记录并及时采取防治措施。不同情况区别对待。第一，发现天牛成虫的，直接捕捉后杀灭；第二，发现产卵刻槽或卵的，用锤敲击卵或刻槽周围树皮以消灭卵及初孵幼虫；第三，发现幼虫蛀入孔及天牛排泄物的，用铁钩深入孔内钩杀幼虫，无法钩杀的，用毒签插

入蛀孔，用磷化铝或磷化锌毒签，或是樟脑颗粒，插入有新鲜排泄物的虫口，用泥封口；第四，在有天牛发生的区域，常年进行诱杀。

5. 多种防治手段并用

挂心腐木人工鸟巢，招引啄木鸟：在城市公园或居民小区背静处的高大树木上，捆放 20cm 直径心腐木，招引啄木鸟捕食天牛幼虫。

人工捕杀成虫：在天牛成虫发生高峰期，组织人力捕捉成虫。例如橙斑白条天牛每年 4~7 月为成虫发生期，6 月为发生高峰期，晴天中午成虫多在树干中下部活动，此时捕捉收效甚大。

涂药环防止天牛成虫：用 2.5% 敌杀死与凡士林按 1∶5 比例混合，在成虫羽化盛期，利用成虫树上食叶树干交尾产卵习性，离地 1.5~2m 处涂抹药环 1~2 道，药环宽 5cm 左右，天牛经过药环，可将其杀死，有效防止天牛为害。

注射防治：用注射器吸入高浓度久效磷等农药，直接注入刚孵化的产卵点，或有新鲜木屑排除的虫口，毒杀幼虫。

包扎防治：选择吸水性较强的材料作为药液载体，用内吸性杀虫剂配合杀菌剂共同作用，可选用 80 倍液钻蛀螟尽水乳剂（0.57% 甲氨基阿维菌素和苯甲酸盐混合药剂）和 250 倍液杀菌剂秀特（25% 丙环唑）等药剂。根据受害枝干大小确定药液用量，作为药液载体的吸水材料浸透药液后裹在受害枝干外，再用塑料布包紧扎好。

剪除受害枝干及灭虫处理：剪除或伐除老枝、弱枝及受害枝干，大枝剪除后伤口处应立即涂抹树木封口胶；剪除或伐除下来的受害枝条或枝干必须进行灭虫处理，可根据情况选择以下灭虫方式：粉碎处理、焚烧处理、使用熏蒸剂熏蒸处理等。

诱杀：可根据情况选择不同诱杀方式。第一，饵木诱杀，用受害较重的寄主树木作为饵木，在其严重受害后伐除；第二，信息素制剂诱杀，使用有效的天牛信息素制剂作为诱芯配合挡板诱捕器进行诱杀。

除了上述的防治措施外，还可结合实际情况选择使用以下办法：利用肿腿蜂、花绒坚甲等进行生物防治。

参考文献

白明，杨星科. 金龟总科（Coleoptera：Scarabaeoidea）分类系统研究进展 [C]. 生物多样性保护与利用高新科学技术国际研讨会，2005.

蔡邦华. 昆虫分类学（修订版）[M]. 北京：化学出版社，2015.

曾涛. 中国盾蚧亚科分类研究 [D]. 陕西：西北农林科技大学，1998.

陈斌. 重庆市昆虫 [M]. 北京：科学出版社，2010.

陈方洁. 中国雪盾蚧族 [M]. 成都：四川科学技术出版社，1983.

陈世骧，谢蕴贞，邓国藩. 中国经济昆虫志第一册鞘翅目天牛科 [M]. 北京：科学出版社，1959.

党凯. 中国负板类网蝽（Cysteochila-group）及冠网蝽属（Stephanitis Stal）分类修订 [D]. 天津：南开大学，2014.

董勤刚. 中国小粉蚧族昆虫的分类研究（半翅目：蚧总科：粉蚧科）[D]. 北京：北京林业大学，2018.

冯波. 中国锯天牛亚科分类与区系研究 [D]. 重庆：西南大学，2007.

冯波. 中国锯天牛族系统发育分析 [D]. 重庆：西南大学，2010.

付兴飞，李巧，郭宏伟，等. 昆明市红帽蜡蚧的为害及发生规律研究 [J]. 西部林业科学，2017，46（6）：113-116.

付兴飞，李巧，郭宏伟，等. 昆明市园林植物伪角蜡蚧为害情况及发生规律研究 [J]. 西南林业大学学报（自然科学版），2018，38（1）：211-216.

付兴飞，李雅琴，于潇雨，等. 昆明市考氏白盾蚧的为害特点及发生规律研究 [J]. 林业调查规划，2016，41（6）：83-86.

顾耘，王思芳，张迎春. 东北与华北大黑鳃金龟分类地位的研究（鞘翅目：鳃角金龟科）[J]. 昆虫分类学报，2002，24（3）：180-186.

顾耘，张治良. 鳃金龟科两属属征修订及 3 新种记述（鞘翅目：金龟总科）[J]. 生物安全学报，1995，（2）：4-10.

顾耘，张治良. 索鳃金龟属 4 新种记述（鞘翅目：鳃金龟科）[J]. 沈阳农业大学学报，

1992,（3）：98-101.

顾耘，张治良 . 索鳃金龟属四新种记述（鞘翅目：鳃金龟科）[J]. 昆虫分类学报，1996，（1）：23-31.

郭昆 . 中国扁蚜科的系统分类研究（同翅目：蚜总科）[D]. 西安：陕西师范大学，2005.

郭振中，伍律，金大雄 . 贵州农林昆虫志卷 1[M]. 贵州：贵州人民出版社，1987.

郭振中，伍律，金大雄 . 贵州农林昆虫志卷 2[M]. 贵州：贵州人民出版社，1989.

何思瑶 . 中国重突天牛族 Astathini 分类和比较形态学研究 [D]. 重庆：西南大学，2015.

和秋菊，易传辉，任毅华，等 . 昆明市区园林植物昆虫调查名录 [J]. 四川林业科技，2007，28（4）：108-112.

胡佳媛 . 中国东北鳃金龟亚科分类研究 [D]. 沈阳：沈阳农业大学，2016.

胡坚 . 为害烟草的主要金龟甲生物学特性及综合防治 [J]. 农业网络信息，2008，（4）：160-161，163.

胡江，李雪梅，陈树琼，等 . 昆明市板栗种植区的巨角多鳃金龟为害特点及成虫发生规律的调查研究 [J]. 西部林业科学，2010，39（3）：61-66.

胡晓燕 . 中国广义刀锹甲属的分类及系统发育研究（鞘翅目：金龟总科：锹甲科）[D]. 合肥：安徽大学，2012.

黄邦侃 . 福建昆虫志 [M]. 福建：福建科学技术出版社，2002.

黄复生，陆军 . 中国小蠹科分类纲要 [M]. 上海：同济大学出版社，2015.

黄复生 . 海南森林昆虫 [M]. 北京：科学出版社，2002.

黄复生 . 西南武陵山地区昆虫 [M]. 北京：科学出版社，1993.

黄灏，陈常卿 . 中华锹甲 [M]. 台北：福雨摩沙生态有限公司，2013.

黄灏，陈常卿 . 中华锹甲 [M]. 台北：福雨摩沙生态有限公司，2010.

姜立云，等 . 东北农林蚜虫志（昆虫纲：半翅目：蚜虫类）[M]. 北京：科学出版社，2011.

蒋书楠，蒲富基，华立中 . 中国经济昆虫志·第三十五册·鞘翅目·天牛科（三）[M]. 北京：科学出版社，1985.

李爱民，邓合黎，陈常卿 . 重庆市锹甲研究 [J]. 西南师范大学学报（自然科学版），2011，36（1）：134-141.

李传仁 . 中国菱背网蝽属昆虫记述 [J]. 长江大学学报（自然科学版），2006，3（2）：116-118.

李春风 . 嗡蜣螂属部分种类形态特征及 DNA 条形码研究 [D]. 沈阳：沈阳大学，2014.

李海斌 . 中国蜡蚧属昆虫的分类研究（半翅目：蚧总科：蚧科）[D]. 北京：北京林业大学，2014.

李建庆 . 利用花绒寄甲防治云斑白条天牛研究 [D]. 杨凌：西北农林科技大学，2009.

李丽莎 . 云南天牛 [M]. 昆明：云南科技出版社，2009.

李巧，郭宏伟，刘波，等 . 昆明市区伪角蜡蚧为害调查 [J]. 中国森林病虫，2015，34（1）：26-28.

李巧，郭宏伟，刘波，等 . 昆明市伪角蜡蚧生物学特性 [J]. 中国森林病虫，2015，34（4）：45-46.

李巧，郭宏伟，赵祎，等 . 昆明市小圆胸小蠹（*Euwallacea fornicatus*）的为害与防治 [J]. 植物保护，2015，41（3）：193-196，209.

李涛 . 中国圆盾蚧族分类研究（半翅目：盾蚧科）[D]. 杨凌：西北农林科技大学，2010.

李文超 . 中国竹类植物上具足粉蚧的研究（半翅目：蚧总科：粉蚧科）[D]. 北京：北京林业大学，2014.

李猷，张斌，万宇轩，等 . 为害猕猴桃的新害虫——端齿材小蠹 [J]. 应用昆虫学报，2016，53（6）：1386-1390.

李云，罗佑珍 . 昆明地区常见蚧类 [J]. 云南农业大学学报（自然科学），1987，V2（2）：35-56.

李竹 . 中国筒天牛属分类研究（鞘翅目：天牛科：沟胫天牛亚科）[D]. 重庆：西南大学，2014.

林美英，山迫淳介，杨星科 . 中国象天牛族一新纪录属、三新纪录种和圆尾长臂象天牛分类订正（鞘翅目：天牛科：沟胫天牛亚科）[J]. 昆虫分类学报，2014，36（4）：267-274.

林美英 . 天牛类高级阶元分类系统简介 [J]. 植物检疫，2011，25（5）：69-73.

林平 . 喙丽金龟属新种记述（金龟子科：丽金龟亚科）[J]. 昆虫学报，1974，（2）：189-194.

林平 . 丽金龟科一新属二新种 [J]. 动物分类学报，1980，（1）：75-78.

林平 . 异丽金龟（*Anomala*）二新种（鞘翅目，丽金龟科）[J]. 昆虫分类学报，1979（1）：29-31.

林平 . 云南异丽金龟属新种记述（鞘翅目：丽金龟科）[J]. 昆虫分类学报，1999（3）：157-176.

林平 . 中国弧丽金龟属志（鞘翅目：丽金龟科）[M]. 北京：天则出版社，1988.

刘广瑞，章有为，王瑞 . 中国北方常见金龟子彩色图鉴 [M]. 北京：中国林业出版社，1997.

刘莹 . 中国白条天牛族分类及比较形态学研究 [D]. 重庆：西南大学，2013.

吕佳．江西省材小蠹族 Xyleborini（Coleoptera：Scolytinae）分类学与系统发育研究 [D]．南昌：江西农业大学，2018．

马文珍．中国经济昆虫志·第四十六册·鞘翅目、花金龟科、斑金龟科、弯腿金龟科 [M]．北京：科学出版社．1995．

南楠．中国毡蚧科昆虫分类研究（半翅目：胸喙亚目：蚧总科）[D]．北京：北京林业大学，2014．

欧晓红，秦瑞豪，杜强，等．昆明世博园害虫及天敌调查与分析 [J]．中国森林病虫，2006，25（5）：23-26．

彭陈丽．中国幽天牛亚科分类与系统发育研究 [D]．重庆：西南大学，2019．

蒲富基．中国经济昆虫志 第十九册 鞘翅目 天牛科（二）[M]．北京：科学出版社，1980．

齐晓丰．北京地区蚧虫区系的研究 [D]．北京：北京林业大学，2008．

乔格侠，谌爱东，姜立云等．中国新纪录属——小裂绵蚜属（同翅目，瘿绵蚜科）[J]．动物分类学报，2005，30（2）：384-389．

乔格侠，张广学，曹岩．同翅目：蚜虫类．黄复生．海南森林昆虫 [M]．北京：科学出版社，2002．

乔格侠，张广学，曹岩．蚜总科．吴鸿，潘承文．天目山昆虫 [M]．北京：科学出版社，2001．

乔格侠，张广学，钟铁森．中国动物志 昆虫纲 第四十一卷 同翅目 斑蚜科 [M]．北京：科学出版社，2005．

乔格侠，张广学．同翅目：蚜虫类．杨星科．广西十万大山地区昆虫 [M]．北京：中国林业出版社，2004．

乔格侠．河北动物志·蚜虫类 [M]．石家庄：河北科学技术出版社，2009．

乔格侠等．中国动物志 第六十卷 扁蚜科 平翅绵蚜科 [M]．北京：科学出版社，2018．

任成龙．中国锯天牛亚科分类与系统发育研究 [D]．重庆：西南大学，2017．

任杰群．中国花天牛族比较形态学研究 [D]．重庆：西南大学，2014．

荣昌鹤，王绍景，刘凌，等．5种杀虫剂对冬樱花云南锦斑蛾的毒力测定 [J]．西部林业科学，2016，45（1）：142-144．

司徒英贤，熊忠平，徐正会，等．云南板栗种植区金龟类害虫的识别及防治措施 [J]．现代农业科技，2013，（19）：172-174．

司徒英贤．云南核桃种植区 15 种金龟类害虫的识别及防治 [C]// 云南省昆虫学会．云南省昆虫学会 2009 年年会论文集，2009．

宋雅琴．中国沟胫天牛亚科楔天牛族分类与区系研究 [D]．重庆：西南大学，2008．

苏添龙.基于中国标本对足距小蠹属 *Xylosandrus* 分属地位初探 [D].南昌:江西农业大学,2016.

苏晓梅,姜立云,乔格侠.中国长管蚜亚科四新纪录属及四新纪录种(半翅目蚜科)[J].动物分类学报,2011,36(2):469-476.

苏晓梅,姜立云,乔格侠等.中国肖小瘤蚜属(半翅目蚜科)及二新纪录种 [J].动物分类学报,2012,37(3):662-667.

孙宇.吉林省丽金龟科和鳃金龟科昆虫物种多样性研究 [D].长春:吉林大学,2013.

汤祊德.中国蚧科 [M].太原:山西高校联合出版社,1991.

汤祊德.中国园林主要蚧虫第一卷 [D].沈阳:沈阳市园林科学研究所山西农学院,1977.

田立超.中国天牛亚科昆虫系统发育与生物地理学分析(鞘翅目,天牛科)[D].重庆:西南大学,2013.

田茂寻,荣昌鹤,白冰,等.云南锦斑蛾 *Achelura yunnanensis* 生物学特性及发生规律的初步研究 [J].植物保护,2018,44(6):191-194,213.

田尚.重庆地区小蠹多样性再调查与分子鉴定 [D].南昌:江西农业大学,2018.

万方珍.长沙市园林植物主要害虫发生情况及其防治 [D].长沙:湖南农业大学,2008.

王琛.陕西园林蚧虫种类调查(半翅目:蚧总科)[D].杨凌:西北农林科技大学,2010.

王成斌,雷朝亮.中国尤犀金龟属分类研究(鞘翅目金龟科 犀金龟亚科)[J].动物分类学报,2009,34(2):346-352.

王芳.中国蜡蚧科分类研究(半翅目:蚧总科)[D].杨凌:西北农林科技大学,2013.

王海林,吴琳,黄志勇.昆明地区园林蚧虫名录 [J].西部林业科学,1987(3):49-52.

王建义,武三安,唐桦,等.宁夏蚧虫及其天敌 [M].北京:科学出版社,2009.

王亮红.陕西秦岭地区盾蚧的分类研究(半翅目:盾蚧科)[D].杨凌:西北农林科技大学,2010.

王培明.中国雪盾蚧族分类研究 [D].杨凌:西北农林科技大学,2004.

王文凯,蒋书楠,郑乐怡.中国脊筒天牛属分类研究(鞘翅目:天牛科)[J].动物分类学报,2002(1):123-128.

王文凯,蒋书楠.中国泥色天牛属 *Uraecha* Thomson 分类研究(鞘翅目:天牛科:沟胫天牛亚科)[J].昆虫分类学报,2000(1):45-47.

王文凯.中国花天牛亚科分类研究 [J].湖北农学院学报,1992(2):43-51.

王文凯.中国天牛总科综合分类研究进展 [J].昆虫知识,1999(1):53-57.

王雪莲.中国具蕈腺粉蚧分类研究(半翅目:蚧总科:粉蚧科)[D].北京:北京林业大学,2017.

王之劲.中国沟胫天牛亚科沟胫天牛族分类与区系研究 [D].重庆:西南大学,2008.

王直诚,华立中.中国天牛名录厘定与汇总 [J].北华大学学报(自然科学版),2009,10(2):159-192.

王志龙.浙江省花木害虫种类调查及防治技术研究 [D].杭州:浙江大学,2006.

王子清,赵寿延,王海林.云南森林昆虫(蚧总科)[M].昆明:云南科技出版社,1987.

王子清.常见介壳虫鉴定手册 [M].北京:科学出版社,1985.

王子清.中国动物志(昆虫纲 第二十二卷 同翅目 蚧总科)[M].北京:科学出版社,2001.

王子清.中国经济昆虫志第二十四册同翅目粉蚧科 [M].北京:科学出版社,1982.

魏久锋.中国圆盾蚧亚科分类研究(半翅目:盾蚧科)[D].杨凌:西北农林科技大学,2011.

吴贵怡.中国锯天牛亚科比较形态学研究 [D].重庆:西南大学,2011.

吴鸿,潘承文.天目山昆虫 [M].北京:科学出版社,2001.

吴琳,黄燕辉,聂雅萍,等.云南园林蚧虫识别及防治技术研究 [R].昆明市园林科学研究所,1999.

吴珑,金道超.云南地区锹甲科—中国新记录种 [J].四川动物,2012,31(4):614,689.

武三安.双孔皮珠蚧形态学研究(半翅目:蚧总科:珠蚧科)[J].昆虫分类学报,2008(3):207-214.

武元园.中国锹甲科分子系统发育研究(鞘翅目:金龟总科)[D].合肥:安徽大学,2016.

夏举飞,刘仪君,杨松等.云斑白条天牛防治研究现状及对策 [J].安徽农业科学,2015,43(20):154-155.

萧采瑜,任树芝,郑乐怡,等.中国蝽类昆虫鉴定手册 半翅目异翅亚目(第一册)[M].北京:科学出版社,1977.

萧采瑜,任树芝,郑乐怡,等.中国蝽类昆虫鉴定手册 半翅目异翅亚目(第二册)[M].北京:科学出版社,1981.

熊忠平,黄静.昆明市 22 种常见园林植物介壳虫为害调查 [C]// 云南省昆虫学会

2009 年年会论文集，2009.

徐公天，杨志华．中国园林害虫 [M]．北京：中国林业出版社，2007.

徐公天．园林植物病虫害防治原色图谱 [M]．北京：中国农业出版社，2003.

徐金叶．福建省丽金龟科形态分类、区系分析和种群动态研究 [D]．福州：福建农林大学，2007.

许姝婧．中国条粉蚧族的分类研究（半翅目：蚧总科：粉蚧科）[D]．北京：北京林业大学，2017.

许旺，李宏亮，黄灏，等．关于正鳃金龟属级分类的变更及中国产 3 种的新分布（鞘翅目：鳃金龟科）[J]．上海师范大学学报（自然科学版），2008，37（5）：519-522.

闫晓燕，陈力．齿胸天牛属分类研究（鞘翅目：天牛科：沟胫天牛亚科）[J]．昆虫分类学报，2016，38（4）：265-271.

燕迪，吴朝妍，杨翰，等．昆明市园林常见网蝽种类调查 [J]．林业调查规划，2018，43（4）：67-70.

杨翰，吴朝妍，燕迪，等．昆明市星菱背网蝽发生规律 [J]．中国森林病虫，2019，38（5）：13-17，23.

杨翰，吴俊，韩开健，等．昆明市园林新害虫——悬铃木足距小蠹 [J]．中国森林病虫，2018，37（2）：39-42.

杨平澜．中国蚧虫分类概要 [M]．上海：上海科学技术出版社，1980.

杨星科．广西十万大山地区昆虫 [M]．北京：中国林业出版社，2004.

杨星科．秦岭西段及甘南地区昆虫 [M]．北京：科学出版社，2005.

杨星科．长江三峡库区昆虫 [M]．重庆：重庆出版社，1997.

杨秀元，吴坚．中国森林昆虫名录 [M]．北京：中国林业出版社，1981.

殷蕙芬．材小蠹族分属检索表 [J]．植物检疫，1991（4）：273-280.

殷蕙芬．我国咪小蠹属的新纪录种 [J]．森林病虫通讯，1988（1）：34-36.

殷蕙芬．中国经济昆虫志 第二十九册 鞘翅目 小蠹科 [M]．北京：科学出版社，1984.

虞国跃，王合．中国新记录种——雪松长足大蚜 Cinara cedri Mimeur[J]．环境昆虫学报，2014，36（2）：260-264.

袁水霞．中国牡蛎蚧亚科分类研究（半翅目：盾蚧科）[D]．杨凌：西北农林科技大学，2007.

云南省林业厅，等．云南森林昆虫 [M]．昆明：云南科技出版社，1987.

张鼎杰．云南省花金龟亚科区系分析（鞘翅目：金龟科）[C]// 云南省昆虫学会．云南省昆虫学会 2011 年学术年会论文集，2011：232-239.

张东，乔格侠，张广学．刚毛蚜族系统分类及分布格局（半翅目毛管蚜科）[J]．动物

分类学报，2006，31（4）：736-745.

张东，乔格侠. 刺蚜属分类学研究（半翅目蚜科毛管蚜亚科）[D]. 动物分类学报，2008，33（1）：151-156.

张凤萍. 中国片盾蚧亚科分类研究（半翅目：盾蚧科）[D]. 杨凌：西北农林科技大学，2006.

张广学，乔格侠，钟铁森. 同翅目：球蚜总科，蚜总科. 黄邦侃. 福建昆虫志第二卷[M]. 福州：福建科学技术出版社，1999.

张广学，乔格侠，钟铁森等. 中国动物志 昆虫纲 第十四卷 同翅目 矿蚜科，瘿绵蚜科 [M]. 北京：科学出版社，1999.

张广学，乔格侠. 同翅目：蚜虫类：瘿绵蚜科 短痣蚜科 大蚜科 蚜科. 杨星科. 长江三峡库区昆虫 上册 [M]. 重庆：重庆出版社，1997.

张广学，乔格侠. 中国长管蚜亚科二新属四新种记述（同翅目：蚜科）[J]. 昆虫科学，1998（3）：233-245.

张广学，张万玉，钟铁森. 中国新叶蚜属研究及新种记述（同翅目：斑蚜科）[J]. 昆虫分类学报，1993，15（1）：41-44.

张广学，钟铁森. 中国蚜科新纪录 2[J]. 动物分类学报，1985，10（1）：101.

张广学，钟铁森，夏泽华. 云南森林昆虫（蚜虫类）[M]. 昆明：云南科学技术出版社，1987.

张广学，钟铁森，张万玉. 同翅目：蚜总科. 黄复生. 西南武陵山地区昆虫 [M]. 北京：科学出版社，1993.

张广学，钟铁森，张万玉. 同翅目：蚜总科. 中国科学院青藏高原综合科学考察队. 横断山区昆虫（第一册）[M]. 北京：科学出版社，1992.

张广学，钟铁森. 中国经济昆虫志 第二十五册 同翅目 蚜虫类（一）[M]. 北京：科学出版社，1983.

张广学，钟铁森. 同翅目：蚜总科. 中国科学院青藏高原综合科学考察队. 西藏昆虫（第一册）[M]. 北京：科学出版社，1981.

张广学. 西北农林蚜虫志（昆虫纲：同翅目：蚜虫类）[M]. 北京：中国环境科学出版社，1999.

张健. 吉林省天牛科昆虫分类学研究 [D]. 长春：东北师范大学，2011.

张江涛. 中国臀纹粉蚧族和柽粉蚧族昆虫分类研究（半翅目：蚧总科：粉蚧科：粉蚧亚科）[D]. 北京：北京林业大学，2018.

张丽坤，张广学. 中国蚜科梯管蚜属研究并记二新种（同翅目：蚜总科）[J]. 昆虫分类学报，2000，22（2）：101-106.

张林，危涛征，张宏瑞等 . 昆明虫瘿蓟马的发生及为害 [J]. 中国植保导刊，2008，28（12）：28-30.

张罗燕，韩开健，邬志文等 . 昆明市呼马山松林蛀干害虫调查初报 [J]. 林业调查规划，2018，43（1）：46-51.

张向向 . 中国刺虎天牛属分类研究 [D]. 重庆：西南大学，2014.

张治良，赵颖，丁秀云 . 沈阳昆虫原色图鉴 [M]. 辽宁：辽宁民族出版社，2008.

章士美 . 中国经济昆虫志 第三十一册 半翅目（一）[M]. 北京：科学出版社，1985.

章有为 . 中国北方常见金龟子种类检索表 [J]. 植物保护，1982，8（3）：27-32.

章有为 . 中国齿爪金龟子的分类研究 Ⅰ [J]. 动物分类学报，1964，1（1）：139-152.

章有为 . 中国齿爪金龟子的分类研究 Ⅱ [J]. 动物分类学报，1964，1（2）：247-260.

章有为 . 中国齿爪金龟子的分类研究 Ⅲ [J]. 动物分类学报，1965，2（1）：29-42.

章有为 . 中国正鳃金龟属暨四新种记述（鞘翅目：鳃金龟科）[J]. 动物分类学报，1990，（2）：188-195.

赵金锁 . 金龟子分类系统的研究发展史及对常见 18 种金龟子的分类鉴定 [J]. 内蒙古农业科技，2009，（5）：68-70.

赵明 . 粉蚧比较形态学研究（半翅目：蚧总科：粉蚧科）[J]. 北京林业大学，2018.

郑美仙，何银忠，张罗燕等 . 昆明市海口林场蛀干害虫种类初报 [J]. 林业调查规划，2018，43（5）：70-75.

中国科学院青藏高原综合科学考察队 . 横断山区昆虫第一册 [M]. 北京：科学出版社，1992.

周诠，曹红妹，徐业等 . 为害桑树的新害虫——暗翅足距小蠹 [J]. 植物检疫，2020，34（1）：57-60.

周尧 . 中国盾蚧志第一卷 [M]. 西安：陕西科学技术出版社，1981.

周尧 . 中国盾蚧志第二卷 [M]. 西安：陕西科学技术出版社，1985.

周尧 . 中国盾蚧志第三卷 [M]. 西安：陕西科学技术出版社，1986.

Alonso-Zarazaga M A, Lyal C H C (authors); Sánchez-Ruiz M (technical editor). WTaxa: Electronic Catalogue of Weevil names (Curculionoidea) (version Oct 2016). In: Species 2000 & ITIS Catalogue of Life, 2020-04-16 Beta (Roskov Y, Ower G, Orrell T, et al eds.). Digital resource at www.catalogueoflife.org/col. Species 2000: Naturalis, Leiden, the Netherlands. ISSN 2405-8858. 2020.

Arrow G J. Fauna of British India, Including India and Ceylon. Coleoptera Lamellicomia (Cetoniinae and Dynastinae)[M]. Taylor and Francis, London, 1910.

Arrow G J. Fauna of British India, Including India and Ceylon. Coleoptera Lamellicomia (Rutelinae, Desmonycinae and Euchirinae)[M].Taylor and Francis, London, 1917.

Arrow G J. Fauna of British India, Including India and Ceylon. Coleoptera Lamellicomia (Coprinae)[M]. Taylor and Francis, London, 1931.

Beaver R A, Gebhardt H. A review of the Oriental species of *Scolytoplatypus* Schaufuss (Coleoptera, Curculionidae, Scolytinae)[J]. Deutsche Entomologische Zeitschrift, 2006, 53(2): 155-178.

Ben-Dov Y, Miller D R. ScaleNet: Systematic Database of the Scale Insects of the World (version Dec 2004). In: Species 2000 & ITIS Catalogue of Life, 2020-04-16 Beta (Roskov Y, Ower G, Orrell T, et al eds.). Digital resource at www.catalogueoflife.org/col. Species 2000: Naturalis, Leiden, the Netherlands. ISSN 2405-8858.

Coca-Abia M M. Revision of the genus *Miridib*a Reitter, 1901 (Coleoptera, Scarabaeidae, Melolonthinae)[J]. Zoolog Sci, 2008, 25(6):673-685.

Favret SF Aphid: Aphid Species File (version 5.0, Jun 2018). In: Species 2000 & ITIS Catalogue of Life, 2020-04-16 Beta (Roskov Y, Ower G, Orrell T, et al eds.). Digital resource at www.catalogueoflife.org/col. Species 2000: Naturalis, Leiden, the Netherlands. ISSN 2405-8858.

Guilbert E. Lace Bugs Database: Lace Bugs Database (Hemiptera: Tingidae) (version Feb 2019). In: Species 2000 & ITIS Catalogue of Life, 2020-04-16 Beta (Roskov Y, Ower G, Orrell T, et al eds.). Digital resource at www.catalogueoflife.org/col. Species 2000: Naturalis, Leiden, the Netherlands. ISSN 2405-8858.

Henry T J. Biodiversity of Heteroptera[J]. Insect biodiversity: science and society, 2009, 1: 223-263.

Jing C, Qiao G X. First record of the aphid genus *Neonipponaphis* Takahashi (Hemiptera, Aphididae, Hormaphidinae) from China, with a description of one new species[J]. Zookeys, 2012, 236(236):81-89.

Lawrence J, Newton A F. Families and subfamilies of Coleoptera (with selected genera, notes, references and data on family-group names). In: Pakaluk J, Slipinski S A. (eds.). Biology, Phylogeny and Classification of Coleoptera. Papers celebrating the 80th birthday of Roy A Crowson[J]. Muzeumi Instytut Zoologii PAN, Warszawa, 1995, 12(1): 779-1006.

Lee W, Kim H, Lee S. A new aphid genus Neoaulacorthum (Hemiptera: Aphididae: Macrosiphini), determined by molecular and morphometric analyses[J]. Bulletin of Entomological Research, 2011, 101(1): 115-123.

Li C L, Yang P S, Wang C C. A review of the genus *Miridiba* Reitter (Coleoptera: Scarabaeidae: Melolonthinae) of Taiwan[J]. Zootaxa, 2015, 3955(4): 521-536.

Lin W, Li Y, Johnson A J, et al., New Area Records and New Hosts of *Ambrosiodmus minor* (Stebbing) (Coleoptera: Curculionidae: Scolytinae) in Mainland China[J]. Coleopterists Bulletin, 2019, 73(3): 684-686.

Liu W G, Ahrens D, Bai M, et al., A key to species of the genus, *Gastroserica* Brenske of the China (Coleoptera, Scarabaeidae, Sericini), with the description of two new species and two new records for China[J]. Zookeys, 2011, 139(139): 23-44.

Schoolmeesters P. Scarabs: Scarabs: World Scarabaeidae Database (version 2019-11-02). In: Species 2000 & ITIS Catalogue of Life, 2020-04-16 Beta (Roskov Y, Ower G, Orrell T, et al eds.). Digital resource at www.catalogueoflife.org/col. Species 2000: Naturalis, Leiden, the Netherlands. ISSN 2405-8858.

Trencheva K, Trenchev G, Tomov R, et al., Non-indigenous scale insects on ornamental plants in Bulgaria and China: A survey[J]. Entomologia Hellenica, 2017, 19 (2): 114-123.

Tavakilian G, Chevillotte H. TITAN: Cerambycidae database (version Apr 2015). In: Species 2000 & ITIS Catalogue of Life, 2020-04-16 Beta (Roskov Y, Ower G, Orrell T, et al eds.). Digital resource at www.catalogueoflife.org/col. Species 2000: Naturalis, Leiden, the Netherlands. ISSN 2405-8858.